化工模拟

——从分子计算到过程仿真

刘 振　刘军娜　赵 爽　编著

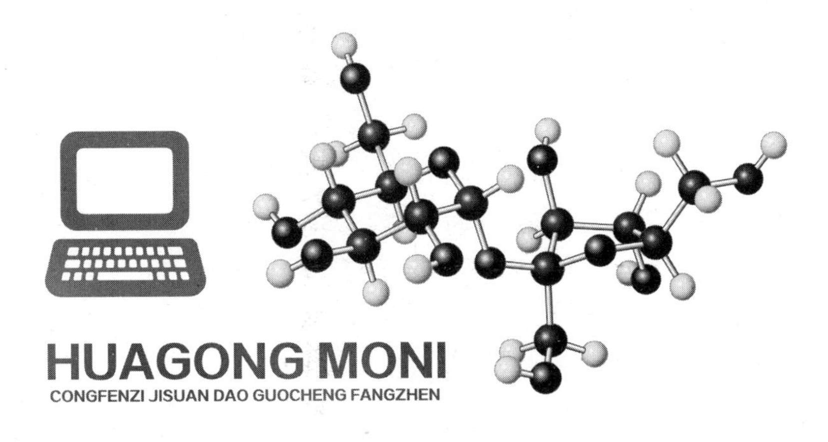

化学工业出版社
·北京·

本书主要介绍分子模拟和过程仿真的基本原理，并通过典型实例讲解 Gaussian 和 Aspen Plus 软件在化工研究与设计中的应用。全书共分 6 章，第 1 章介绍计算机在化学化工中的应用及计算机仿真的基本概念；第 2 章介绍分子模拟原理；第 3 章通过实例介绍 Gausian 软件的应用，包括单点能计算、分子构型优化、分子轨道分析、电荷分析、热力学参数计算等；第 4 章介绍过程仿真原理；第 5 章介绍 Aspen Plus 软件的应用，包括单元操作模拟、复杂精馏过程计算、流程模拟等；第 6 章对其他模拟软件在化学化工中的应用做简单介绍。

本书可供从事化工产品开发和工艺设计的工程技术研究人员使用，也可作为高校化工及相关专业高年级本科生和研究生教材。

图书在版编目（CIP）数据

化工模拟：从分子计算到过程仿真/刘振，刘军娜，赵爽编著. —北京：化学工业出版社，2017.7
ISBN 978-7-122-29547-7

Ⅰ.①化… Ⅱ.①刘… ②刘… ③赵… Ⅲ.①化工过程-过程模拟-应用软件 Ⅳ.①TQ02-39

中国版本图书馆 CIP 数据核字（2017）第 087978 号

责任编辑：徐雅妮 刘志茹　　装帧设计：王晓宇
责任校对：王素芹

出版发行：化学工业出版社（北京市东城区青年湖南街 13 号 邮政编码 100011）
印　　装：三河市延风印装有限公司
787mm×1092mm 1/16 印张 11¼ 字数 222 千字 2017 年 9 月北京第 1 版第 1 次印刷

购书咨询：010-64518888（传真：010-64519686） 售后服务：010-64518899
网　　址：http://www.cip.com.cn
凡购买本书，如有缺损质量问题，本社销售中心负责调换。

定　　价：38.00 元

FOREWORD

前言

随着科技进步和计算机技术的发展，分子计算模拟和化工过程仿真的应用越来越广泛。分子模拟是利用计算机以原子水平的模型来模拟分子结构与行为，进而模拟分子体系的各种物理、化学性质的方法。它是在实验基础上，通过基本原理，构筑起一套模型和算法，从而计算出合理的分子结构与分子行为。分子模拟不仅可以模拟分子的静态结构，也可以模拟分子体系的动态行为，是化工产品及过程设计的基础。化工仿真以软件为平台，以真实的工厂单元及工段为背景，用实时运行的动态数学模型来模拟真实的带有控制点的设备和工艺流程，以完成实际操作和事故处理的全过程，将过程工业中典型的包括控制系统的一系列单元操作和流程工段重现，为工艺设计、过程优化提供支持。

本书介绍了分子计算与过程仿真的基本原理，通过大量实例详细介绍了化工仿真与分子模拟软件的使用和分析，力图将理论、方法和实例相结合，分子模拟和过程仿真相结合，反映化工理论研究与生产设计的新思路。

本书共6章，刘振编写第1章、第4～5章，并统稿；刘军娜编写第2、3章；赵爽编写第6章及第3章部分内容。本书在编写过程中得到河南科技大学化工与制药学院领导、老师和学生的大力帮助和支持，在此表示诚挚的感谢。

由于编著者水平所限，难免存在不足之处，恳请读者批评指正。

编　者

2017年春于洛阳

CONTENTS

目录

第 4 章 过程仿真基础

第 5 章 Aspen Plus 过程仿真

第6章　其他化工模拟软件简介

参考文献

计算机仿真与化工

Chapter 01

1.1 仿真的基本概念

随着信息技术和计算机技术的发展,“仿真”的概念不断得以发展和完善。仿真界专家和学者也曾对仿真下过不少定义，其中内勒(T. H. Naylor) 对仿真作了如下定义:“仿真是在计算机上进行试验的数字化技术，它包括数字与逻辑模型的某些模式，这些模型描述某一事件或经济系统(或者他们的某些部分) 在若干周期内的特征。” 还有其他一些定义只对仿真作了一些概括的描述，如：仿真就是模拟真实系统；仿真就是利用模型进行试验，等等。由于对复杂系统的处理和模型求解离不开高性能的信息处理装置，而现代化的计算机又责无旁贷地充当了这一角色，所以计算机仿真(尤其是数字仿真) 实质上应该包括三个基本要素，即系统、系统模型和计算机。联系这三个要素的基本活动则是：系统模型建立、仿真模型建立和仿真实验。

计算机仿真技术作为分析和研究系统运动行为、揭示系统动态过程和运动规律的一种重要手段和方法，随着 20 世纪 40 年代第一台计算机的诞生而迅速发展。尤其是近些年来，随着系统科学研究的深入，控制理论、计算技术、信息处理技术的发展，计算机软件、硬件技术的突破，以及各个领域对仿真技术的迫切需求，使得计算机仿真技术有了许多突破性的进展，在理论研究、工程应用、仿真工程和工具开发环境等许多方面都取得了令人瞩目的成就，形成了一门独立发展的综合性学科。

计算机仿真是对真实事物的模拟，是建立在计算机仿真理论、控制理论、相似理论、信息处理技术和计算技术等理论基础之上的，以计算机和其他专用物理效应设备为工具，利用系统模型对真实或假想的系统进行动态研究的一门多学科的综合性技术。

1.2 计算机仿真的作用

由于仿真是对真实事物的模拟，用模型来模仿实际系统的表现，使得仿真技术在应用上具有安全性和经济性的特殊功效。因此，仿真技术在许多领域获得了十分广泛的应用。

首先，由于仿真技术在应用上的安全性，航空、航天、航海、核电站等，一直是仿真技术应用的主要领域。其次，仿真技术在应用上的经济性，也是被广泛使用的重要因素。世界各国，几乎所有大型的发展项目都应用了仿真技术，如阿波罗登月计划、战略防御系统、计算机集成制造、并行工程等，因为投资巨大，又有相当风险，而仿真技术的应用可以用较小的投资换取风险的大幅度降低。仿真技术在机电、冶金等工业部门以及社会经济、交通运输、生产系统等方面也有着广泛的应用，已成为分析、研究和设计各种系统的重要手段。

仿真技术在复杂工程系统的分析和设计中已成为不可或缺的工具。系统的复杂性，主要体现在复杂的环境、复杂的对象和复杂的任务三个方面。然而，无论系统多么复杂，只要能正确地建立起系统模型，就可以利用仿真技术对系统进行充分的研究。仿真模型一旦建立，就可以重复使用，而且改变灵活，更新方便。经过仿真逐步修正，从而深化对其内在规律和外部联系及相互作用的了解，以采用相应的控制策略，使系统处于科学化的控制与管理之中。

1.3 化工模拟仿真

化学工程研究的对象通常是非常复杂的，既有化学过程，又有物理过程，并且两者同时发生，相互影响；化工过程的物系也是复杂的，不仅种类众多，而且存在有气态、液态、固态(近年来还出现超临界状态、等离子状态等)，时常还是多种状态共存。流体的性质在过程中也可出现变化，如低黏度和高黏度、牛顿型和非牛顿型等；化工过程中物系流动时边界是复杂的，如化工设备(如塔板、搅拌桨、挡板等）的几何形状是多变的，内部填充物(如催化剂、填料等）的外形也是多变的，使流动边界难以确定和准确描述。

对化工过程进行简化，建立数学模型是过程模拟的一个关键步骤。化工过程简单概括为“三传一反”，即质量传递、热量传递、动量传递和化学反应，数学模型就是以质量平衡、热量平衡和动量平衡为基础并结合反应动力学而建立的模型方程式。

1.3.1 数学模型化的步骤

模型是事物的近似代表，或其模仿。数学模型是一种符号模型，它是用数学方程式近似地描述或代表原型，它可以在一定的详细程度上精炼地表示原型的特征。

建立数学模型的目的是要找到尽可能简单的数学描述方法，使之能足够精确地描述所研究的过程特征。数学模型不可能也不必要完全描述实际过程，只应反映人们感兴趣的主要特性，在精度足够的前提下，所用的数学方程应越简单越好。

数学模型建立的一般步骤如下(见图1.1)。

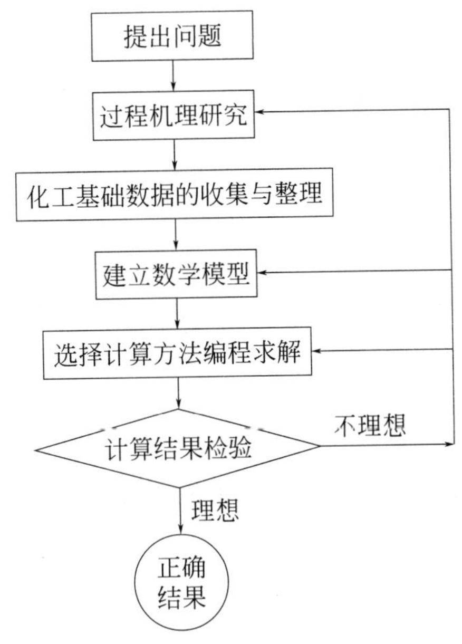

图1.1　建立数学模型的步骤

① 提出问题　这是第一步也是具有确定意义的一步。如何把问题明朗化，是否抓住过程的主要特征，将根本影响最终的效果。

② 过程机理研究　从现有的知识寻找对象过程的已知规律，以奠定该过程的理论基础。对于新的过程无现成理论可循，或者对该过程有好几种理论，那就要做一些分析研究对过程进行假设或者选择。

③ 化工基础数据的收集与整理　这里包括物性数据、单元操作的化工数据及成本核算数据。如果现成的数据库中有(目前大型商业软件都具备完善的数据库系统)，则比较省事；否则，还需要通过实验、调研等手段获得，并将其编成程序供计算使用。

④ 建立数学模型　这是比较困难的一步，也是最核心的一步。分析人员要善于将次要影响因素忽略，适当地将那些在过程中变化不大的变量当作常数，用平均值代替，以减少变数和方程式的数目。目前，并不是建立的任何模型都是可以求解的(这有数学方法的制约，也有计算机性能的制约)，应将模型尽量简化，利于求解和节约计算时间。

⑤ 选择计算方法编程求解　这部分对数学能力的要求很高，最好和计算人员合作解决。如果自己作，最好从已有的数学方法程序中挑选，如果实在没有合适的现成程序可用，则必须自己从头开始编，这就很复杂了。

⑥ 计算结果检验　计算完成后将结果与已有知识做核对，来验证数学模型建立

的是否正确。由于化工过程的复杂性及数学方法的限制，通常开发的数学模型的计算结果只能反映过程的少数特征，这种简化是否已经足够确切地反映了过程的有关特性，就要依靠系统分析人员进行判断。如果结果不理想，需找出其毛病及修正方法，反复循环各个环节直至达到满意的结果。

1.3.2 数学模型的分类

（1）按数学描述的本质分类

数学模型可以分为机理模型、经验模型及混合模型。

机理模型：通过分析过程的物理-化学本质和机理，利用化学工程学的基本理论，如质量守恒定律、能量守恒定律、动量守恒定律及化学动力学等基本规律来建立一套描述过程特征的数学方程式及边界条件。这种数学方程组往往比较复杂，但应具有明确的物理意义。利用此类模型，不仅需要各个相关学科理论的发展，还需要计算机性能的提高。

经验模型：直接以小型试验、中间试验或生产装置的实测数据为根据，只着眼于输入-输出关系，而不管过程的本质，所以又称黑箱模型。这是对于过程机理不清楚时使用的方法，是以统计归纳为基础。

混合模型：在一定的理论分析的基础上，再辅以必要的实验观测，所确定的数学模型，是半理论半经验性质的。大多数化工过程的数学模型属于这种类型。

（2）按与时间的关系分类

数学模型可以分为稳态模型与动态模型。

稳态模型：过程对象主要研究的参数不随时间变化而变化，如物料及能量平衡模型。大化工的连续化生产都可以用此模型来描述。这种模型从数学上为代数方程组，是目前应用最广的模型。

动态模型：考虑过程对象的参数随时间变化的关系，反映过程在外部干扰的作用下，引起的不稳定过程。如连续生成的开、停车过程，或间歇操作过程等。在该种模型中时间是一个主要自变量，在数学表现上往往是常微分方程组的形式。

（3）按过程属性分类

数学模型可分为确定模型、模糊模型和随机模型。

确定模型：每个变量对任意一组给定的条件取一个确定的值或一系列确定值时，这种模型称为确定模型。

模糊模型：指输入、输出、状态变量具有模糊性关系的数学模型。其根本特征在于模糊集，以往集合论中元素要么属于某一集合，要么就不属于，即其从属函数或取 1 或取 0；而模糊集合中元素的从属函数可在 0～1 中连续取任意值。

随机模型：用来描述一些不确定性的随机过程，这些过程服从统计概率规律。

（4）按过程对象的数学描述方法分类

数学模型可以分为集中参数模型和分布参数模型。

集中参数模型：过程参数随空间位置不同的变化被忽略的情况下，过程系统的各种参数都被看作在整个系统中是均一的，数学上表现为代数方程组或常微分方程组(动态情况下)。

分布参数模型：过程参数在整个系统空间从一个点到另一个点上性能发生变化，即这些过程参数与空间相关，是空间位置的函数。数学上表现为偏微分方程形式。

1.3.3　化工模拟的层次

化工过程系统的模拟从空间上分为许多层次，如行业模拟—公司模拟—工厂模拟—流程模拟—单元设备模拟—设备内部局部模拟—分子模拟。对于产品的设计需要分子模拟。而对于产品的工业放大主要就是流程模拟和单元设备模拟。

分子模拟采用了量子化学、分子力学、分子动力学、统计力学、经典热力学等一系列领域的知识，不仅能够模拟分子的静态结构，也能够模拟分子的动态行为，甚至还能模拟现代实验手段尚难以考查的现象和过程，从而研究化学反应途径、过渡态、反应机理等关键问题。

化工流程模拟或过程仿真就是常说的工艺过程模拟，它基本以"化工原理"学过的知识为基础。它是根据化工过程的数据，诸如物料的压力、温度、流量、组成和有关的工艺操作条件、工艺规定、产品规定、产品规格以及一定的设备参数，将一个由许多个单元过程组成的化工流程用数学模型来描述，目前可通过商用软件来实现。用计算机模拟实际的生产过程，并在计算机上通过改变各种有效条件得到所需的结果(其中包括原材料的消耗、公用工程消耗和产品、副产品的产量和质量等重要数据)，给化工流程模拟人员极大的自由度，可通过计算机进行不同方案和工艺条件的探讨、分析。流程模拟得迅速与准确不仅可节约时间，也可节省大量资金和操作费用，提高产品的质量和产量，降低消耗。目前的流程模拟系统也已具备了可对经济效益、过程优化、环境评价进行全面的分析和精确评估的能力。可对化工过程的规划、研究和开发及技术可靠性作出指导。

在流程模拟中，绝大部分单元设备仍被处理为"黑箱" 模型。对流动、传质、热、反应比较敏感的单元过程的设计、放大，需要了解有关质量、动量、能量流更多微观和深入的信息。单元设备模拟是以"传递过程原理" 的知识为基础。在单元设备模拟中，用纳维-斯托克斯(Navier-Stokes，N-S) 方程这个高度复杂的非线性偏微分方程组来描述质量、动量、能量之间的关系。为求解该方程组，采用离散原理，将单元设备划分为许多微元，并在微元上用代数方程近似偏微分方程，然后联立求解所用微元代数方程以及边界方程，得到各个微元上的参数，如速度、温度、压力、浓度等。当划分的微元无限小时，计算结果也就无限逼近实际问题的解。单元设备模拟技术通过离散方法求解这一耦合体系，以获得空间和时间的速度分布、温度分布、压力分布、浓度分布、相分数分布等。在实际工业应用中，流程模拟和单元设备模拟是互补的。通过流程模拟得到的工艺参数可以作为单元设备模拟的输入参数或边界条件。通过单元设备模拟检验单元过程的状态，反过来可以用于修正流程模拟的参数。

随着现代科学技术的进步，化学工程的研究范围逐渐向时空多尺度扩展。化学工程师也日益意识到要满足现代化学工程的发展需要，必须以产品工程的理念从分子的微观结构出发，自上而下的设计，在多尺度的范畴上探讨分子结构与宏观材料和产品性能之间的关系，才能自如地开发、制备和改进材料、设备和流程。

分子模拟原理

Chapter 02

2.1 量子化学简介

量子化学是理论化学的一个分支学科，是应用量子力学的基本原理和方法研究化学问题的一门基础科学。它以量子力学为理论基础，以计算机为主要计算工具来研究物质的微观结构与宏观性能的关系，用于解释物质和化学反应所具有的特性的内在本质及其规律性。量子化学的研究范围包括：稳定和不稳定分子的结构、性能及其结构与性能之间的关系；分子与分子之间的相互作用；分子与分子之间的相互碰撞和反应等问题。

2.1.1 量子化学的发展

1927 年，W. Heitler(海特勒）和 W. London(伦敦）开创性地把量子力学基本原理用于处理氢分子的结构问题，定量地阐释了两个中性原子形成化学键的原因，说明了两个氢原子能够结合成一个稳定的氢分子的原因，并且利用相当近似的计算方法，算出其结合能，成功地开始了量子力学与化学的结合。人们认识到可以用量子力学原理讨论分子结构问题，这标志着一门新兴的化学分支学科——量子化学的诞生。量子化学的创立，既是现代物理学实验方法和理论(量子力学原理）不断渗入化学领域的结果，也是经典化学向现代化学发展的历史必然。

量子化学的发展历史可分为两个阶段。

(1) 第一阶段——1927 年到 20 世纪 50 年代末

这个阶段是量子化学的创建时期。其主要标志是三种化学键理论(价键理论、分子轨道理论和配位理论）的建立和发展及分子间相互作用的量子化学研究。价键理论是由鲍林（Pauling）在海特勒(Heitler）和伦敦(London）的氢分子结构工作的基础上发展而成的，其图像与经典原子价理论接近，为化学家所普遍接受。分子轨道理论是在1928年由马利肯（Mulliken）等首先提出的，休克尔（Hückel）于1931年提出了简单分子轨道理论，这对早期处理共轭分子体系起着重要作用。分子轨道理论计算较简便，又得到光电子能谱实验的支持，这使它在化学键理论中占主导地位。配位场理论由贝特（Bethe）等在1929年提出，最先用于讨论过渡金属离子在晶体场中的能级分裂，后来又与分子轨道理论结合，发展成为现代的配位场理论。

三种化学键理论虽然建立较早，但至今仍在不断发展、丰富和提高，它与结构化学和合成化学的发展紧密相连、互相促进。合成化学的研究提供了新型化合物的类型，丰富了化学键理论的内容；同时，化学键理论也指导和预言一些可能的新化合物的合成；结构化学的测定则是理论和实验联系的桥梁。

（2）第二阶段——20世纪60年代以后

电子计算机的迅速发展推动了量子化学的蓬勃发展。这一阶段的主要标志是量子化学计算方法的研究，在此期间半经验计算的全略微分重叠和间略微分重叠及严格计算的从头算等方法的出现，扩大了量子化学的应用范围，提高了计算精度。计算量子化学的发展，使定量的计算扩大到原子数较多的分子，加速了量子化学向其他学科的渗透。

1928～1930年，许莱拉斯计算氦原子，1933年詹姆斯和库利奇计算氢分子，得到了接近实验值的结果。70年代又对它们进行了更精确的计算，得到了与实验值几乎相同的结果。计算量子化学的发展，使定量的计算扩大到原子数较多的分子，并加速了量子化学向其他学科的渗透。

（3）第三阶段——20世纪末以来

20世纪末，量子化学于第三阶段的开端。当量子化学理论上已几乎可以达到实验的精度时，计算和实验成为科研中不可偏废、互为补充的重要手段。量子化学已发展成为一门独立的，同时也与化学各分支学科，以及物理、生物、计算数学等互相渗透的学科，是诸多科研工作者获取重要信息的必要手段。

2.1.2 量子化学的研究、应用和前景

量子化学是用量子力学的原理，通过求解“波动方程”，得到原子及分子中电子运动、核运动以及它们的相互作用的微观图像，用以阐明各种谱图（光谱、波谱及电子能谱即ESCA等），总结基元反应的规律，预测分子的稳定性和反应活性的一门学科。

量子化学可分为基础研究和应用研究两大类，基础研究主要是寻求量子化学中的自身规律，建立量子化学的多体方法和计算方法等，多体方法包括化学键理论、密度矩阵理论和传播子理论，以及多级微扰理论、群论和图论在量子化学中的应用等。应用研究是利用量子化学方法处理化学问题，用量子化学的结果解释化学及化工现象。

量子化学的研究结果在其他化学分支学科的直接应用，导致了量子化学对这些

学科的渗透，并建立了一些边缘学科，主要有量子有机化学、量子无机化学、量子生物和药物化学、表面吸附和催化中的量子理论、分子间相互作用的量子化学理论和分子反应动力学的量子理论等。

其他化学许多分支学科也已使用量子化学的概念、方法和结论。例如分子轨道的概念已得到普遍应用。绝对反应速率理论和分子轨道对称守恒原理，都是量子化学应用到化学反应动力学所取得的成就。

2.2　分子轨道理论

分子轨道理论（molecular orbital theory，MO 理论）是处理双原子分子及多原子分子结构的一种有效的近似方法，是化学键理论的重要内容。它着重于用原子轨道的重组杂化成键来理解化学。分子轨道理论是 1932 年，美国化学家 Mulliken R. S. 和德国化学家 Hund F. 提出的一种新的共价键理论，该理论注意分子的整体性，能较好地说明多原子分子的结构。

2.2.1　自洽场分子轨道理论

（1）分子体系的 Schrödinger（薛定谔）方程

用量子力学方法研究一个分子的稳定结构，就需要求解分子体系的定态薛定谔方程

$$\hat{H}\Psi = E\Psi \tag{2.1}$$

式中，$\hat{H}$ 是分子体系的哈密顿算符。若 $\hat{H}$ 是已知的，通过求解上述方程可得到分子的一系列能量本征值 E_n 和相应的本征函数 $\Psi_n(n=0,1,2,\cdots)$，利用这些能量本征值和本征函数，就可以获得分子结构的其他信息。若分子中有 A 个原子核和 N 个电子，则

$$\hat{H} = -\sum_{i=1}^{N}\frac{\hbar^2}{2m}\nabla_i^2 - \sum_{P=1}^{A}\frac{\hbar^2}{2M_P}\nabla_P^2 - \sum_{i=1}^{N}\sum_{P=1}^{A}\frac{Z_P e^2}{r_{iP}} + \frac{1}{2}\sum_{i\neq j=1}^{N}\frac{e^2}{r_{ij}} + \frac{1}{2}\sum_{P\neq q=1}^{A}\frac{Z_P Z_q e^2}{r_{Pq}} \tag{2.2}$$

式中，等号右边第一项是电子的动能算符，第二项是原子核的动能算符，第三项是电子与原子核的吸引能，第四项是电子的相互排斥能，第五项是原子核的相互排斥能。

为简化问题，通常以原子单位制表示的哈密顿算符为

$$\hat{H} = -\frac{1}{2}\sum_{i=1}^{N}\nabla_i^2 - \frac{1}{2}\sum_{P=1}^{A}\frac{1}{u_P}\nabla_P^2 - \sum_{i=1}^{N}\sum_{P=1}^{A}\frac{Z_P}{r_{iP}} + \frac{1}{2}\sum_{i\neq j=1}^{N}\frac{1}{r_{ij}} + \frac{1}{2}\sum_{P\neq q=1}^{A}\frac{Z_P Z_q}{r_{Pq}} \tag{2.3}$$

式中，$u_P = M_P / m$。为了消去动能算符中的1/2，通常又采用里德堡单位，在这种单位中，除了能量单位是原子单位的1/2外，其他单位均与原子单位制的相同。所以，里德堡单位中的哈密顿算符为

$$\hat{H} = -\sum_{i=1}^{N} \nabla_i^2 - \sum_{P=1}^{A} \frac{1}{u_P} \nabla_P^2 - \sum_{i=1}^{N} \sum_{P=1}^{A} \frac{2Z_P}{r_{iP}} + \sum_{i \neq j=1}^{N} \frac{1}{r_{ij}} + \sum_{P \neq q=1}^{A} \frac{Z_P Z_q}{r_{Pq}} \tag{2.4}$$

(2) Born-Oppenheimer（波恩-奥本海默）近似

由式(2.4) 的哈密顿算符所决定的分子波函数 Ψ，同时反映各个不同的原子核和电子的运动状态。但是，以上方程一般是很难求解的，为使方程易于求解，经常采取的一个近似，就是波恩-奥本海默近似。这个近似的主要点，就是假定原子核不动，这样在式(2.4) 中的原子核动能算符就可以略去，而且出现在各粒子相互作用的势能中的原子核坐标就可视为常数，特别是核与核之间的排斥能应看作是常数，以 I 表示

$$I = \sum_{P \neq q=1}^{A} \frac{Z_P Z_q}{r_{Pq}} \tag{2.5}$$

其余的部分用 $\hat{H}'$表示，即

$$\hat{H}' = -\sum_{i=1}^{N} \nabla_i^2 - \sum_{i=1}^{N} \sum_{P=1}^{A} \frac{2Z_P}{r_{iP}} + \sum_{i \neq j=1}^{N} \frac{1}{r_{ij}} \tag{2.6}$$

因此

$$\hat{H} = \hat{H}' + I \tag{2.7}$$

代入式（2.1）得

$$(\hat{H}' + I)\Psi = E\Psi \tag{2.8}$$

即

$$\hat{H}'\Psi = E'\Psi \tag{2.9}$$

其中

$$E' = E - I \tag{2.10}$$

可见，在波恩-奥本海默近似下，方程（2.1）的求解问题就归结为求解式(2.9)，而式（2.9）的哈密顿算符 $\hat{H}'$以及波函数 Ψ 都仅仅是电子坐标 r_i 的函数，这样，研究一个分子内部运动的问题，就变为讨论 N 个电子在固定核场中运动的问题。而电子又都是电荷、质量、自旋等特征完全相同的粒子，因此，分子结构问题的研究就转化为 N 个全同粒子体系的问题的研究。

(3) Hartree-Fock（哈特利-福克）方程（H-F 方程）

式(2.9) 仍然是很难严格求解的，为此，还要引入单粒子模型近似(又称轨道近似)，该近似模型假定，每个电子都在一个平均场中独立运动，平均场是稳定不变的，每个电子在平均场中的势能只是单电子坐标的函数。这样，求解 N 个粒子体系

的薛定谔方程的问题，就可归结为求解一个单粒子的薛定谔方程的问题。

利用变分原理，单粒子薛定谔方程中的单电子哈密顿算符可以明确地给出，这样得到的单电子薛定谔方程就称为哈特利-福克方程，或简称为 H-F 方程，它是在总能量准确到一级近似的情况下得到的，具有如下形式

$$\hat{H}(r_1)\psi_K(q_1)=\varepsilon_K\psi_K(q_1) \tag{2.11}$$

式中，$\hat{H}(r_1)$ 可称为 H-F 哈密顿算符。

（4）LCAO 自洽场方法和 Roothaan（罗汤）方程

H-F 方程的严格求解仍是很困难的，即使采取迭代自洽的办法进行求解，也是相当繁复的，所以人们设计了若干近似方法来求解，其中一种就是分子轨道用原子轨道的线性组合来逼近，即 LCAO(linear combination of atomic orbitals) 方法。

在 LCAO 近似中，若以 ψ_K 表示分子轨道波函数，以 ϕ_μ 表示原子轨道波函数，则有

$$\psi_K(r)=\sum_{\mu=1}^{n}a_\mu^K\phi_\mu(r) \tag{2.12}$$

在 LCAO 法中，原子轨道都是已知的函数，需要确定的只是式(2.12) 中的线性组合系数$\{a_\mu^K\}$，一旦这些组合系数被确定下来，则分子轨道函数就明确地得到了，这些组合系数可由 H-F 方程来获得，这时得到的是 H-F 方程的 LCAO 近似解。

将式(2.12) 代入 H-F 方程中，并经一系列数学处理，便可得到下列代数方程组，即罗汤方程

$$\sum_\nu(F_{\mu\nu}-\varepsilon_K S_{\mu\nu})a_\nu^K=0 \qquad (\mu=1,2,\cdots,n) \tag{2.13}$$

式中

$$F_{\mu\nu}=H_{\mu\nu}+\sum_{\lambda\sigma}P_{\lambda\sigma}\left[(\mu\nu\mid\lambda\sigma)-\frac{1}{2}(\mu\sigma\mid\lambda\nu)\right] \tag{2.14}$$

$$H_{\mu\nu}=-\int\phi_\mu^*(r_1)\nabla_1^2\phi_\nu(r_1)\mathrm{d}r_1-\sum_{P=1}^{A}\int\phi_\mu^*(r_1)\frac{2Z_P}{r_{1P}}\phi_\nu(r_1)\mathrm{d}r_1 \tag{2.15}$$

上式中等号右边第一项为动能积分，第二项为核吸引积分。

$$P_{\lambda\sigma}=\sum_{K'}2a_\lambda^{K'*}a_\sigma^{K'} \tag{2.16}$$

$$(\mu\nu\mid\lambda\sigma)=\iint\phi_\mu^*(r_1)\phi_\nu(r_1)\frac{2}{r_{12}}\phi_\lambda^*(r_2)\phi_\sigma(r_2)\mathrm{d}r_1\mathrm{d}r_2 \tag{2.17}$$

式(2.17) 称为库仑积分。

$$(\mu\sigma \mid \lambda\nu)=\iint \phi_{\mu}^{*}(r_1)\phi_{\sigma}(r_1)\frac{2}{r_{12}}\phi_{\lambda}^{*}(r_2)\phi_{\nu}(r_2)\mathrm{d}r_1\mathrm{d}r_2 \tag{2.18}$$

式(2.18) 称为交换积分，它在形式上与库仑积分没有什么差别，都是一种类型的双电子积分。

$$S_{\mu\nu}=\int \phi_{\mu}^{*}(r_1)\phi_{\nu}(r_1)\mathrm{d}r_1 \tag{2.19}$$

式(2.19) 称为两个原子轨道的重叠积分。

式(2.13) 所示的罗汤方程还不具有标准本征方程的形式，为把它化成标准的本征方程，先将它写成下列矩阵方程的形式

$$\boldsymbol{Fa}=\boldsymbol{SaE} \tag{2.20}$$

式中

$$\boldsymbol{F}=\begin{bmatrix} F_{11} & F_{12} & \cdots & F_{1n} \\ F_{21} & F_{22} & \cdots & F_{2n} \\ \vdots & \vdots & & \vdots \\ F_{n1} & F_{n2} & \cdots & F_{nn} \end{bmatrix} \qquad \boldsymbol{a}=\begin{bmatrix} a_1^K \\ a_2^K \\ \vdots \\ a_n^K \end{bmatrix}$$

$$\boldsymbol{S}=\begin{bmatrix} S_{11} & S_{12} & \cdots & S_{1n} \\ S_{21} & S_{22} & \cdots & S_{2n} \\ \vdots & \vdots & & \vdots \\ S_{n1} & S_{n2} & \cdots & S_{nn} \end{bmatrix} \qquad \boldsymbol{E}=\begin{bmatrix} \varepsilon_K & 0 & \cdots & 0 \\ 0 & \varepsilon_K & \cdots & 0 \\ \vdots & \vdots & & \vdots \\ 0 & 0 & \cdots & \varepsilon_K \end{bmatrix}$$

以 $\boldsymbol{S}$ 的逆矩阵 $\boldsymbol{S}^{-1}$ 左乘式(2.20) 的两边得

$$\boldsymbol{F}'\boldsymbol{a}=\boldsymbol{Ea} \tag{2.21}$$

式中

$$\boldsymbol{F}'=\boldsymbol{S}^{-1}\boldsymbol{F} \tag{2.22}$$

式(2.9) 形式上与标准本征方程相同，将它写开来，就是下列代数方程组

$$\sum_{\nu}(F'_{\mu\nu}-\varepsilon_K\delta_{\mu\nu})a_{\nu}^K=0 \qquad (\mu=1,2,\cdots,n) \tag{2.23}$$

方程组有非零解的条件，是下列久期行列式为零。

$$|F'_{\mu\nu}-\varepsilon_K\delta_{\mu\nu}|=0 \tag{2.24}$$

从这个久期方程可以求出一系列能量本征值 ε_K，将本征值代入式(2.23)，就可以解出相应的一组系数 $\{a_{\nu}^K\}$，从而属于本征能量 ε_K 的分子轨函就得到了。

值得注意的是，无论式(2.13) 还是式(2.23)，都不是线性一次代数方程组，因为在矩阵元 $F_{\mu\nu}$ 中存在的因子 $P_{\lambda\sigma}$ 中含有待求系数的二次项。这种方程组的严格求解，绝非简单的事情，通常是采取迭代自治的方法来求解，只到自洽为止。

求解罗汤方程的困难之处，还在于计算矩阵元时要计算大量的积分，积分的数量与方程阶数 n 的 4 次方(这从 4 个指标的双电子积分不难看到) 成正比；尤其是，这些积分一般都是较难处理的多中心积分，多中心积分必须经过变换之后方可进行积分，这种变换和随后的积分都是很繁杂的，所以对于罗汤方程的求解，往往也采取各种近似的方法进行处理。以下介绍的各种半经验方法都是以不同的近似程度和方法来求解罗汤方程而建立的。

2.2.2 组态相互作用

组态相互作用方法在计算时考虑了电子相关能。从一组在 Fock 空间完备的单电子基函数 $\{\Psi_k(x)\}$ 出发，可造出一个完备的行列式函数集合 $\{\Phi_k\}$

$$\Phi_k = (N!)^{-1/2} \mid \psi_{k1}(x_1)\psi_{k2}(x_2)\cdots\psi_{kN}(x_N) \quad (2.25)$$

任何多电子波函数都可以用它来展开。一般 $\{\Psi_k(x)\}$ 称为轨道空间，$\{\Phi_k\}$ 称为组态空间。

在组态相互作用(CI) 方法中，将多电子波函数近似地展开为有限个行列波函数的线性组合(CI)

$$\psi = \sum_{s=0}^{M} c_s\Phi_s = \Phi_0 + \sum_a \sum_i c_i^a \Phi_i^a + \sum_{a,b} \sum_{i,j} c_{i,j}^{a,b} \Phi_{i,j}^{a,b} + \sum_{a,b,c} \sum_{i,j,k} c_{ijk}^{abc} \Phi_{ijk}^{abc} + \cdots \quad (2.26)$$

并按变分法确定系数 c_s，即选取 c_s 使能量取极小值，得到广义本征值方程

$$Hc = ScE \quad (2.27)$$

其中 $H_{st} = (\Phi_s \mid \hat{H} \mid \Phi_t)$，$S_{st} = (\Phi_s \mid \Phi_t)$，$c$ 为系数矩阵，满足以下条件

$$c_p^H S c_q \equiv \sum_{s,t} c_{sp} S_{st} c_{tq} = \delta_{pq} \quad (2.28)$$

若 $\{\Phi_s\}$ 为正交归一集合，则以上两式变为：$Hc = cE$，$c_p^H c_q = \delta_{pq}$。

组态相互作用(CI) 方法中 Φ_s 称为组态函数，简称组态。它是一种行列式函数，为提高计算效率，一般让它满足一定的对称性条件，如自旋匹配条件、对称匹配条件等。完全的 CI 计算能给出精确的能量上界，而且计算出的能量具有广延量的性质，即“大小一致性”。然而，由于 CI 展开式收敛慢且考虑多电子激发时组态增加很快，通常只能考虑有限的激发(如 CISD 表示考虑了单、双激发)。这种近似的 CI 计算不具有大小一致性。Pople 等通过在 CI 方程中引入新的项，从而使近似的 CI 具有大小一致性，新项以二次项出现，该方法就称为 QCI(quadratic configuration interaction）方法。这种方法除了避免 CISD 中的大小不一致性外，还包含了更高级别的电子相关能。

2.2.3 半经验方法

（1）Hückel（休克尔）分子轨道法

这是分子轨道理论中最简单的一种处理，最初由 Hückel（休克尔）提出，因此称 Hückel 分子轨道法，缩写为 HMO 法。HMO 法采用了以上很多近似，只处理 π 电子且忽略了电子之间的排斥能，因此并不能反映真实的情况。然而，由于它计算简单，并可预测一些简单的分子，有时也可作为其他近似方法进行迭代的基础，因此，HMO 法仍为一种重要的分子轨道方法。

Hoffmann 把 HMO 法推广到包括 σ 电子的体系中去，称为推广的休克尔分子轨道法（简称 EHMO 法），该法虽然忽略了电子的相互作用，但保留了重叠积分，并考虑了包括不相邻原子在内的全部共振积分值，这就保证了分子构型对计算结果的影响。虽然 EHMO 法的某些计算结果说明它是有前途的，但由于它忽略了电子之间的排斥作用而受到激烈批评。用此法计算大共轭发色团的光谱时，结果比下面提到的 PPP 法要差得多。

（2）PPP（Pariser-Parr-Pople）分子轨道法

该法是由 Pariser-Parr 和 Pople 在 LCAO 近似处理基础上提出来的，即假定每一条分子轨道可由各个原子轨道的线性组合来表示。尽管 PPP 法也采用了 HMO 法中的 σ-π 分离原则，但在进行计算时，它专门考虑了电子间的相互作用，所以具有很大的优越性，特别适用于处理大的共轭分子。利用 PPP 法对分子进行计算，可以获得电子跃迁能等信息，从而可以对分子的紫外-可见吸收光谱进行预测，它曾经是计算吸收光谱的主要方法，然而，该法毕竟采用了 σ-π 分离原则，因而对复杂构型分子或大分子，其应用受到较大的限制，逐步被更高级的半经验分子轨道法所取代。

（3）CNDO 法

CNDO 方法的出发点是对所有不同原子轨道的乘积运用忽略微分重叠近似，并引入价基集合，忽略所有的重叠积分和双电子排斥积分中的微分重叠，并进一步假定，剩下非零的双电子排斥积分值只与所属的原子有关，而与轨道的实际类型无关，这样就为每一对原子或每个原子引进一个单一的排斥积分，然后用忽略重叠积分的罗汤方程进行迭代计算，直到分子轨道系数（或能量值）自洽为止。

（4）NDDO 法

NDDO（neglect of diatomic differential overlap，忽略双原子微分重叠）法是保留更多排斥积分的方案中较成功的一种，它对于涉及同一原子各对轨道重叠的排斥积分全部予以保留，这样最多还是出现双中心积分，但所保留的单中心和双中心积分数目比 CNDO 法增加了很多。因而，计算结果有明显的改善。MNDO、MNDO/

d、AM1 和 PM3 等半经验方法都是以此为基础建立起来的。

（5）INDO 法

INDO（intermediate neglect of differential overlap，间略微分重叠）方法的近似程度在 CNDO 和 NDDO 之间，其特点是只保留单中心积分中同一原子上各对轨道的微分重叠。或者说，它只是对单中心积分不作 NDO 近似，其余部分都和 CNDO 一样，因此增加的计算工作量是很少的。

INDO 法的计算结果通常与 CNDO/2 差别不大，Dewar 等对 INDO 方案作了三次修改，最后得到比较满意的方案 MINDO/3。它在选定参数时，直接使计算结果与生成热的实验数据以及构型、电离势、偶极矩等进行拟合，使误差尽量减少。ZINDO/1、ZINDO/S 等方法也是以 INDO 法为基础建立起来的。

2.2.4　从头算法

从头算方法是求解多电子体系的量子理论全电子计算方法。它在分子轨道理论的基础上，在求解体系的薛定谔方程时，仅仅引入物理模型的三个基本近似（非相对论近似、Born-Oppenheimer 近似和单电子近似），采用几个最基本的物理量（光速、普朗克常数、电子和核的电荷、质量等），解方程时不引入任何经验参数或半经验参数，计算全部电子的积分，各积分项均严格地一一计算，计算结果能达到相当高的准确度。从头计算在求解罗汤方程的过程中，不再引入新的简化和近似。原则上，只要合适地选择基函数，自洽迭代的次数足够多，就一定能得到接近自洽场极限的任意精确的解，因此它在理论和近似求解上都是比较严格的，大大优于半经验的计算方法。从头算是迄今为止理论上认为最严格的量子化学计算方法。

从头算理论可以分两个级别：Hartree-Fock（HF）水平（轨道近似）和 post-Hartree-Fock 水平（考虑电子相关）。前者没有考虑电子相关能，使计算结果与实际情况产生较大的误差；后者考虑了电子相关能、基函数误差和大小一致性误差，计算结果较为准确。从头算的误差主要来自于非相对论近似和轨道近似，目前主要采用组态相互作用方法来校正这些误差。从头算计算得到各类体系的电子运动状态及其有关的微观信息，能合理地解释与预测原子间的集合，是应用量子化学的重要部分。但这种方法计算量太大，与体系的电子数目的 4～7 次方成正比，就目前的计算速度来说，所需计算时间太长，难于处理较大的体系，对有实际意义的染料分子的大小而言，计算所需时间已经无法令人接受。现在用工作站（利用并行技术）可以处理有上百个原子组成的体系，在一个 P4 单机上（主频 2.4GB，内存 512MB＋256MB）完成一个含上百个原子的组成体系的计算时，用 HF/6-31＋G(D，P) 模型要花一个多月的时间才能完成优化和频率两步计算。

2.2.5　密度泛函理论

密度泛函理论（density functional theory，DFT）建立于 Hohenberg-Kohn 定理

的基础之上。1964 年，Hohenberg 和 Kohn 给出了 DFT 方法的两个基本定理。第一定理表明，分子的基态能量仅是电子密度和原子核坐标的函数，或者说，对于给定的原子核坐标，基态能量和性质可由电子密度来确定，它肯定了分子基态函数的存在。第二定理表明，分子基态的电子密度函数可使体系能量最低，这为利用变分原理求得密度函数提供了理论依据。在密度泛函理论中，体系的总能量可分解为

$$E(\rho)=E^{\mathrm{T}}(\rho)+E^{\mathrm{V}}(\rho)+E^{\mathrm{J}}(\rho)+E^{\mathrm{XC}}(\rho) \tag{2.29}$$

式中，E^{T} 是电子动能；E^{V} 为电子与原子核间的吸引势能(简称外场能)；E^{J} 为库仑作用能；E^{XC} 为交换-相关能(包括交换能和相关能)。E^{V} 和 E^{J} 是直接的，因为它们代表经典的库仑相互作用；而 E^{T} 和 E^{XC} 不是直接的，它们是 DFT 方法中需要设计泛函的两个基本物理量。

密度泛函理论方法有许多种，如 BLYP(Becke 的梯度校正交换函数与 Lee-Yang-Parr 的梯度校正交换函数相结合)、B3LYP(Becke 的三参数方法与 Lee-Yang-Parr 的相关函数相结合)、B3P86(Becke 的三参数方法与 Perdew 的相关函数相结合) 和 B3PW91(Becke 的三参数方法与 Perdew-Wilk 的相关函数相结合) 等。最常用的一种方法是 B3LYP，其表达式如下

$$E_{\mathrm{B3LYP}}^{\mathrm{XC}}=E_{\mathrm{LDA}}^{\mathrm{X}}+C_{0}X(E_{\mathrm{HF}}-E_{\mathrm{LDA}}^{\mathrm{X}})+C_{\mathrm{X}}\Delta B_{\mathrm{Becke}}^{\mathrm{X}}+E_{\mathrm{VWN3}}^{\mathrm{C}}+C_{\mathrm{C}}(E_{\mathrm{LYP}}^{\mathrm{C}}-E_{\mathrm{VWV3}}^{\mathrm{C}}) \tag{2.30}$$

其中，E 为体系能量；C_0、C_{X}、C_{C} 为修正参数。Becke 给出的参数为

$$C_0=0.20,\quad C_{\mathrm{X}}=0.72,\quad C_{\mathrm{C}}=0.81$$

密度泛函理论不但给出了将多电子问题简化为单电子问题的理论基础，同时也成为分子和固体的电子结构和总能量计算的有力工具。该理论提供了第一性原理或从头计算的框架，可以解决原子和分子中的许多问题，如电离势的计算、振动光谱的研究、催化活性位的选择、生物分子的电子结构等。特别是对于重元素化合物、固体等的计算精度较高。在这个理论中，用电子密度分布函数而不是波函数来描述分子体系，因而使多电子体系的计算得到了极大的简化，计算量大体与电子数的 3 次方成正比，而 Hartree-Fock 方法只是在平均的意义上处理电子相关。这使得在某些体系和同等的时间耗费上，DFT 计算具有比 HF 方法更高的精度。同时，密度泛函理论所能计算的体系比 HF 大，精度比半经验量子化学计算方法和 HF 方法高，一般来说，DFT 的精度可高达 MP2 水平。DFT 方法已成为基态电子结构理论的有效工具，并成功扩展到激发态以及与时间有关的基态性质的研究中。

DFT 并不要求原子的周期性排列，它具有十分广泛的适应性。随着密度泛函理论的发展，它的应用越来越广泛，在物理、化学和生物等多门学科中都成为强有力的研究工具，研究体系也包括了小分子、团簇、量子点、纳米管、固体表面、新型

化合物、高温超导等多种体系。DFT 和分子动力学(MD) 结合的分子模拟，是当前理论化学研究化学反应动态过程的有力工具，成为当前国际研究的主流方向。虽然 DFT 方法有很多优点，但并不意味着它可以取代所有其他从头算法和半经验法，确切地说 DFT 只是对现有量子化学计算工具包的一个有效补充。DFT 方法在应用上还有一些局限性，比如准确的计算开壳层体系、具有高自旋多重度的体系及激发态体系还有一定的困难。

2.2.6　其他理论

20 世纪 50 年代，福井谦一提出了前线轨道理论，这一理论将分子周围分布的电子云根据能量细分为不同能级的分子轨道，该理论认为有电子排布的，能量最高的分子轨道(即最高占据轨道 HOMO) 和没有被电子占据的，能量最低的分子轨道(即最低未占轨道 LUMO) 是决定一个体系发生化学反应的关键，其他能量的分子轨道对于化学反应虽然有影响，但是影响很小，可以暂时忽略。HOMO 和 LUMO 便是所谓前线轨道。在分子中，HOMO 上的电子能量最高，所受束缚最小，所以最活泼，容易变动；而 LUMO 在所有的未占轨道中能量最低，最容易接受电子，因此这两个轨道决定着分子的电子得失和转移能力，决定着分子间反应的空间取向等重要的化学性质。

原子位置在亲电或亲核取代反应的相对活性是一个重要的问题。已经提出了各种理论指标，如电荷密度分布、定域能方法等。前线轨道理论认为，最高已占分子轨道上的电子在各个原子上有一定的电荷密度分布，这个分布的大小次序决定亲电试剂进攻各个原子位置的相对难易程度，即亲电反应最易发生在 HOMO 电荷密度最大的原子上；与此类似，亲核反应在各个原子上发生的相对次序由 LUMO 的电荷密度分布决定，亲核试剂最易进攻 LUMO 电荷密度最大的原子。

Gaussian分子计算

Chapter 03

Gaussian 是量子化学计算的专业软件，它是利用量子力学的原理以数值方法来预测化学分子的性质。主要用于气相或溶液的分子构型优化(基态、激发态、反应过渡态)，能量计算(基态和激发态能量、化学键的键能、电子亲和能和电离能、化学反应途径和势能面)，光谱计算(IR 光谱、Raman 光谱、电子光谱、NMR）等。由 Pople 等人编写，经过十几年的发展和完善，现该软件已经成为国际上公认的、计算结果具有较高可靠性的量子化学软件，它包括从头算、半经验以及分子力学等多种方法，可适用于不同尺度的有限体系，除了部分稀土和放射性元素外，它可处理周期表中其他元素形成的各种化合物。

3.1 Gaussian 软件的运行环境

Gaussian 软件随着发展有很多版本，现在最常用的是 Gaussian 09，程序分为工作站、微机等不同版本，常见的是用于微机运行的程序版本。

(1) 软件环境

Windows 2000、Windows xp、windows 7、windows 8 等常见系统。

(2) 硬件环境

软件对内存、硬盘的要求较高，这样可以计算较大的分子体系或进行较大基组的量子化学研究。

(3) 程序安装

程序安装结束后，C:盘的默认子目录为 c：\ g09w，也可以自行选择安装目录。执行程序图标为 g09w(见图 3.1)。

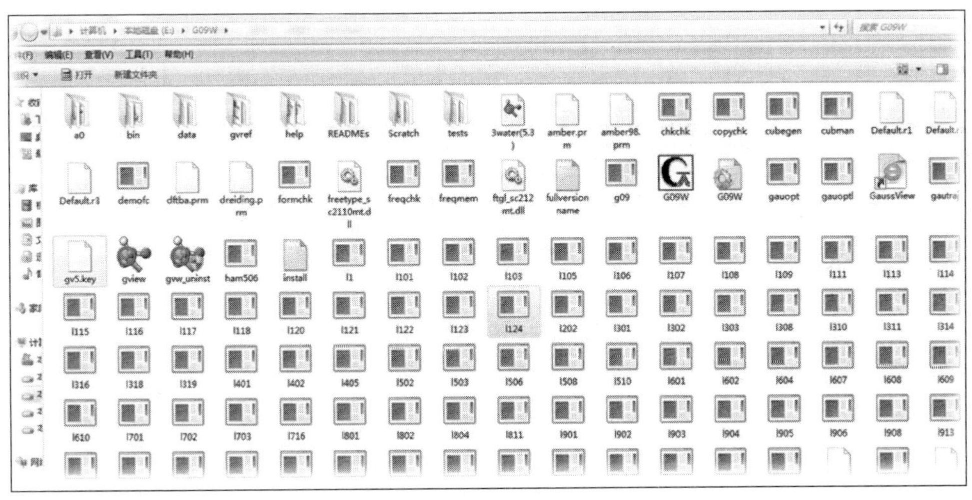

图 3.1　Gaussian 09 的安装目录

3.2　Gaussian 程序的界面

Gaussian 程序打开后可看到如图 3.2 和图 3.3 所示的工具栏以及图 3.4～图 3.6 所示的菜单栏。

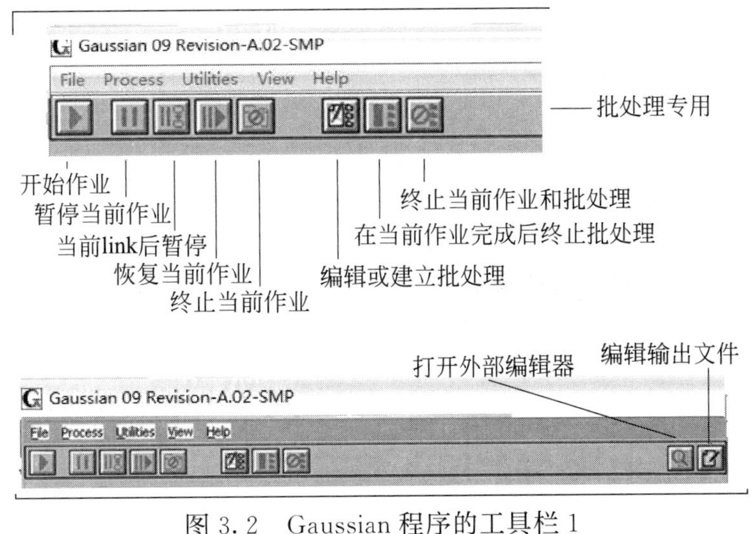

图 3.2　Gaussian 程序的工具栏 1

Gaussian运行过程控制按钮，不要随意点击！

Gaussian 09 Revision-A.02-SMP

File Process Utilities View Help

Active Job: C:\G09W\examples\e10_01a.gjf

Output File:

Run Progress: Ready for Processing Start...

图 3.3　Gaussian 程序的工具栏 2

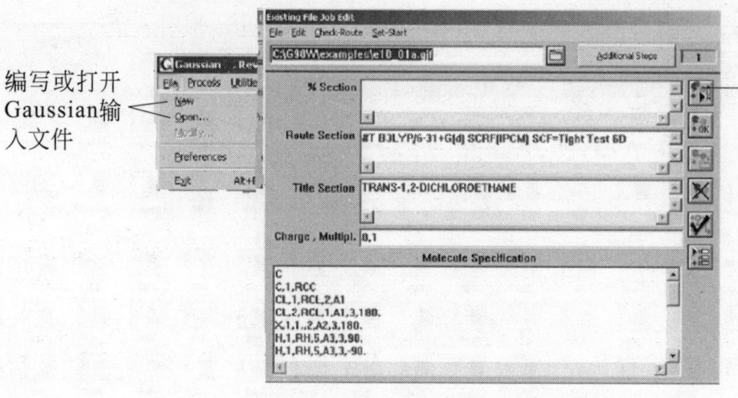

图 3.4 Gaussian 程序的菜单栏 1

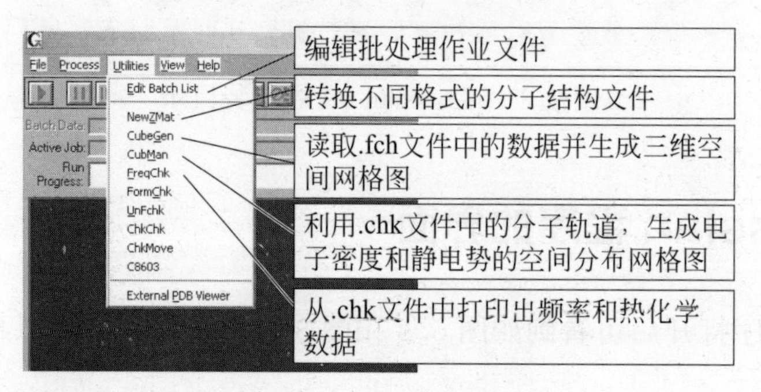

图 3.5 Gaussian 程序的菜单栏 2

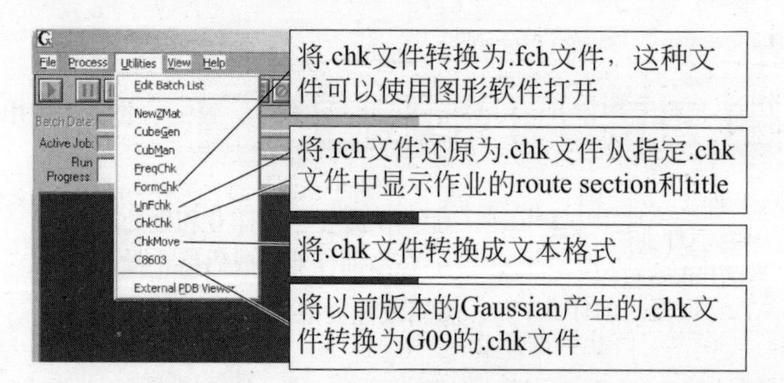

图 3.6 Gaussian 程序的菜单栏 3

3.3 Gaussian 软件的输入和输出

Gaussian 计算中常用的文件类型及作用如表 3.1 所示。

表 3.1 Gaussian 计算相关文件

文件	扩展名	作用
输入文件	.gjf;.com	告诉程序计算中使用的系统资源、运行计算的类型和使用的方法、分子说明等信息
输出文件	.out;.log	各种需要的计算结果，如优化的结构、布居分析结果、分子轨道能量、模拟的各种光谱信息等

续表

文件	扩展名	作用
检查点文件	. chk;. fchk	中间结构、分子轨道系数、力常数
读写文件	. rwf	所有的信息包括其他文件不存储的电子积分和微分信息等
其他临时文件	. inp;. de2;. int;. scr	临时存储的一些信息
Cube 文件	. cub;. cube	使用 Gaussian View5. 0 显示分子轨道、静电势等的表面图形的数据文件

3. 3. 1 输入文件

Gaussian 的输入文件使用 ASCII 码形式的文本文件，后缀名为 . gjf 或 . com，主要由五个部分组成。

（1）Link 0 命令段

Gaussian 的计算资源控制是通过 Link 0 命令段来实现的，其中包括对计算临时文件的位置、名称及容量的控制和对程序使用 CPU、内存、硬盘总量控制两个方面。一般来说，Gaussian 需要指定的临时文件主要有两种：一种叫检查点文件 [. chk]，指定方式为%chk=filename. chk；另一种叫读写文件 [. rwf]，指定方式为%rwf=filename. rwf。计算过程中这两种方式的典型内容如下。

%mem=100MB(计算所需内存，若没有此项，由 Default. Rou 指定)，控制运行过程中使用内存的大小，可以 MW 或者 MB、GB 为单位。综合考虑计算的需要和硬件水平，内存并非给得越多越好，最有效的方法是根据作业类型估算所需要内存的大小。

%chk=name(chk 文件的名称为 name. chk)，在计算中记录分子几何构型、分子轨道、力常数矩阵等信息。

%rwf=name(中间结果文件名称为 name. rwf)，主要在作业重启时使用。当计算量比较大时，. rwf 文件通常会非常大，此时需要将之分割保存。

%NProcShared=4(多核系统中的 CPU 数目)。

Gaussian 软件内部包含的主要 Link 功能如下：

L0 初始程序、控制 Overlap 走向

L1 读入执行过程磁盘文件、函数准备

L101 读标题及分子信息

L102～105，109 几种构型优化方法(FP、Berny、MS 及 Newton-Raphson 优化)

L106～108 计算力常数、反应过渡态、势能面等

L110～111 能量微分、频率、极化率计算

L113～114 EF 梯度解析或数值优化

L115 跟踪反应途径(IRC)

L116～117 溶剂效应(SCRF)

L202 定位坐标矩阵及对称性处理

L301 建立基函数

L302 计算重叠、动能、势能积分

L303 计算多重积分

L308，309 赝势积分

L310～314 计算双电子积分

L319 计算旋转耦合的单电子积分

L401 MO 初始猜测

L402 CNDO、INDO、MNDO 等半经验方法

L405 MCSCF 初始计算

L501，502 RHF、UHF、ROHF 自洽场迭代

L503 直接法自洽场

L506 广义价键法(GVB)

L508 二次收敛自洽场

L510 多组态自洽场(MC-SCF)

L601 电荷集居分析

L602 计算静电势、梯度场等

L603，604 有关分子或密度网格点的估值

L607 NBO 分析

L608 非迭代 DFT 能量

L609 分子中原子性质

L701～703 计算电子积分的一阶、二阶微分

L709 有关赝势积分的微分

L801 双电子积分初始变换

L802～804 实现双电子积分变换

L901 反对称双电子积分

L902 Hartree-Fock 波函数的稳定性

L903，905 计算 MP2

L906 直接 MP2

L908，909 OVGF

L913 计算超自洽场能

L914 单激发态 CI 计算

L918 波函数再优化

L1002 迭代解 CPHF 方程，计算各种性质

L1003 迭代解多组态自洽场(MCSCF)方程

L1101～1103 计算电子积分微商

L1110～1113 超自洽场的各种计算

L9999 结束计算并输出

(2) Route 部分

Route 部分是计算中的执行路径设置部分，这是 Gaussian 计算输入文件的核心内容，由一个或多个关键词组成，用于指定计算类型、方法和计算输出的控制等，主要由方法、基组、任务类型三部分组成。该部分以＃符号开始，指定计算中用到的关键词及其可选项，可以写入计算使用的方法、基组、要分析的性质、计算的算法等；关键词的输入不分先后但不能重复，对一些常用的关键词组合(如 Opt 和 Freq)，程序会自动先执行需要在前面运行的计算，每个关键词需要用到的选项要成组地写入紧跟在关键词后的圆括号中。

＃N 正常输出；默认(没有计算时间的信息)。

＃P 输出更多信息，包括每一执行模块在开始和结束时与计算机系统有关的各种信息(包括执行时间数据，以及 SCF 计算的收敛信息)。

＃T 精简输出：只打印重要的信息和结果。

Route 部分的通用写法为：

＃ Method/Basis Keyword1 =（Option1，Option2） Keyword2 =（Option1，Option2，…）…

关键词及其选项的书写语法采用四种方法，哪一种程序都可以读写，字母大小写均可：keyword = option，keyword(option)，keyword=(option1，option2，…)，keyword(option1，option2，…)。

具体的关键词在软件配套的指南中都有详细说明。例如：SP 为单点能计算关键词，OPT 为几何构型优化关键词，FREQ 为频率分析关键词，POP 为电子布居分析等。

例如，对分子用从头算法，在6-31G基组水平进行构型优化和频率分析，并用NBO进行电子布居分析的Route部分写法为

＃ HF/6-31G OPT FREQ POP＝NBO 或 ＃ hf/6-31g opt freq pop＝nb

（3）Title部分

Title部分为标题部分，由一行文本组成，该内容是必需的。为方便对计算信息进行系统的管理，Gaussian允许在输入文件中的Title部分对计算进行必要的描述。一般的描述时要简明扼要，只要计算者能看懂就行。但需要时描述也可以写得很详细，描述可以写在连续的很多行中。在计算中，Gaussian一般不会解读Title部分信息的意义，只会将其原样打印到输出文件相应位置。但输入Title部分时，一般不要使用@ ＃ ！- _ \ 等与程序或系统控制相关的字符。

（4）分子说明部分

这部分内容主要是说明所计算分子的电荷值、自旋多重度及分子结构。

电荷值和自旋多重度总是成对出现，若有特殊计算，可以有若干套电荷和多重度。自旋多重度的计算方法为$2S+1$，其中$S=n\times1/2$，n为单电子数。当有偶数个电子时，例如O_2，共有16个电子，那么单电子数目可能是0，即8个α和8个β电子配对，对应单重态，但是也可能是有9个α电子和7个β电子，那么能成对的是7对，还剩2个α没有配对，于是$n=2$，对应的是多重度3。同理还可以有多重度5,7,9，…一般而言，多重度低的能量低，且最稳定。所以，一般来说，偶数电子的体系多重度就是1。

分子结构部分主要用来定义分子核的相对位置，常用分子坐标来表示分子的结构。初始的分子结构来源一般有三种：实验测得结构(可采用PDB、MDL、CIF等各式)，根据化学直觉写出坐标，使用Gaussian View5.0或其他图形界面搭建。

Gaussian软件支持的坐标格式如下：

① 笛卡尔坐标(直角坐标)；

② Z-矩阵(内坐标，含冗余内坐标)；

③ 直角坐标和内坐标的混合形式；

④ 从临时文件checkpoint文件中读取，在输入文件的Route部分加上Geom＝Check关键词。比如#p HF/6-31G(d) Opt Freq Guess＝Read Geom＝Check。

不论输入结构使用什么格式，Gaussian计算中，程序会将其转化成指定的格式：量子化学计算部分为冗余内坐标，分子力学计算部分为直角坐标。

内坐标方法适用于构型的局部优化，侧重于从原子之间的键连角度来描述原子间的相对位置，具体参数如下。

① 键长：需用两个原子描述，即两个原子间的距离，注意：该两个原子并非要具有化学直观意义上的成键。此外，在默认情况下，键长单位为埃(Å，$1Å=10^{-10}m$)。

② 键角：需用三个原子描述，确定了两个键之间的夹角，默认单位为度，范围为$-180°\sim180°$。

③ 二面角：需用四个原子描述，二面角加上键长和键角就确定了四个原子的位置，其默认单位为度，范围为－360°～360°。当二面角等于 0°、±180°和±360°时，四个原子共面。

内坐标的输入格式为：原子 1 原子 2 键长 原子 3 键角 原子 4 二面角。

直角坐标系方法，即直角笛卡尔坐标方法是内坐标的一种特殊形式，适用于全自由度构型的优化情况，格式为：元素符号 x 坐标 y 坐标 z 坐标。元素符号大小写均可，也可直接采用原子序数，有时为了便于区别，可在元素符号后加一整数；x、y、z 数值必须以小数格式输入。Gaussian 的数据输入均为自由格式，即除了用空格来分隔数据外，也可用逗号或混合使用。

对原子数较少的体系，使用内坐标优化的速度要比使用直角坐标快，所以绝大多数软件都使用内坐标进行计算。还可采用直角坐标和内坐标混合输入方法，该方法是在采用直角坐标方法输入的原子的元素符号后加一个整数 0。分子构型的输入准确性是保证计算结果可靠性的前提。对于复杂体系，在计算前均需对所输构型进行检查，常用的方法包括构型的可视化处理，即采用一些分子构型软件（例如 GaussView 和 Chem3D）观察所给构型是否合理；在 Gaussian 运行到 L2 模块时，会给出所输入分子所属点群，此时，可检查点群是否合理。

例 3.1 使用 HF 方法，优化 H_2O_2 分子。

图 3.7 中的两种表述方法都是对 H_2O_2 分子的结构进行完全优化，包括所有的键长、键角和二面角。

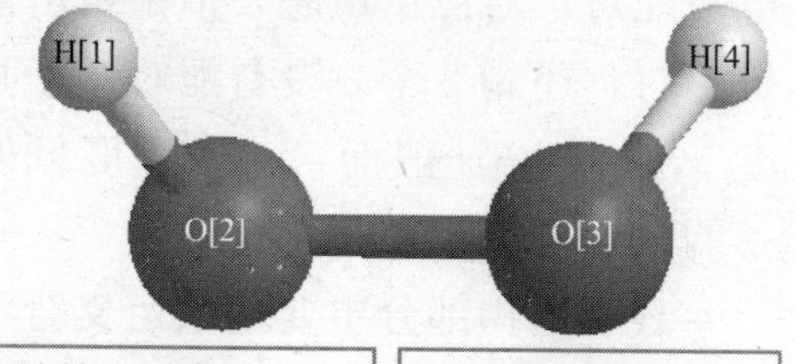

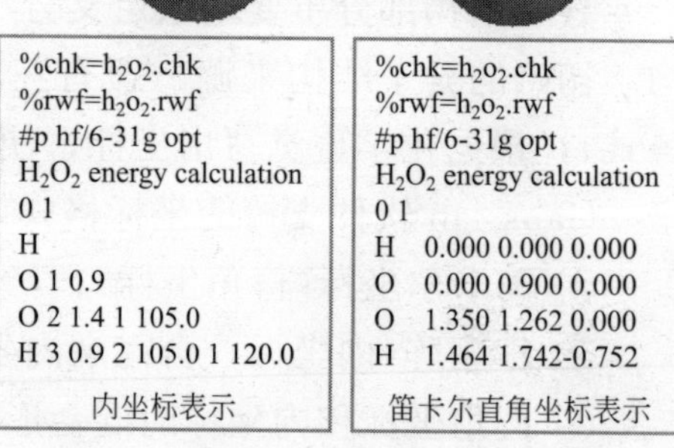

```
%chk=h2o2.chk
%rwf=h2o2.rwf
#p hf/6-31g opt
H2O2 energy calculation
0 1
H
O 1 0.9
O 2 1.4 1 105.0
H 3 0.9 2 105.0 1 120.0
```

内坐标表示

```
%chk=h2o2.chk
%rwf=h2o2.rwf
#p hf/6-31g opt
H2O2 energy calculation
0 1
H   0.000 0.000 0.000
O   0.000 0.900 0.000
O   1.350 1.262 0.000
H   1.464 1.742-0.752
```

笛卡尔直角坐标表示

图 3.7 H_2O_2 分子的结构与坐标

（5）额外的输入信息

该部分内容主要是一些 Route 部分的关键词相配合的信息，包括不同的原子或元素使用不同的基组，输入自定义的基组，NBO 计算控制语句，溶剂模型参数和其他必要的语句等。

例 3.2 水分子单点能和电子布居分析计算的输入文件可表示为图 3.8 所示。

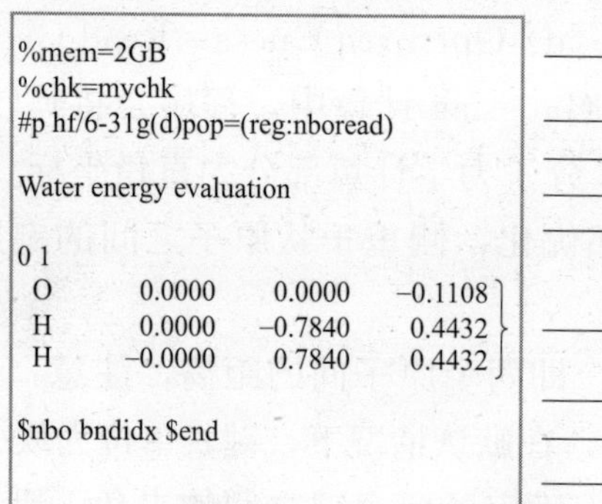

```
%mem=2GB
%chk=mychk
#p hf/6-31g(d)pop=(reg:nboread)

Water energy evaluation

0 1
 O        0.0000     0.0000    -0.1108
 H        0.0000    -0.7840     0.4432
 H       -0.0000     0.7840     0.4432

$nbo bndidx $end
```


图 3.8 水分子的输入文件

在 Gaussian 软件的界面中，只要在相应的文本框中填入对应内容即可，如图 3.9 所示。

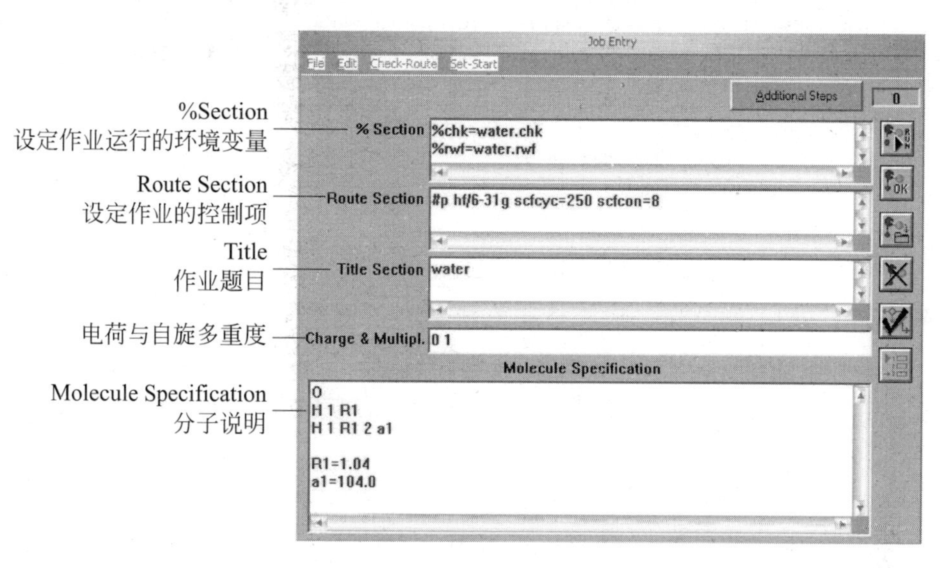

图 3.9　Gaussian 程序界面中的输入文件

（6）利用 GaussView 程序构建输入文件

① GaussView 软件简介　GaussView 是一个高斯配套使用的软件，其主要用途有两个：构建高斯的输入文件和以图的形式显示高斯计算的结果。除了可以自己构建输入文件外，GaussView 还可读入 Chem3D、HyperChem 和晶体数据等诸多格式的文件，从而使其可以与诸多图形软件联用，大大拓宽了使用范围。GaussView 不在高斯软件的计算模块中，而是以前端/后端的模式来协助高斯软件的运行，它使得建立多种形式的高斯计算变得简便可视。GaussView 程序的常见菜单栏和工具栏如图 3.10～图 3.13 所示。

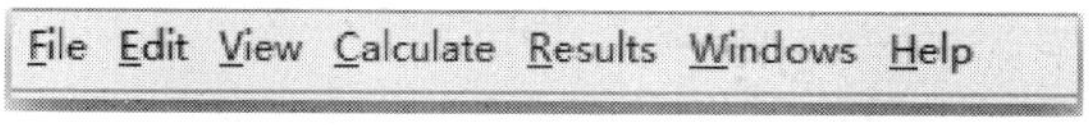

File Edit View Calculate Results Windows Help

File：主要功能是建立、打开、保存和打印当前的文件
Edit：完成对分子的剪贴、拷贝、删除、抓图等
View：与显示分子相关，如显示氢原子、键、元素符号、坐标等
Calculate：直接向Gaussian提交计算
Results：接收并显示Gaussian计算后的结果
Windows：控制窗体，如关闭、恢复等
Help：帮助

图 3.10　GaussView 程序的菜单栏

1　2　3　4　5

1—选择元素与价键，单击是元素周期表，通过它可以选择需要绘制的元素以及价态
2—环工具，单击是环状化合物残基列表
3—常用的R基团模板，基中包括乙基、丙基、异丙基、异丁基等
4—氨基酸残基，使用它可以迅速绘制绘制氨基酸
5—用户自定义基团，可以将常用的基团存放到此处

图 3.11　GaussView 程序的快速工具栏

1　2　3　4　5　6　7　8　9　10　11

1[键调整]2[键角调整]3[二面角调整]4[查询已有结构]
5[增加化学键]6[删除化学键]7[翻转原子]8[单个选择]
9[框选]10[去除选择]11[全选]
以上所有选项都可以通过在绘图窗口单击右键得到

图 3.12　GaussView 程序的快速编辑栏

这两条工具非常常用，几乎所有软件都有类似工具

图 3.13　GaussView 程序的常用工具栏

② 利用 GaussView 软件构建输入文件

例 3.3　用 GaussView 软件构建苯酚分子

第一步，打开 GaussView 软件，双击环工具按钮，选择苯基，主程序框体中出现苯环，在工作窗口单击，使工作窗口也出现一个苯环（见图 3.14）。

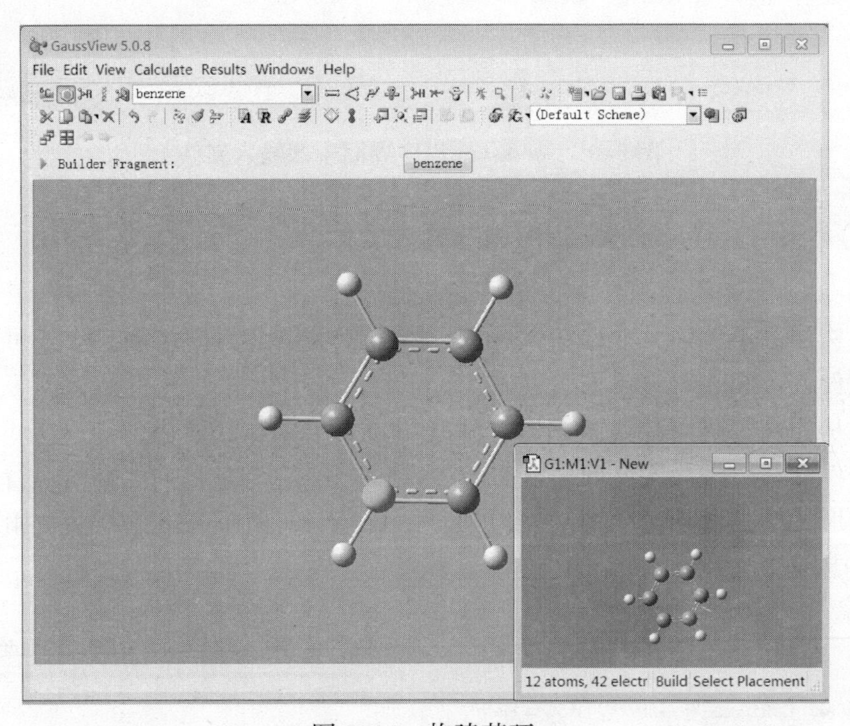

图 3.14　构建苯环

单击左键，可以将主程序框体中的分子或基团加入到工作窗口；按上下左右键，或者左键单击不放移动鼠标，可以调节分子的角度；滚动鼠标滚轮，可以放大缩小分子；按住 Shift 键，左键单击不放移动鼠标，可以移动分子；若工作窗口有多个分子时，可用 Shift＋Alt＋鼠标左键组合，移动想要移动的分子；用 Ctrl＋Alt＋鼠标左键组合调节其中一个分子的角度。

第二步，双击元素与价键按钮，在元素周期表中选择［O］元素，回到工作窗口在苯的任意一个［H］上单击，使之变成［O］。如果苯环上需要添加其他支链，可单击 R 基团按钮后选择（见图 3.15）。

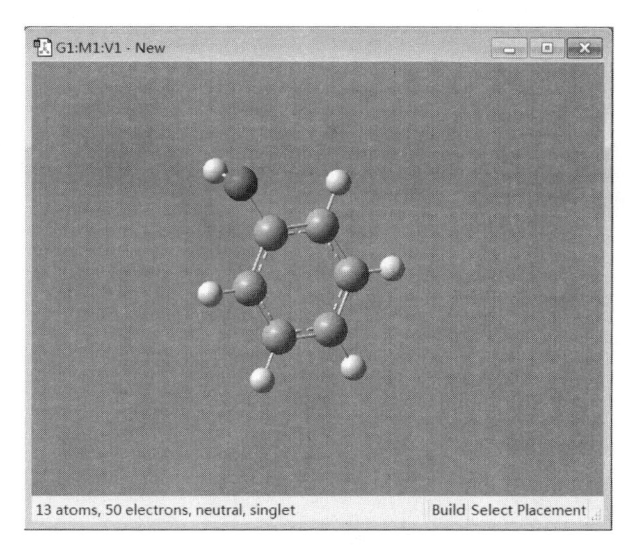

图 3.15　元素添加

最后，在主程序框中单击菜单栏中的 File-Save，在弹出的框中为构建好的苯酚分子命名后，选择合适的路径位置，点击 Save，GaussView 程序会自动将文件保存为 Gaussian 软件的输入文件格式（*.gjf），见图 3.16。

Gaussian 09 Revision-A.02-SMP
File Process Utilities View Help
Existing File Job Edit
File Edit Check-Route Set-Start
D:\G09W\benfen.gjf　Additional Steps　0
% Section　%chk=D:\G09W\benfen.chk
Route Section　# b3lyp/6-31g(d,p) opt freq
Title Section　Title Card Required
Charge, Multipl.　0 1
Molecule Specification

C	-0.29475984	0.76419213	0.00000000
C	1.10040016	0.76419213	0.00000000
C	1.79793816	1.97194313	0.00000000
C	1.10028416	3.18045213	-0.00119900
C	-0.29454084	3.18037413	-0.00167800
C	-0.99214184	1.97216813	-0.00068200
H	-0.84451884	-0.18812487	0.00045000

图 3.16　文件保存

在 Gaussian 程序中直接打开此文档，修改相应部分，加入所需语句和关键词后就可以进行计算了。图 3.17 中修改了 Route 部分和 Title 部分，用密度泛函的 b3lyp 方法，在 6-31g（d,p）基组水平下对分子进行构型优化和频率分析。

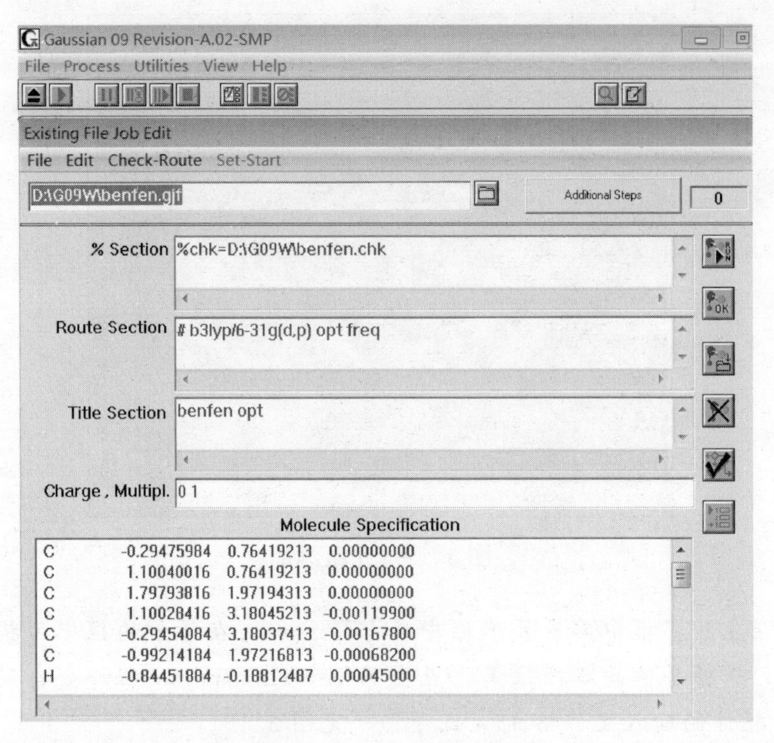

图 3.17　输入文件设置

3.3.2 输出文件

Gaussian 的输出文件后缀名为 .out 或 .log。文件中首先是版权说明，然后列出了所有创作参与者的名字，接着是 Gaussian 读入输入文件的说明，将输入的分子坐标转换为标准内坐标，后面是按要求进行的几何构型优化过程；再接着是布居分析，包括分子轨道情况、各个轨道的本征值(能量)、各个原子的电荷、偶极矩等。计算完成后，软件会对整个计算结果进行总结，各小节之间用｜分开；之后是一句格言，由 Gaussian 程序随机从它的格言库里选出的。计算过程中所用 CPU 时间也会在输出文件中列出，但这不是真正的完整的运行时间，只是 CPU 运行的时间，实际计算时间要长一些。正常结束的输出文件最后必须有这样一句话："Normal termination of Gaussian 09"。软件版本不同，Gaussian 后面的数字也随之不同。这句话很关键，如果没有这句话，说明任务是失败的，肯定是在计算过程中某些地方出错了，文件中会提示哪里出错，接下来要做的是找到出错原因，修改输入文件后重新开始计算。

Gaussian 的输出文件可以通过 GaussView 程序观察优化后的分子构型，如图 3.18 所示的方法，进入 GaussView 程序后，在主程序框中单击菜单栏中的 [File] - [Open]，在弹出的框中找到 *.out 文件，打开后就可以在工作窗中看到计算后的分子结构，如图 3.19 所示，操作简单方便。

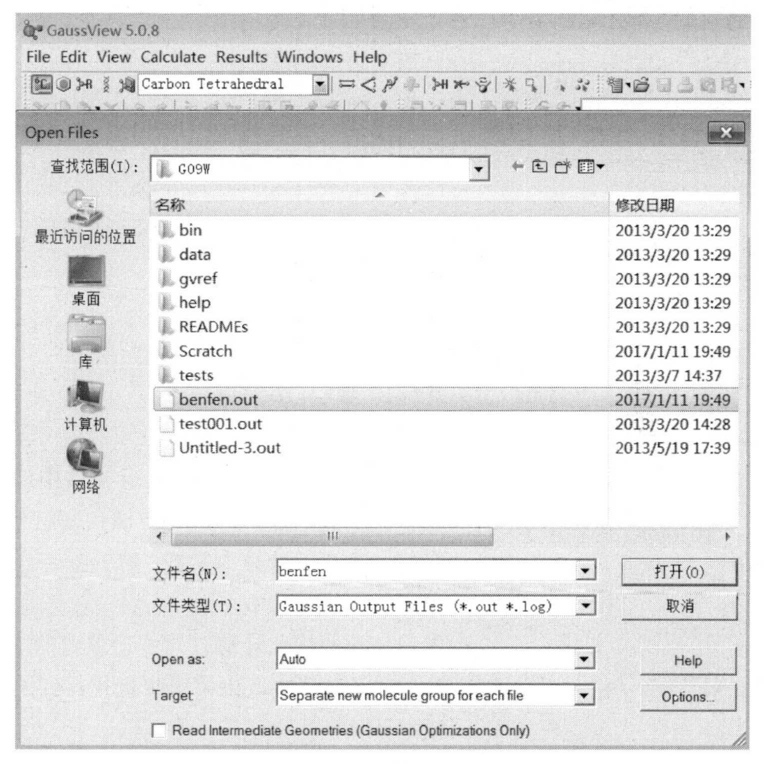

图 3.18　寻找 out 文件

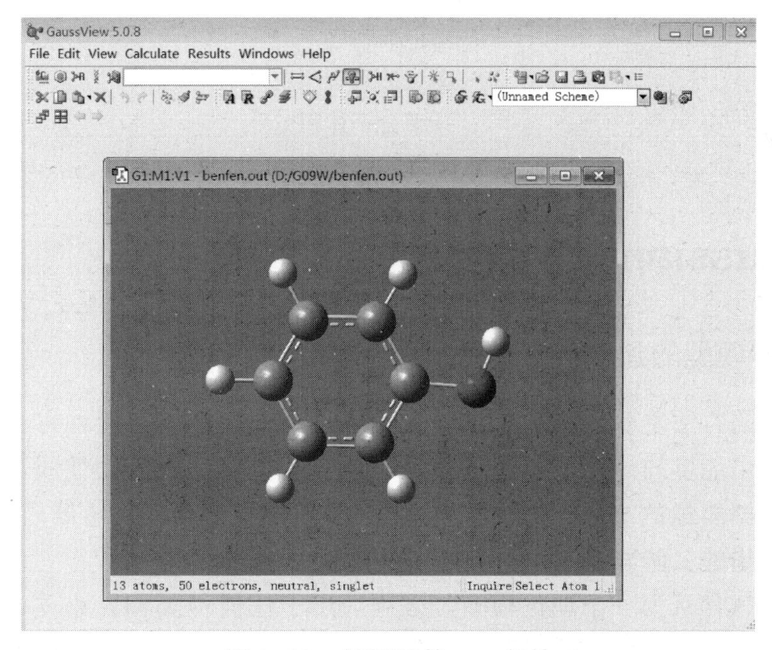

图 3.19　打开后的 out 文件

3.3.3　关键词

Gaussian 的计算是通过在输入文件中加入关键词实现的，具体的关键词在软件配套的指南中都有详细说明。常用的关键词如下：

＃T	只输出重要的结果
＃	正常 Gaussian 输出
＃P	详细输出
Test	任务结果不写入 site archive
Pop＝Reg	只显示 5 个最高占据轨道和 5 个最低未占轨道
Pop＝Full	显示全部轨道
SCF＝Tight	要求波函数更严格地收敛
SP	单点能计算关键词
OPT	几何构型优化关键词
POP	电子布居分析
Opt＝ReadFC	从已有的作频率计算的 check 文件中读取力常数
Opt＝CalcFC	在第一个点计算力常数，方法和基组与优化相同
Opt＝CalcAll	在每一个点都计算力常数
MaxCycle	设定最大优化次数
Opt＝Restart	重启失败的优化计算，需要已保存的 check 文件
Geom＝(Check，step＝)	从 check 文件中取出第×步优化得到的结构
Freq	频率计算
Freq＝ReadIsotopes	指定温度、压力、标度因子、同位素，要在分子结构说明后空一行，加入需要指定的信息
Scan	势能面扫描
Stable	测试波函数稳定性
Volume	计算分子体积
NMR	计算核磁位移

3.4 Gaussian 软件的计算

3.4.1 化学模型的建立

计算化学的方法主要有分子力学理论和电子结构理论。这两种方法都可以计算分子的能量，由能量的计算结果通过一定的计算可以得到分子的性质。也可以进行几何优化，根据能量的一阶导数，在起始结构的附近寻找具有最低的能量的结构；还可以根据能量的二阶导数计算分子内运动的频率。

Gaussian 软件认为一个理论模型，必须适用于任何种类和大小体系，它的应用限制只应该来自于计算条件的限制。这一点主要包括两点内容：一是理论模型应该对于任何给定的核和电子有唯一的定义，即对于解薛定鄂方程来讲，分子结构本身就可以提供充分的信息；二是理论模型不依靠于任何的化学结构和化学过程。

Gaussian 包含多种化学模型，比如 HF 指 Hartree-Fock 自恰场模型；B3LYP 对应 Becke 型 3 参数密度泛函模型，采用 Lee-Yang-Parr 泛函；MP2 指二级 Moller-

Plesset 微扰理论；MP4 对应四级 Moller-Plesset 微扰理论模型等。

建立化学模型，用 Gaussian 软件计算一般经过五个步骤。

第一，文献调研：了解当前的研究状况，包括实验和理论研究现状、已解决和尚未解决的问题。

第二，确定计算目的：确定采用理论方法要解决分子结构中的哪些问题。

第三，构造计算模型：利用实验测定结果或者采用软件进行构造等方法确定化合物的构型。

第四，选取计算方法和程序：根据现有的计算条件、模型的大小以及所要解决的问题，选择可行的计算方法和相应程序。

第五，分析和整理计算结果：对计算结果进行加工和提取有用的信息，一般包括构型描述、能量分析、轨道组成、电荷和成键分析等，并与实验结果比较。

计算模型和方法的选取是保证计算结果可靠性的关键，理想的情况是：所选取的计算模型与实际情形一致和采用高级别的计算方法。但是，由于受到计算软硬件的限制，在多数情况下，很难同时做到上述两点要求。实际操作中，当计算模型较大时，只能选择精确度较低的计算方法，只有对较小的模型才能选取高级的计算方法。因此，当确定了一种计算模型和方法后，最好对其进行验证，以保证计算结果的可靠性。

假设当前的研究对象是化合物 A，通常可通过三种途径进行验证：

第一种，与 A 化合物现有实验结果之间的比较；

第二种，若无实验方面的报道，可对与 A 类似的化合物 B 进行研究，此时以 B 的实验结果作为参照；

第三种，当上述方法行不通时，可以采用较大模型和较为高级的计算方法得到的计算结果作为参照。该方法主要用于系列化合物的研究，如对 A1、A2、A3，先用大模型和基组对 A1 进行研究，然后以该结果为参照，确定计算量适中的模型和方法并应用于 A1、A2、A3。

3.4.2 基组的影响

基组是量子化学专用语。量子化学中的基组是用于描述体系波函数的若干具有一定性质的函数，是体系内轨道的数学描述。基组的概念最早来源于原子轨道，随着量子化学的发展，现在量子化学中基组的概念已经大大扩展。在量子化学的计算中，不同的体系需要选择不同的基组。基组的大小是由构成基组函数的多少决定的，函数越多，基组越大，对计算的限制就越小，计算的精度也越高，大的基组由于对电子在空间上有小的限制而具有更大的精确性。

（1）斯莱特型基组

斯莱特型基组就是原子轨道基组，基组由体系中各个原子中的原子轨道波函数组成。斯莱特型基组是最原始的基组，函数形式有明确的物理意义，但是这一类型的函数在计算多中心双电子积分时，计算量很大，因而随着发展，斯莱特型基组很快被淘汰了。

（2）高斯型基组

高斯型基组用高斯函数替代斯莱特函数。高斯型函数可以将三中心和四中心的双电子积分轻易转化为二中心的双电子积分，因而可以在相当程度上简化计算，但是高斯型函数与斯莱特型函数在 $r=0$ 处的行为差异较大，直接使用高斯型函数构成基组会使得量子化学计算的精度下降。

（3）压缩高斯型基组

压缩高斯型基组是用压缩高斯型函数构成的量子化学基组。为了弥补高斯型函数与 $r=0$ 处行为的巨大差异，量子化学家使用多个高斯型函数进行线性组合，获得的新函数作为基函数参与量子化学的计算，这样一方面可以较好地模拟原子轨道波函数的形态，另一方面可以利用高斯型函数在数学上的良好性质，简化计算。压缩高斯型基组是目前应用最多的基组，根据研究体系的不同性质，量子化学家会选择不同形式的压缩高斯型基组进行计算。

（4）最小基组

最小基组又叫 STO-3G 基组，STO 是斯莱特型原子轨道的缩写，3G 表示每个斯莱特型原子轨道是由三个高斯型函数线性组合获得的。STO-3G 基组是规模最小的压缩高斯型基组。STO-3G 基组用三个高斯型函数的线性组合来描述一个原子轨道，对原子轨道列出 HF 方程进行自洽场计算，以获得高斯型函数的指数和组合系数。STO-3G 基组规模小，计算精度相对差，但是其计算量最小，适合较大分子体系的计算。

最小基组包含了描述轨道的最少的函数数量。

H：1s　C：1s，2s，$2p_x$，$2p_y$，$2p_z$

（5）分裂基组

根据量子化学理论，基组规模越大，量化计算的精度就越高，当基组规模趋于无限大时，量化计算的结果也就逼近真实值，为了提高量子化学的计算精度，需要加大基组的规模，即增加基组中基函数的数量，增大基组规模的一个方法是劈裂原子轨道，即使用多于一个基函数来表示一个原子轨道。劈裂价键基组就是应用上述方法构造的较大型基组，所谓劈裂价键就是将价层电子的原子轨道用两个或以上基函数来表示。常见的劈裂价键基组有 3-21G、4-21G、4-31G、6-31G、6-311G 等，在这些表示中前一个数字用来表示构成内层电子原子轨道的高斯型函数的数目，“-”以后的数字表示构成价层电子原子轨道的高斯型函数的数目。如 6-31G 所代表的基组，每个内层电子轨道是由 6 个高斯型函数线性组合而成，每个价层电子轨道则会被劈裂成两个基函数，分别由 3 个和 1 个高斯型函数线性组合而成。劈裂价键基组能够比 STO-3G 基组更好地描述体系波函数，同时计算量也比最小基组有显著的上升，需要根据研究的体系不同而选择相应的基组进行计算。

增大基组的第一个方法是增加每个原子基函数的数量。分裂基组，比如 3-21G 和 6-31G，对于价键轨道都用两个函数来进行描述，其中的主要轨道和非主要轨道在大小上不同。

H：1s，1s′　　C：1s，2s，2s′，$2p_x$，$2p_y$，$2p_z$，$2p_x'$，$2p_y'$，$2p_z'$

（6）极化基组

劈裂价键基组对于电子云的变形等性质不能较好地描述，为了解决这一问题，方便强共轭体系的计算，量子化学家在劈裂价键基组的基础上引入新的函数，构成了极化基组。所谓极化基组就是在劈裂价键基组的基础上添加更高能级原子轨道所对应的基函数，如在第一周期的氢原子上添加 p 轨道波函数，在第二周期的碳原子上添加 d 轨道波函数，在过渡金属原子上添加 f 轨道波函数等等。这些新引入的基函数虽然经过计算没有电子分布，但是实际上会对内层电子构成影响，因而考虑了极化基函数的极化基组能够比劈裂价键基组更好地描述体系。极化基组的表示方法基本沿用劈裂价键基组，所不同的是需要在劈裂价键基组符号的后面添加“*”号以示区别，如 6-31G** 就是在 6-31G 基组基础上扩大而形成的极化基组，两个*符号表示基组中不仅对重原子添加了极化基函数，而且对氢等轻原子也添加了极化基函数。

（7）弥散基组

弥散基组是对劈裂价键基组的另一种扩大。在高斯函数中，变量 α 对函数形态有极大的作用，当 α 的取值很大时，函数图像会向原点附近聚集，而当 α 取值很小时，函数的图像会向着远离原点的方向弥散，这种 α 很小的高斯函数称为弥散函数。所谓弥散基组就是在劈裂价键基组的基础上添加了弥散函数的基组，这样的基组可以用于非键相互作用体系的计算。

弥散函数是 s 和 p 轨道函数的大号的版本。它们允许轨道占据更大的空间。对于电子相对离原子核比较远的体系，如含有孤对电子的体系、负离子以及其他带有明显负电荷的体系、激发态的体系、含有低的离子化能的体系以及纯酸的体系等，弥散函数都有重要的应用。

6-31＋G(d) 基组表示的是 6-31G(d) 基组在重原子上加上弥散基组，6-31G＋＋(d) 基组表示对于氢原子也加上弥散函数。这两者一般在精度上没有大的差别。

（8）高角动量基组

高角动量基组是对极化基组的进一步扩大，它在极化基组的基础上进一步添加高能级原子轨道所对应的基函数，这一基组通常用于在电子相关方法中描述电子间的相互作用。

（9）第三周期以后的原子的基组

第三周期以上的原子的基组很难处理。由于存在非常大的核，原子核附近的电子通过有效核电势的方法(ECP) 进行了近似，这一处理同时也包含了相对论效应。

这其中，LANL2DZ是最有名的基组。

现在使用的更大的基组，是在分裂基组基础上增加多个角动量。比如6-31G(2d)就是在6-31G基础上增加两个d轨道的函数，而6-311++G(3df，3pd)则增加了更多的极化函数，包括三个分裂的价键基组，在重原子和氢原子上加上弥散函数，在重原子上加上三个d函数和一个f函数，在氢原子上加上三个p函数和一个d函数。这样的基组在电子相关方法对于描述电子之间的作用有重要意义。这些基组一般不用于HF计算。

一些大的基组根据重原子的周期数而增加不同的极化函数。如6-311+(3df，2df,p)基组在第二周期以及以上都采用三个d函数和一个f函数的极化，而对于第一周期采用两个d函数和一个f函数的极化。注意一般从头算所说的周期是不包含氢原子所在的周期的，即碳处于第一周期。

从纯理论的意义上来讲，根据波函数的完备性定理，为了得到较好的分子轨道函数，当从原子轨道(基函数)组合成分子轨道时，展开项愈多愈好。但从实际计算来说，为了减少计算工作量，则又希望展开项数愈少愈好。基组越大，对电子的空间约束越小，就能更加准确地接近精确分子轨道，同时也就更耗机时。

需要注意的是有些方法不需要输入基组，像各种半经验方法，G1、G2等。选择基组应遵循一条原则，就是在保证足够精度的情况下选取尽可能小的基组。一般应考虑体系中不同原子的性质及实际的化学环境。

第一，基组应该平衡。对分子中不同原子，应该选择逼近程度相似的基组，不能对一部分原子很精细，而对另一部分原子很粗糙。

第二，一般用较小基组就能得出有关分子几何构型的正确结论。对分子轨道能级，则需用双ζ基或分裂价基。要得到极限的RHF能量，至少要用双ζ加极化基。对波函数质量很敏感的单电子性质(如偶极矩)，不加极化基一般得不到正确的结果。

第三，描述一般体系时可根据该原子在元素周期表中的位置从左到右依次增大基组。

第四，对负离子体系，应使用更多的基函数，一般需要加弥散函数，可加上适当的极化函数。

第五，对正常饱和共价键原子不需要增加极化或弥散函数，对氢键、弱相互作用体系、官能团、零价或低价态金属原子等敏感体系，要增加极化或弥散函数。

第六，对于电子相对离原子核较远的体系，如含孤对电子的体系、负离子，以及其他明显带有负电荷的体系、激发态的体系、含有低的离子化能的体系，以及纯酸的体系，等等，必须引入弥散函数。

第七，高角动量基组在电子相关方法重于描述电子之间的作用时有重要意义，这类型基组一般不用于HF计算。这样一般就可以用适中的基组和可承受的计算量得到比较可靠的计算结果。

基组都有一定的适用原子和范围，常用基组及其应用范围见表3.2。

表 3.2 常用基组及其应用范围

基组	应用原子	描述与说明
STO-3G	[H-Xe]	最小基组，适用于较大的体系，每个原子轨道用三个高斯函数(GF)来描述
3-21G	[H-Xe]	分裂基组，内层的每个 AO 用 3 个 GF 描述，价层的 AO 分裂为两组，分别用 2 个和 1 个 GF 描述
6-31G(d)/6-31G*	[H-Cl]	分裂基组，内层的每个 AO 用 6 个 GF 描述，价层的 AO 分裂为两组，分别用 3 个和 1 个 GF 描述。在重原子上增加极化函数，用于大多数情况下计算
6-31G(d,p) /6-31G**	[H-Cl]	在氢原子上增加极化函数，用于精确能量计算
6-31+G(d)	[H-Cl]	增加弥散函数，适用于孤对电子、阴离子和激发态
6-31+G(d,p)	[H-Cl]	在氢原子上增加 p 函数，6-31G(d,p)基础上增加弥散函数
6 311+G(d,p)	[H-Br]	三 ZETA，在 6-31+G(d)基础上加额外的价函数，如果需要，也可通过加上一“+”来实现对氢原子加上弥散函数
6-311+G(2d,p)	[H-Br]	对重原子加上 2df 函数，并加上弥散函数，对氢重原子加上 1p 函数
6-311+G(2df,2p)	[H-Br]	对重原子加上 2d 和 1f 函数，并加上弥散函数，氢重原子加上 2p 函数
6-311++G(3df,2pd)	[H-Br]	对重原子加上 3d 和 1f 函数，对氢重原子加上 2p 和 1d 函数，并且二者都加上弥散函数

本章中的计算例子所用基组均为 3-21G，这是因为该基组较小，但是计算所用时间较短，计算结果也较为粗略。

3.4.3 单点能的计算

单点能的计算是指对给定几何构型的分子的能量以及性质进行计算，由于分子的几何构型是固定不变的，只是“一个点”，所以叫单点能计算。单点能计算可以得到分子的基本信息。在计算条件下，体系单点能的计算可以采用不同理论等级和不同基组水平进行。

(1) 关键词输入

进行单点能计算时，关键词为 SP(由于 Gaussian 默认的计算方法为单点能计算，SP 可省略)。在输入文件的路径(Route) 部分，以“#” 开头，设置要采用的理论方法和基组。

单点能计算中需要给出的内容有：计算的理论，如 HF(默认关键词，可以不写)、B3PW91 等；计算采用的基组，如 6-31G、3-21G 等；布居分析方法，如 Pop=Reg，Pop=Reg 只在输出文件中打印出最高的 5 条 HOMO 轨道和最低的 5 条 LUMO 轨道，而采用 Pop=Full 则打印出全部的分子轨道；波函数自恰方法，如 SCF=Tight，表示采用比一般方法较严格的收敛、计算。SCF 设置是指波函数的收敛计算时的设定，一般不用写。

（2）计算数据与输出

在输出文件中，Standard Orientation 一行下面的坐标值即输入分子的标准几何坐标。SCF Done 后面的 E(RHF) 即为单点能量，单位是 hartree（哈特里），1hartree= 27.2114eV= $4.3597*10^{-18}$J= 2565.5kJ/(mol·NA) =627.5094kcal/(mol·NA)。对于按照计算设置所打印出的分子轨道，列出的是轨道对称性以及电子占据情况，O 表示占据，V 表示空轨道；分子轨道的本征值即为分子轨道的能量，分子轨道的顺序按照能量由低到高的顺序排列，列出了每个原子轨道对分子轨道的贡献。要注意的是轨道系数，这些数字的相对大小(忽略正、负号) 表示了组成分子轨道的原子轨道在所组成的分子轨道中的贡献大小。寻找 HOMO 和 LUMO 轨道的方法就是看占据轨道和非占据轨道的交界处。

单点能计算中还可以得到电荷分布、偶极矩和多极矩等信息。Gaussian 采用的默认的电荷分布计算方法是 Mullikin 方法，在输出文件中 Total atomic charges 可以看出分子中所有原子的电荷分布情况；在 Dipole momemt(Debye) 下面可以看到偶极矩和多极矩。

例 3.4 对甲醇分子进行单点能计算。

在 GaussView 中画出甲醇分子，保存为 Methanol.gjf，然后在 Gaussian 程序中点击 File-open 打开该文件后，修改命令和语句后进行计算，输出文件保存为 Methanol.out。

其输入文件如图 3.20 所示。

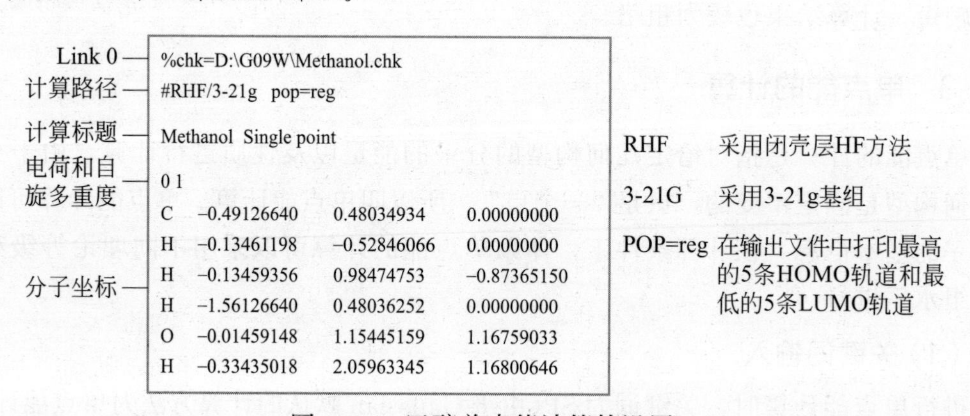

图 3.20 甲醇单点能计算的设置

用记事本打开 Methanol.out 文件，可寻找相关计算信息。

① 标准坐标 在输出的 out 文件中，找到“Standard orientation”，下面的坐标值就是输入的分子几何坐标(见图 3.21)。

② 能量 在输入文件中，“SCF Done：E(RHF) =−114.396512517 A.U. after 10 cycles” 中的数值就是能量，单位是 Hartree。1 Hartree= 627.509kcal/(mol·NA) =2625.500 kJ/(mol·NA) =27.2114eV。

```
                           Standard orientation:
 ---------------------------------------------------------------------
 Center     Atomic      Atomic             Coordinates (Angstroms)
 Number     Number       Type             X           Y           Z
 ---------------------------------------------------------------------
      1          6           0        0.674962   -0.019120    0.000000
      2          1           0        1.133309    0.947740   -0.000003
      3          1           0        0.977962   -0.557476   -0.873650
      4          1           0        0.977962   -0.557470    0.873653
      5          8           0       -0.747482    0.127687    0.000000
      6          1           0       -1.159146   -0.739570    0.000000
 ---------------------------------------------------------------------
```

图 3.21　输出文件中的标准坐标

③ 分子轨道及其能级　按“POP＝reg”设置打印出的是能量最高的 5 条占有轨道和能量最低的 5 条空轨道(O 表示占有轨道，V 表示空轨道)。分子轨道的能量值就是在轨道类型下面的数字(分子轨道按能量由低到高的顺序排列)。一般来说，占有轨道的能量多为负值，空轨道的能量多为正值；能量最高的占有轨道就是 HOMO，能量最低的空轨道就是 LUMO，这两条轨道往往是相邻的(见图 3.22)。

```
   Molecular Orbital Coefficients:                                        HOMO
                        轨道序号 5           6             7          8          9
                                 O           O  占有轨道   O          O          O
   Eigenvalues --            -0.67013   -0.62089   -0.58540   -0.47917   -0.43249
 1 1   C  1S                  0.01367    0.00000   -0.00069    0.01230    0.00000
 2        2S                 -0.01182    0.00000    0.00127   -0.01979    0.00000
 3        2PX                -0.13774    0.00000   -0.25415    0.10735    0.00000
 4        2PY                 0.21841    0.00000   -0.23354   -0.22943    0.00000
 5        2PZ                 0.00000    0.34004    0.00000    0.00000   -0.19395
 6        3S                 -0.05173    0.00000   -0.01977   -0.01010    0.00000
     ......
                               LUMO
                               10          11            12         13         14
     能量本征值                  V           V   空轨道     V          V          V
    Eigenvalues --            0.26525    0.32079    0.35419    0.35722    0.42622
  1 1   C  1S                -0.06681   -0.14980   -0.03393    0.00000    0.08177
  2        2S                 0.00160    0.05960    0.00866    0.00000   -0.04726
  3        2PX                0.16473    0.04075   -0.06540    0.00000    0.19768
  4        2PY               -0.06720    0.06072   -0.28663    0.00000   -0.04801
  5        2PZ                0.00000    0.00000    0.00000   -0.32332    0.00000
  6        3S                 1.17279    2.01378    0.39140    0.00000   -0.73108
      ......
```

图 3.22　甲醇分子轨道与能级

④ 电荷分布　Gaussian 程序中默认用 Mullikin 方法进行电荷分布计算，在输出文件中找到“atomic charges”，可以看到分子中每个原子的电荷值(见图 3.23)。

⑤ 偶极矩和多极矩　在输出文件中的“Dipole moment”下面就是偶极矩，下两行是四极矩，再后面有八极矩、十极矩等(见图 3.24)。

```
 Mulliken atomic charges:
              1
     1  C   -0.267482
     2  H    0.218372
     3  H    0.180098
     4  H    0.180098
     5  O   -0.684454
     6  H    0.373369
 Sum of Mulliken atomic charges =    0.00000
```

图 3.23　甲醇分子的电荷

```
 Dipole moment (field-independent basis, Debye):
   X=1.1607           Y=-1.8202           Z= 0.0000          Tot= 2.1588
 Quadrupole moment (field-independent basis, Debye-Ang):
   XX=-12.4771        YY=-12.0333         ZZ=-13.4349
   XY= 2.5334         XZ=0.0000           YZ=0.0000
 Traceless Quadrupole moment (field-independent basis, Debye-Ang):
   XX=0.1714          YY=0.6151           ZZ=-0.7865
   XY=2.5334          XZ=0.0000           YZ=0.0000
 Octapole moment (field-independent basis, Debye-Ang**2):
  XXX=-4.3678         YYY=-0.5249         ZZZ=0.0000         XYY=-1.7813
  XXY=-2.2618         XXZ=0.0000          XZZ=-0.7880        YZZ=-0.5555
  YYZ=0.0000          XYZ=0.0000
 Hexadecapole moment (field-independent basis, Debye-Ang**3):
 XXXX=-57.9137        YYYY=-17.9522       ZZZZ=-17.4400      XXXY=4.0318
 XXXZ=0.0000          YYYX=2.7054         YYYZ=0.0000        ZZZX=0.0000
 ZZZY=0.0000          XXYY=-11.4325       XXZZ=-13.1256      YYZZ=-5.9920
 XXYZ=0.0000          YYXZ=0.0000         ZZXY=-0.0848
```

图 3.24　甲醇分子的偶极矩和多极矩

3.4.4 几何优化

化合物构型的优化是Gaussian的常用功能之一，构型优化过程建立在能量计算的基础之上。对于通常意义上的稳定构型是指具有最低能量的构型，即是在势能面上的能量最低点(极小点)，分子构型优化过程如图3.25所示。此外，Gaussian也可以对非基态构型进行优化，例如激发态构型以及过渡态构型等。几何优化的关键词是Opt，例如，# RHF/6-31G(d) Opt，表明采用RHF方法，在6-31G(d)基组水平进行几何优化。

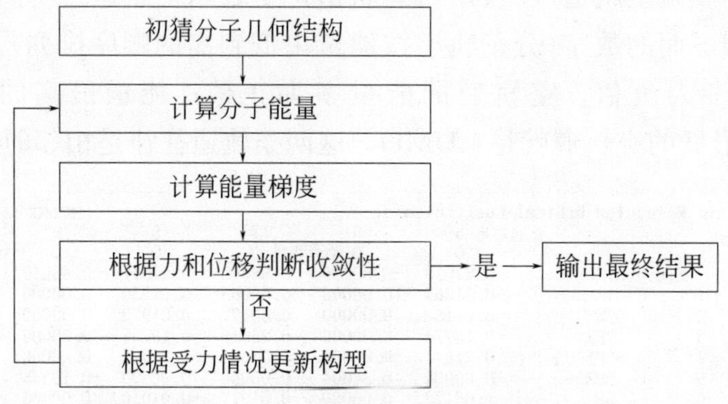

图3.25 分子构型优化过程

(1)势能面

分子几何构型的变化对能量有很大的影响。由于分子几何构型而产生的能量的变化，称为势能面。势能面是连接几何构型和能量的数学关系。对于双原子分子，能量的变化与两原子间的距离相关，这样得到的势能曲线，对于大的体系，势能面是多维的，其维数取决于分子的自由度。势能面中，包括一些重要的点，包括全局最大值、局域极大值、全局最小值、局域极小值以及鞍点。极大值是一个区域内的能量最高点，向任何方向的几何变化都能够引起能量的减小。在所有的局域极大值中的最大值，就是全局最大值；极小值也同样，在所有极小值中最小的一个就是具有最稳定几何结构的一点。鞍点则是在一个方向上具有极大值，而在其他方向上具有极小值的点。一般来说，鞍点代表连接着两个极小值的过渡态。

(2)极小值

在Gaussian软件中，几何优化就是寻找极小值，即分子的稳定的几何形态。对于所有的极小值和鞍点，其能量的一阶导数为零，这样的点称为稳定点。所有的成功的优化都在寻找稳定点。几何优化由初始构型开始，计算能量和梯度，确定下一步的方向和步长，其方向是向能量下降最快的方向进行。大多数的优化也要计算能量的二阶导数来修正力矩阵，从而表明在该点的曲度。

(3)优化收敛标准

在计算过程中，当一阶导数为零的时候优化结束，但在实际计算时，当变化量小于某个量的时候，可以认为得到优化结构。Gaussian 默认的收敛条件有四个：第一，力的最大值必须小于 0.00045；第二，均方根小于 0.0003；第三，为下一步所做的取代计算小于 0.0018；第四，其均方根小于 0.0012。这四个条件必须同时满足才能优化成功。

（4）数据与输出

优化部分的计算包含在两行相同的字符串“GradGradGrad…”之间，包括优化的次数、变量的变化和收敛的结果等。在得到每一个新的几何构型之后，都要计算单点能，然后在此基础上继续再进行优化，直到满足四个默认条件为止，而最后一个几何构型就被认为是最优构型。需要注意的是最终构型的能量是在最后一次优化计算之前得到的。得到最优构型之后，在输出文件中，Stationnary point found 下面的表格中列出的就是最后的优化结果、分子坐标以及按计算要求列出的分子有关性质。

有些系统的优化采用默认的方法得不到好的结果，其产生的原因往往是所计算出的力矩阵与实际相差太远，这时就要采用其他的方法。常见的可能是优化次数不够，这可以通过设置 MaxCycle 来增加次数。如果在优化中保存了 Checkpoint 文件，那么使用 Opt=Restart 可以继续进行优化。Gaussian 提供很多的选择，具体可以参考软件配套的用户指南手册。当然，优化没有达到效果的时候，不能盲目加大优化次数。要注意观察每一步优化的区别，寻找没有得到优化结果的原因，判断体系是否收敛。如果体系能量有越来越小的趋势，那么增加优化次数是可能得到结果的，如果体系能量变化没有什么规律，或者离最小点越来越远，那么就要改变优化的方法。

优化过程中如果出现收敛问题，主要原因和解决方法如下。

① 默认的优化次数不够，可通过增加优化次数来解决，常用的关键词为 Opt=(Restart Maxcycle=N)。

② 初猜力常数与实际不符，常用的解决办法有三种：

a. 从振动分析计算的 chk 文件中读入力常数，关键词为 Opt=ReadFc；

b. 使用给定的方法和基组计算力常数，关键词为 Opt=CalcFc；

c. 优化中的每一步都计算力常数，关键词为 Opt=CalcAll。

③ 尝试从能量最低的最优结构重启优化作业，关键词为：

Opt=CalcFc，Geom=(Check，Step=n)

例 3.5　甲醛分子的几何优化

在 GaussView 中构建甲醛分子，保存为 Formaldehyde.gjf（见图 3.26）。在 Gaussian 程序中打开该文件，修改命令和语句进行计算，输出文件保存为 Formaldehyde.out。

用 GaussView 程序打开输出文件，可以看到优化后的甲醛分子。用记事本打开输出文件，则可以找到计算过程的相关信息。如前所述，优化部分的计算包含在两行分隔字符串“GradGradGrad…”之间，在本例的计算中，经过迭代后，如图 3.27 所示，四个条件均达到收敛标准，在“Optimization completed. ——Stationary point found”下面是优化的各键长、键角、二面角和分子坐标等参数信息。

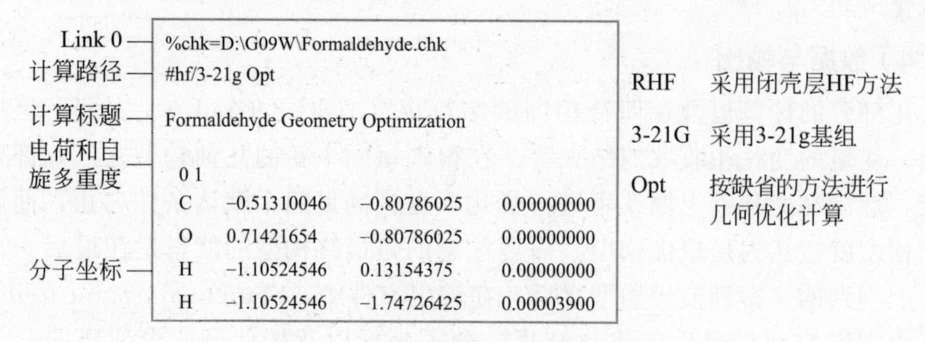

图 3.26 几何优化的输入设置

```
         Item               Value     Threshold  Converged?
Maximum Force              0.000096   0.000450     YES
RMS     Force              0.000066   0.000300     YES    四个收敛条件同时满足
Maximum Displacement       0.000666   0.001800     YES
RMS     Displacement       0.000438   0.001200     YES
Predicted change in Energy=-9.114710D-08
Optimization completed.          优化结束
   — Stationary point found.     找到稳定点

                          !  Optimized Parameters  !
                          ! (Angstroms and Degrees) !
! Name  Definition                 Value       Derivative Info.          !
! R1    R(1,2)                     1.207       -DE/DX =   -0.0001        !
! R2    R(1,3)   R为优化后的键长    1.0833      -DE/DX =   -0.0001        !
! R3    R(1,4)                     1.0833      -DE/DX =   -0.0001        !
! A1    A(2,1,3) A为优化后的键角    122.5026    -DE/DX =    0.0001        !
! A2    A(2,1,4) D为优化后的二面角  122.5312    -DE/DX =    0.0           !
! A3    A(3,1,4)                   114.9662    -DE/DX =   -0.0001        !
! D1    D(2,1,4,3)                 179.9722    -DE/DX =    0.0           !
                          ......
              优化后的分子坐标  Standard orientation:

Center     Atomic      Atomic             Coordinates (Angstroms)
Number     Number      Type             X           Y           Z

   1          6          0         -0.530694   -0.000010   -0.000079
   2          8          0          0.676278   -0.000028    0.000033
   3          1          0         -1.112786    0.913631    0.000085
   4          1          0         -1.113270   -0.913342    0.000127
```

图 3.27 甲醛优化后的参数

甲醛分子优化后的能量、电荷、分子轨道及能级、偶极矩和多极矩等信息的找寻方法与单点能计算相同，这里不再一一叙述了。

3.4.5 核磁计算

Gaussian 程序可以进行核磁计算，在 Route 设置部分，就是以＃开头的一行里，加入 NMR 关键词，如＃T HF/6-31G(d) NMR。构型优化结束后，可以在此基础上进行核磁计算。在输出文件中，寻找“GIAO Magnetic shielding tensor(ppm)”，此信息后即为 NMR 参数。一般来说，核磁数据是以 TMS（四甲基硅烷）为零点的，必须用同样的方法计算 TMS 的 NMR，再与目标分子的结果相减才能得到所需数值。

例 3.6　对例 3.5 中优化后的甲醛分子进行 NMR 计算。

首先用 GaussView 打开优化后甲醛分子的 Formaldehyde. out 输出文件，单击 File-Save，保存为输入文件 FNMR. gjf，再用 Gaussian09 程序打开该文件，修改关键词后即可进行 NMR 计算（见图 3.28）。

输出文件中，图 3.29 所示的信息就是甲醛的核磁结果。用同样的方法算得 TMS 的 1 C Isotropic=195.1196，与图 3.29 中的数值相减，计算所得的甲醛 C 原子的核磁位移为 163.158，在醛基的实验值范围之内。

```
%chk=D:\G09W\FNMR.chk
#HF/3-21G NMR

Formaldehyde NMR

0 1
C     -0.53069400   -0.00001000   -0.00007900
O      0.67627800   -0.00002800    0.00003300
II    -1.11278600    0.91363100    0.00008500
H     -1.11327000   -0.91334200    0.00012700
```

图 3.28　NMR 计算输入文件设置

```
Calculating GIAO nuclear magnetic shielding tensors.
SCF GIAO Magnetic shielding tensor (ppm):
1   C     Isotropic =     31.9616   Anisotropy =    179.8222
```

图 3.29　甲醛 NMR 计算结果

3.4.6　频率分析

频率分析只能在势能面的稳定点进行，这样，频率分析就必须在已经优化好的结构上进行。最直接的办法就是在设置行同时设置几何优化和频率分析。特别注意的是，频率分析计算是所采用的基组和理论方法，必须与得到该几何构型采用的方法完全相同。

频率分析的关键词是 FREQ，计算功能较强大，可以预测分子的红外和拉曼光谱(频率和强度)，为几何优化计算力矩阵，判断分子在势能面上的位置，还可以计算零点能和热力学数据，如系统的熵和焓。例如，用 HF 方法，在 6-31G(d) 基组水平进行频率分析的输入格式为# HF/6-31G(d) Freq。

(1) 振动光谱

频率分析的计算要采用能量对原子位置的二阶导数。HF 方法、密度泛函方法(如 B3LYP)、二阶 Moller-Plesset 方法(MP2) 和 CASSCF 方法(CASSCF) 都可以提供解析二阶导数。在构型优化的基础上，通过进一步计算能量的二阶导数，可求得力常数，进而得到化合物的振荡光谱。与单点能和构型优化相比，IR 计算需调用 L10 和 11 模块(包括 L1002、1101、1102、1110 等)。

频率分析只能在势能面的稳定点进行，这样，频率分析就必须在已经优化好的结构上进行。最直接的办法就是在设置行同时设置几何优化和频率分析。特别注意的是，频率分析计算是所采用的基组和理论方法，必须与得到该几何构型采用的方法完全相同。

频率分析首先要计算输入结构的能量，然后计算频率。Gaussian 计算结果中可以提供每个振动模式的频率（Frequencies）、约化质量（Red. masses）、强度（IR Intensities）、拉曼活性（Raman activities）、极化率（Depolarizations）等。

通常 IR 计算得到的频率要较实验结果来得大些，若要得到较为准确的数据，需用校正因子校正，该校正因子的数值与所用的计算方法和基组均有关，具体参考 Gaussian 用户手册中的说明。现有多种程序可用于将 IR 计算结果图示化，如 GaussView 等，便于简正坐标的分析。当所优化的构型并非对应于能量极小点时，将得到明显的为负值的频率，即虚频，此时可以通过对简正坐标的分析，推测稳定构型，从而消除虚频的出现。

其他方法得到的频率同样存在系统误差，频率和零点能都有相应的校正因子，如表 3.3 所示。

表 3.3 频率和零点能的校正因子

方法	频率校正因子	零点能校正因子
HF/3-21G	0.9085	0.9409
HF/6-31G(d)	0.8929	0.9135
MP2(Full)/6-31G(d)	0.9427	0.9646
MP2(FC)/6-31G(d)	0.9434	0.9676
SVWN/6-31G(d)	0.9833	1.0079
BLYP/6-31G(d)	0.9940	1.0119
B3LYP/6-31G(d)	0.9613	0.9804

频率的校正因子和用于计算热力学数据的零点能校正因子之间有小的差异，但一般处理上，可以采用同样的因子，就是频率的校正因子。

例 3.7 乙烯振动频率的计算

首先用 GaussView 建立分子结构，生成输入文件，保存为“C_2H_4.gif”格式。然后打开 Gaussian 程序，导入“C_2H_4.gif”输入文件。使用密度泛函方法的“b3pw91”函数，选定基组为 aug-cc-pVTZ，对化合物进行优化（OPT）以及频率分析（FREQ）。命令语句为“# b3pw91/aug-cc-pVTZ opt freq”，体系所带电荷数设置为 0，自选多重度设置为 1。软件经过计算，会产生一个“C_2H_4.out”格式的文件，既可以用文本打开，也可以用 GaussView5.0 打开。利用记事本打开显示的为计算过程和计算结果，利用 GaussView5.0 打开显示的就是优化过的几何构型。

将输出文件“C_2H_4.out”用记事本打开，寻找如下信息“Frequencies——”，可查找到乙烯优化结构后进而进行各种振动模式的频率计算数值。用图像显示软件 GaussView5.0 可以更直观地观察乙烯的振动模式。用 GaussView5.0 打开“C_2H_4.out”文件，在菜单“Results”下选择“Vibrations”，将跳出显示乙烯红外振动频率的对话框，如图 3.30 所示。

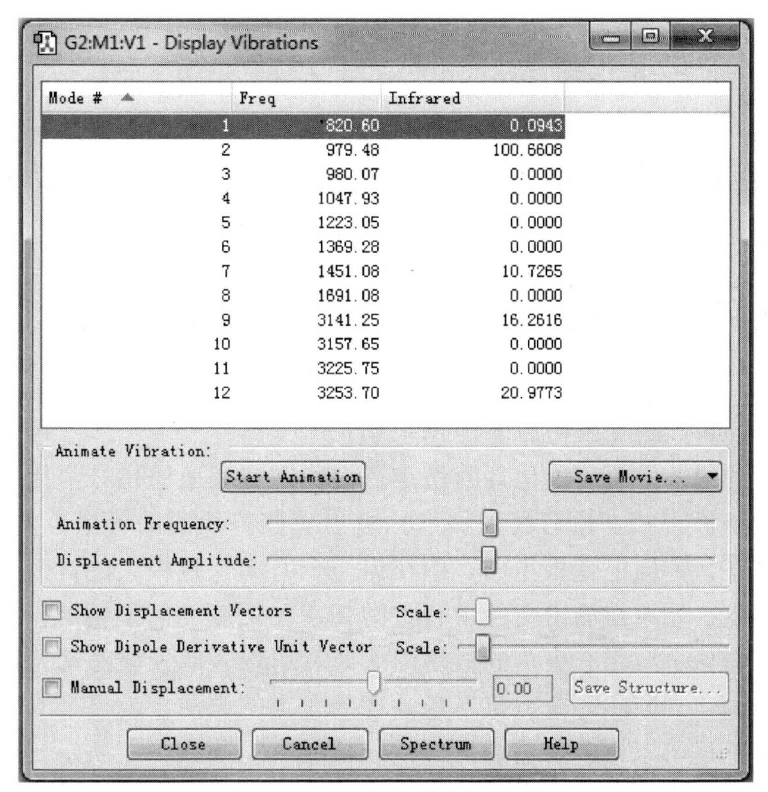

图 3.30　乙烯红外振动频率

其中“1369cm^{-1}”为乙烯“C ═C”的伸缩振动频率，“1691cm^{-1}”为亚甲基“CH_2”面内剪切振动的频率，计算数值与实验上所测得“C ═C”伸缩振动频率“1377cm^{-1}”和亚甲基面内剪切振动频率“1693cm^{-1}”有较好的吻合。在对话框中用鼠标选定任一频率数值，再点击“Start Animation”按钮，GaussView 即可展示该分子振动模式的动画效果。

（2）热力学参数

频率分析的计算结果中也包括对体系的热力学分析。默认情况下，系统计算在 298.15K 和 1atm 下的热力学数值。输出的计算热力学的参数的标志为信息“Thermochemistry”。输出结果中给出了在指定温度和压力下的热力学数值，包括内能 E、热容 CV 和熵值 S 以及电子的平动、转动和振动能等。计算中可以设置温度和压力参数。采用 Freq=ReadIsotopes 关键词，并在分子结构输入完毕后输入参数，包括温度、压力和同位素等。

热力学计算中也包括了零点能的输出，零点能是对分子的电子能量的校正，计算了在 0K 温度下的分子振动能量。当比较在 0K 的能量时，需要在总能量中加上零点能。和频率一样，理论模型本身也给零点能计算带来系统误差，可以通过校正因子修正来和实验值相符。如果没有设置 Freq=ReadIsotopes 关键词，并且设置校正因子，那么就需要手工对所计算的能量进行修正。

在输出结果中，还可以找到“Sum of electronic and zero-point energies”零点能

E_0、"Sum of electronic and thermal Energies" 内能 E、"Sum of electronic and thermal Enthalpies" 焓 H 和"Sum of electronic and thermal Free Energies" 吉布斯自由能 G 等数值信息，单位均为 Hartree。

(3) 极化率和超极化率

频率分析还可以计算极化率和超极化率，一般可以在振动频率数据下找到。"Exact polarizability" 和"Approx polarizability" 信息后对应即为极化率和超极化率。极化率后面所列出的值是对应标准坐标的下三角形格式 xx, xy, yy, xz, yz, zz 超极化率列出的是下四角顺序(lower tetrahedral order)，但采用的坐标是内坐标。

(4) 稳定点

频率分析的另外一个用处是判断稳定点。稳定点表述的是在势能面上力为零的点，它既可能是极小值，也可能是鞍点。极小值在势能面的各个方向都是极小的。而鞍点则是在某些方向上是极小的，但在另一个方向上是极大的，因为鞍点是连接两个极小值的点。如果在输出文件中有负的频率和相应的简正振动模式时，可以判断鞍点存在。当一个结构产生负的振动频率时，可以表明在该振动方向可能存在着能量更低的结构。判断所得鞍点是不是需要的鞍点的方法，就是察看它的简正振动模式，分析是不是可以导向所需要的产物或反应物。如表 3.4 所示，可以根据虚频的个数来判断是鞍点还是极小值。

表 3.4 虚频数目与判断

目的	虚频数	结论	处理方法
寻找极小值	0 个	是极小值	比较其他异构体，得到最小值
寻找极小值	1 个	不是极小值	继续寻找，尝试改变对称性，或按虚频的振动模式修正分子结构
寻找过渡态	0 个	是极小值	尝试 Opt=QST2 或 QST3 寻找过渡态
寻找过渡态	1 个	是过渡态	判断其是否与反应物、产物相关
寻找过渡态	多个	是高阶鞍点，不是连接两点的过渡态	尝试 QST2，或者检查虚频对应的振动模式，其中之一可能是指向反应物和产物，在该点的过渡态方向下修正分子，重新计算

例 3.8 对氯乙烯分子进行频率分析计算

因频率分析要在稳定点上进行，要先对分子进行构型优化计算，常常把这两种计算在一个文件中进行，将关键词 FREQ 放在 OPT 后面，Gaussian 程序计算中默认为先执行前面的 OPT，再进行 FREQ 计算（见图 3.31）。

```
%chk=D:\G09W\Vinyl Cl.chk
#B31YP/3-21G    OPT   FREQ

Vinyl chloride   OPT   FREQ

0 1
C      -1.15306124    -0.17346939     0.00000000
C       0.17285476    -0.17346939     0.00000000
H      -1.74667724    -1.09748339    -0.00002200
H       0.76643976    -1.09750739    -0.00001900
H       0.76647076     0.75054461     0.00002600
Cl     -2.10429628     1.30732497     0.00000000
```

图 3.31 频率分析输入文件设置

计算完成后，阅读输出文件，从中可以获得全部振动模式的振动频率和强度等信息（见图 3.32）。

```
        Harmonic frequencies (cm**-1), IR intensities (KM/Mole), Raman scattering
        activities (A**4/AMU), depolarization ratios for plane and unpolarized
        incident light, reduced masses (AMU), force constants (mDyne/A),
        and normal coordinates:
                                1                      2                      3
                                A                      A                      A
频率     Frequencies --    385.5854               624.7455               630.2339
约化质量 Red. masses --      3.1689                 4.7102                 1.3951
力常数   Frc consts  --      0.2776                 1.0832                 0.3265
IR强度   IR Inten    --      0.9418                45.6507                14.9783
          Atom  AN      X      Y      Z        X      Y      Z        X      Y      Z
            1    6    0.04  -0.22   0.00     0.36   0.27   0.00     0.00   0.00   0.18
            2    6    0.28   0.05   0.00     0.14  -0.02   0.00     0.00   0.00  -0.04
            3    1   -0.03  -0.22   0.00     0.23   0.28   0.00     0.00   0.00  -0.40
            4    1    0.12   0.48   0.00     0.35  -0.56   0.00     0.00   0.00  -0.77
            5    1    0.74   0.00   0.00    -0.41   0.03   0.00     0.00   0.00   0.46
            6   17   -0.14   0.05   0.00    -0.18  -0.08   0.00     0.00   0.00  -0.03
```

简正坐标：通过对简正坐标的分析，可对振动类型进行归属

图 3.32　频率计算结果

本例的计算所用的基组较小，计算结果较为粗略，仅能为读者说明频率分析的主要结果。频率为正值，则该构型稳定；如果频率为负值，称为虚频，则可能为鞍点或极小值。

频率分析中热力学参数的计算结果如图 3.33 所示，系统默认计算的是 298.15K 和 1atm 下的热力学数值。如果要指定温度和压力，可通过 Freq=ReadIsotopes 关键词，并在分子结构输入完毕后，输入包括温度、压力等参数值。

```
 -------------------
 - Thermochemistry -
 -------------------
 Temperature    298.150 Kelvin.  Pressure    1.00000 Atm.
 Atom     1 has atomic number  6 and mass  12.00000
 Atom     2 has atomic number  6 and mass  12.00000
 Atom     3 has atomic number  1 and mass   1.00783
 Atom     4 has atomic number  1 and mass   1.00783
 Atom     5 has atomic number  1 and mass   1.00783
 Atom     6 has atomic number 17 and mass  34.96885
 Molecular mass:     61.99233 amu.
   ......
                           内能              热容               熵
                        E (Thermal)           CV                 S
                         KCal/Mol      Cal/Mol-Kelvin    Cal/Mol-Kelvin
 Total 总计                29.140           10.804            63.282
 Electronic 电子能          0.000            0.000             0.000
 Translational 平动能       0.889            2.981            38.293
 Rotational 转动能          0.889            2.981            22.838
 Vibrational               27.362            4.842             2.151
 Vibration     1  振动能    0.754            1.501             1.017
```

图 3.33　热力学参数

图 3.34 所示为输出文件中零点能和内能的数据，各种能量关系如图中所示，图中 E 为内能，H 为焓，G 为吉布斯自由能，E_0 为电子总能量与零点能之和。

```
 Zero-point correction=                           0.042861 (Hartree/Particle)
 Thermal correction to Energy=                    0.046437
 Thermal correction to Enthalpy=                  0.047382
 Thermal correction to Gibbs Free Energy=         0.017314
 Sum of electronic and zero-point Energies=          -535.512606  E0
 Sum of electronic and thermal Energies=             -535.509031  E
 Sum of electronic and thermal Enthalpies=           -535.508086  H
 Sum of electronic and thermal Free Energies=        -535.538154  G
```

E_0=E(elec)+ZPE　　E=E_0+E(vib)+E(rol)+E(transl)　　H=E+RT　　G=H-TS

图 3.34　输出文件中的热力学能量

频率计算结果中极化率和超极化率也很容易找到（见图 3.35）。

```
极化率和超极化率              ......
 Exact polarizability:  46.057  -1.211  24.729  0.000  0.000  8.830
Approx polarizability:  67.861  -4.258  34.880  0.000  0.000  9.957
```

图 3.35　极化率和超极化率

例 3.9　乙烯醇异构体稳定性的比较

乙烯醇的三种异构体如图 3.36 所示。

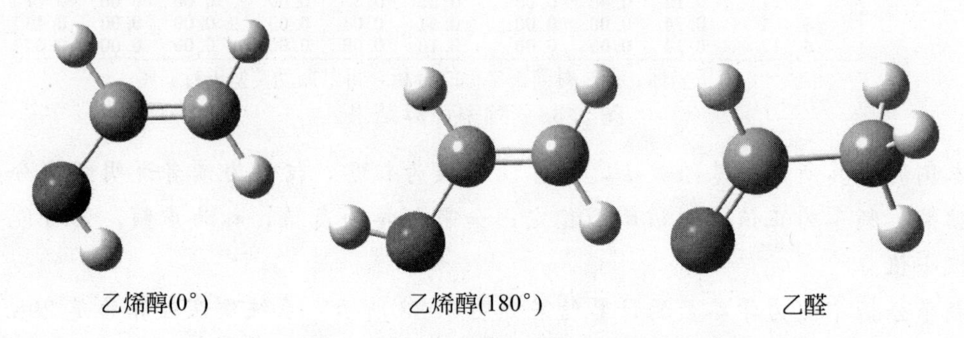

图 3.36　乙烯醇异构体的结构

首先用 GaussView 建立如图 3.36 所示，乙烯醇（0°）、乙烯醇（180°）和乙醛三种异构体的分子结构，生成输入文件，保存为“*.gif”格式。然后打开 Gaussian 程序，导入“*.gif”输入文件。使用密度泛函方法的“b3lyp”函数，选定基组为“6-31G（d，p）”，分别对三种异构体进行结构优化（OPT）。命令语句为“# b3lyp/6-31G（d，p）opt”，体系所带电荷数设置为 0，自选多重度设置为 1。软件经过计算，会产生相应的“*.out”格式的文件。

将输出文件“*.out”用记事本打开，比较三种异构体的能量，结果如表 3.5 所示。

表 3.5　三种异构体能量

体系	组成	能量/Hartree
乙烯醇	∠C—C—O—H=0°	−153.8160552
	∠C—C—O—H=180°	−153.8127737
乙醛		−153.8357276

由计算结果可知，乙醛的能量最低，为最稳定的异构体，次稳定的为乙烯醇（0°）。乙烯醇（180°）能量最高，稳定性最低。

3.4.7　电荷与电子布居分析

Gaussian 软件单点和几何优化中都可以得到电荷与电子布居分析的结果，默认的计算方法是 Mullikin 方法，如单点能计算中所述，在输出文件中寻找 Total atomic charges，可以找到分子中所有原子的电荷分布情况。用关键词 POP=NBO 可以用自然键轨道分析方法得到自然电荷和布居分析，通常放于 OPT 之后，在构型优化后进行 NBO 分析。通过轨道的类型的 NBO 分析，可以得到所计算分子中的原子布居数，各种分子构成及分子内、分子间的超共轭相互作用等。

在输出文件中，信息“Natural Charge”下面列出的是构成分子的各个原子的自然电荷值；“Natural Electron Configuration”后面列出的是各原子的自然电子组态；“Bond orbital/coefficient/Hybrids”后给出的是各类轨道的自然键组成，可以清楚地看到每个键的类型、轨道系数和组成，其中，BD 表示成键轨道，CR 表示内层轨道，LP 表示孤对电子，RY 为 Rydberg 弥散轨道，而 BD* 为反键轨道。

此外，在 NBO 分析的输出结果中，还可以找到电子得失分析，这部分数据位于信息“Donor NBO(i)”和“Acceptor NBO”之后，同时看到的还有稳定化能 $E(2)$，根据 $E(2)$ 的大小可以判断电子得失的强弱，该值越大意味着电子得失趋势越强。

例 3.10 二氧化碳分子自然键轨道和电子布居分析。

通过 GaussView 程序构建 CO_2 的分子式，保存为输入文件 CO_2.gjf，再用 Gaussian 程序将其打开，如图 3.37 所示，修改路径部分设置后进行计算，计算结果保存为同名的 CO_2.out 输出文件。

```
%chk=D:\G09W\CO2.chk
# HF/3-21G  OPT  POP=NBO

CO2  OPT  NBO

0 1
 C    -0.66593890    0.13100436    0.00000000
 O    -1.83353408   -0.28178649   -0.71500014
 O     0.50165628    0.54379522    0.71500014
```

图 3.37 NBO 计算输入文件设置

在输出文件中，还可以看到 NBO 自然布居分析结果，包括自然电荷和自然电子组态等。从图 3.38 中的各类轨道电子布居汇总中可以看出，内层轨道（Core）有 4 个电子，价轨道（Valence）有 12 个电子，基态电子（Natural Minimal Basis）共有

```
Summary of Natural Population Analysis:
                 自然电荷
                                      Natural Population
                 Natural   ---------------------------------------------
  Atom  No       Charge        Core       Valence     Rydberg      Total
 -----------------------------------------------------------------------
    C    1      1.02154      1.99981      2.94344     0.03521     4.97846
    O    2     -0.51077      1.99980      6.48677     0.02420     8.51077
    O    3     -0.51077      1.99980      6.48677     0.02420     8.51077
 =======================================================================
  * Total *     0.00000      5.99941     15.91698     0.08361    22.00000

                                  Natural Population  电子布居汇总
 --------------------------------------------------------
   Core                       5.99941 ( 99.9901% of   6)
   Valence                   15.91698 ( 99.4811% of  16)
   Natural Minimal Basis     21.91639 ( 99.6199% of  22)
   Natural Rydberg Basis      0.08361 (  0.3801% of  22)
 --------------------------------------------------------

   Atom  No          Natural Electron Configuration  自然电子组态
 ----------------------------------------------------------------------------
     C    1      [core]2S( 0.68)2p( 2.26)3p( 0.03)3d( 0.01)
     O    2      [core]2S( 1.73)2p( 4.76)3d( 0.02)
     O    3      [core]2S( 1.73)2p( 4.76)3d( 0.02)
```

图 3.38 自然布居分析

16 个，激发态电子（Natural Rydberg Basis）很少；还可以看到，CO_2 中的自然电子组成为 2s0.682p2.26。

图 3.39 中列出了部分键的轨道组成，从图中可以看出，1 号 C—O 键为 σ 键，占有 1.99950 个电子。C 原子中 s 成分和 p 成分均为 50%，这与 CO_2 分子中的 C 为 sp 杂化的结果一致；O 原子的 s 成分为 38.40%，p 成分为 61.60%，p 与 s 的比值为 1.60，接近 sp^2 杂化；则该 C—O 键的组成为 0.5840C（sp）+ 0.8118O（$sp^{1.60}$）。根据表中数据，还可以看出其中 34.10%电子位于 C 原子一方，65.90%的电子位于 O 原子一方，为极性共价键。

```
     (Occupancy)   Bond orbital/ Coefficients/ Hybrids
---------------------------------------------------------------------------------
  1. (1.99950) BD ( 1) C   1 - O   2
                ( 34.10%)   0.5840* C   1 s( 50.00%)p 1.00( 50.00%)
                            轨道系数          0.0000  0.7071  0.0000  0.0000  0.0000
                                              0.0000  0.0000  0.7000  0.1002
                ( 65.90%)   0.8118* O   2 s( 38.40%)p 1.60( 61.60%)
                                    轨道组成  0.0000  0.6196  0.0113  0.0000  0.0000
     电子填充数                               0.0000  0.0000 -0.7849  0.0006
  2. (1.99950) BD ( 1) C   1 - O   3
                ( 34.10%)   0.5840* C   1 s( 50.00%)p 1.00( 50.00%)
                                              0.0000  0.7071  0.0000  0.0000  0.0000
                                              0.0000  0.0000 -0.7000 -0.1002
                ( 65.90%)   0.8118* O   3 s( 38.40%)p 1.60( 61.60%)
                                              0.0000  0.6196  0.0113  0.0000  0.0000
                                              0.0000  0.0000  0.7849 -0.0006
  3. (1.99921) BD ( 2) C   1 - O   3
                ( 21.89%)   0.4678* C   1 s(  0.00%)p 1.00(100.00%)
                                              0.0000  0.0000  0.0000  0.9985 -0.0556
                                              0.0000  0.0000  0.0000  0.0000
                ( 78.11%)   0.8838* O   3 s(  0.00%)p 1.00(100.00%)
                                              0.0000  0.0000  0.0000  1.0000  0.0017
                                              0.0000  0.0000  0.0000  0.0000
```

图 3.39　自然键轨道组成

由图 3.39 中还可以看出，2 号 C—O 键与 1 号相同，3 号 C—O 键中电子填充数为 1.99921，C 和 O 中 s 成分为 0，p 成分占 100%，可知 3 号键 C=O 为 π 键，由 C 原子的一个 p 轨道和 O 原子的一个 p 轨道组成。其中，21.89%电子位于 C 原子一方，78.11%的电子位于 O 原子一方，为极性 π 键。分子中的每个键都可以用相同的方法分析其组成。

图 3.40（见下页）中列出的是二级微扰能的计算结果，可以确定成键轨道电子与反键轨道电子间所有可能的相互作用。前两列是所有可能的失电子和得电子轨道，$E(2)$ 为稳定化能，代表着电子从成键（或占据）轨道向反键（或空轨道）转移的程度，即电子的离域化程度，$E(2)$ 值越大，电子得失趋势越明显，即离域化程度越高。从结果看，第 9 号自然轨道（LP（2））和 10 号自然轨道（LP（3）），即孤对电子占据的轨道，与 C=O 反键轨道间的作用最大。

3.5 综合实例

3.5.1 不同基组对六羰基铬计算结果的比较

```
                                                                          E(2)  E(j)-E(i) F(i,j)
           Donor NBO (i)                       Acceptor NBO (j)          kcal/mol   a.u.    a.u.
=================================================================================================
            失电子轨道                              得电子轨道                   稳定化能
within unit  1
  1. BD (   1) C   1 - O   2        / 12. RY*(   1) C   1                      2.09    2.40    0.064
  1. BD (   1) C   1 - O   2        / 22. RY*(   3) O   3                      0.58    3.49    0.040
  1. BD (   1) C   1 - O   2        / 25. BD*(   1) C   1 - O   3              2.13    2.49    0.065
  2. BD (   1) C   1 - O   3        / 12. RY*(   1) C   1                      2.09    2.40    0.064
  2. BD (   1) C   1 - O   3        / 18. RY*(   3) O   2                      0.58    3.49    0.040
  2. BD (   1) C   1 - O   3        / 24. BD*(   1) C   1 - O   2              2.13    2.49    0.065
  3. BD (   2) C   1 - O   3        / 16. RY*(   1) O   2                      1.23    2.48    0.049
  3. BD (   2) C   1 - O   3        / 26. BD*(   2) C   1 - O   3              2.27    0.73    0.040
  4. BD (   3) C   1 - O   3        / 17. RY*(   2) O   2                      1.23    2.48    0.049
  4. BD (   3) C   1 - O   3        / 27. BD*(   3) C   1 - O   3              2.27    0.73    0.040
  6. CR (   1) O   2                / 12. RY*(   1) C   1                     10.77   21.06    0.429
  6. CR (   1) O   2                / 13. RY*(   2) C   1                      0.81   21.26    0.117
  6. CR (   1) O   2                / 18. RY*(   3) O   2                      0.93   22.15    0.128
  6. CR (   1) O   2                / 25. BD*(   1) C   1 - O   3              3.17   21.15    0.232
  7. CR (   1) O   3                / 12. RY*(   1) C   1                     10.77   21.06    0.429
  7. CR (   1) O   3                / 13. RY*(   2) C   1                      0.81   21.26    0.117
  7. CR (   1) O   3                / 22. RY*(   3) O   3                      0.93   22.15    0.128
  7. CR (   1) O   3                / 24. BD*(   1) C   1 - O   2              3.17   21.15    0.232
  8. LP (   1) O   2                / 12. RY*(   1) C   1                     24.39    1.87    0.191
  8. LP (   1) O   2                / 13. RY*(   2) C   1                      0.65    2.08    0.033
  8. LP (   1) O   2                / 19. RY*(   4) O   2                      0.53    4.45    0.044
  8. LP (   1) O   2                / 23. RY*(   4) O   3                      0.74    4.45    0.052
  8. LP (   1) O   2                / 25. BD*(   1) C   1 - O   3             15.88    1.96    0.158
  9. LP (   2) O   2                / 15. RY*(   4) C   1                      1.23    1.29    0.039
  9. LP (   2) O   2                / 26. BD*(   2) C   1 - O   3            236.82    0.54    0.318
 10. LP (   3) O   2                / 14. RY*(   3) C   1                      1.23    1.29    0.039
 10. LP (   3) O   2                / 27. BD*(   3) C   1 - O   3            236.82    0.54    0.318
 11. LP (   1) O   3                / 12. RY*(   1) C   1                     24.39    1.87    0.191
 11. LP (   1) O   3                / 13. RY*(   2) C   1                      0.65    2.08    0.033
 11. LP (   1) O   3                / 19. RY*(   4) O   2                      0.74    4.45    0.052
 11. LP (   1) O   3                / 23. RY*(   4) O   3                      0.53    4.45    0.044
 11. LP (   1) O   3                / 24. BD*(   1) C   1 - O   2             15.88    1.96    0.158
 26. BD*(   2) C   1 - O   3        / 15. RY*(   4) C   1                      2.13    0.75    0.084
 26. BD*(   2) C   1 - O   3        / 16. RY*(   1) O   2                      0.71    1.75    0.074
 26. BD*(   2) C   1 - O   3        / 20. RY*(   1) O   3                      1.19    1.75    0.096
 27. BD*(   3) C   1 - O   3        / 14. RY*(   3) C   1                      2.13    0.75    0.084
 27. BD*(   3) C   1 - O   3        / 17. RY*(   2) O   2                      0.71    1.75    0.074
 27. BD*(   3) C   1 - O   3        / 21. RY*(   2) O   3                      1.19    1.75    0.096
```

图 3.40　自然轨道间电子的相互作用

例 3.11　不同基组对六羰基铬计算结果的比较

本例中所研究的六羰基铬 $Cr(CO)_6$ 的结构如图 3.41 所示。

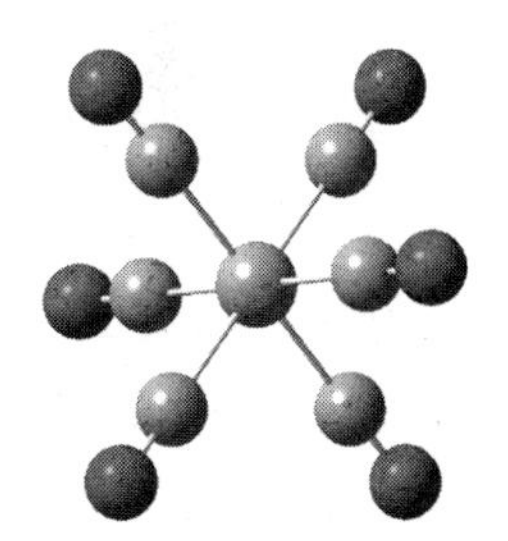

图 3.41　六羰基铬 $Cr(CO)_6$ 的结构

全部计算均使用 Gaussian 软件完成。首先用 GaussView 建立如图所示六羰基铬 $Cr(CO)_6$ 的结构，保存 $Cr(CO)_6$.gif 格式的输入文件。初始结构中的 C—Cr 键长可设为 1.94Å（即 0.194nm），C—O 键长可设为 1.14Å（即 0.114nm）。打开 Gaussian 程序，导入输入文件。使用从头算方法，分别采用 STO-3G 和 3-21G 基组进行结构优化（OPT），并加关键词 SCF=NoVarAcc。NoVarAcc 要求一开始就使用高精度积分进行迭代计算，这要花较多的 CPU 时间。经过计算，会产生相应得 $Cr(CO)_6$.out 输出文件。

按前文所述方法，在输出文件中找出两种基组计算所得的键长和能量值，与实验值的比较，结果如表 3.6 所示。

表 3.6　计算结果与实验值

模型	Cr—C/Å	C—O/Å	能量/Hartree
RHF/STO-3G	1.79	1.17	−1699.5930132

续表

模型	Cr—C/Å	C—O/Å	能量/Hartree
RHF/3-21G	1.93	1.13	−1710.7865193
Experiment	1.92	1.16	

由计算结果可知，采用3-21G基组的计算值与实验值吻合得更好，而较小基组STO-3G的计算结果则与实验值相差较大。

3.5.2 杂环类化合物结构与性质的计算

例3.12 杂环类化合物结构与性质的计算

本例研究的杂环化合物结构如图3.42所示。

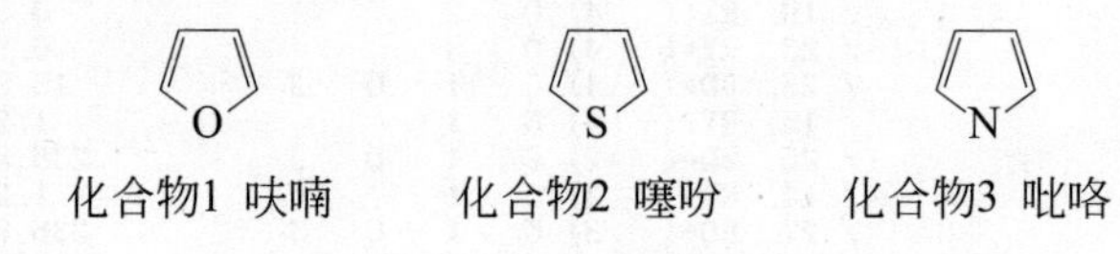

图3.42 化合物分子式

所有分子构型都借助于GaussView5.0软件画出，数据都借助于Gaussian软件计算得出。根据研究的化合物打开GaussView5.0软件，画出所需要的分子构型，保存为“.gif”的输入文件。然后利用Gaussian09软件打开“.gif”输入文件，使用密度泛函方法的b3lyp函数，选定基组为6-31g（d,p），对化合物进行优化（OPT）、频率分析（FREQ）、自然键轨道（NBO）分析，命令语句为“# b3lyp/6-31g(d,p) opt freq pop=nbo”。软件经过计算，会产生一个“.out”格式的文件，既可以用文本打开，也可以用GaussView5.0打开。利用记事本打开显示的是计算过程和计算结果，利用GaussView5.0打开显示的就是优化过的几何构型。针对计算结果分析的时候，主要对“Optimized Parameters”、“Natural Charge”、“Thermochemistry”等优化过的结构参数进行分析。

① 优化过的分子构型 用GaussView程序打开输出文件，可以找到如图3.43优化后的分子构型。

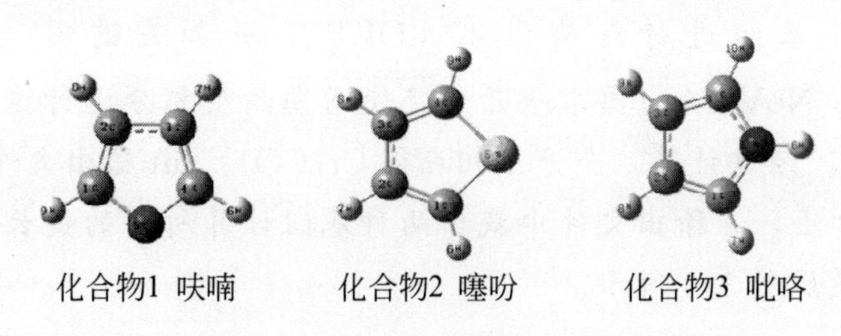

图3.43 优化后的分子式

② 键长分析 在输出文件中，可以看到化合物经过NBO分析之后，可找到相应各键sp轨道成分的计算分析如下。

化合物 1

BD(2) C 1 - C 2

0.7111 * C 3 s(34.66%) p 1.88(65.28%) d 0.00(0.06%)

0.7031 * C 4 s(41.79%) p 1.39(58.17%) d 0.00(0.04%)

计算得 s=0.5403 p=0.8732

BD(1) C 2 - C 3

0.7071 * C 2 s(33.25%) p 2.01(66.70%) d 0.00(0.05%)

0.7071 * C 3 s(33.25%) p 2.01(66.70%) d 0.00(0.05%)

计算得 s=0.4702 p=0.9433

BD(1) C 3 - C 4

0.7031 * C 1 s(41.79%) p 1.39(58.17%) d 0.00(0.04%)

0.7111 * C 2 s(34.66%) p 1.88(65.28%) d 0.00(0.06%)

计算得 s=0.5403 p=0.8732

BD(1) C 4 - O 5

0.5540 * C 1 s(24.04%) p 3.15(75.71%) d 0.01(0.25%)

0.8325 * O 5 s(31.34%) p 2.19(68.58%) d 0.00(0.08%)

计算得 s=0.3941 p=0.9904

BD(1) C 1 - O 5

0.5540 * C 4 s(24.04%) p 3.15(75.71%) d 0.01(0.25%)

0.8325 * O 5 s(31.34%) p 2.19(68.58%) d 0.00(0.08%)

计算得 s=0.3941 p=0.9904

化合物 2

BD(1) C 1 - C 2

0.7066 * C 1 s(41.03%) p 1.44(58.93%) d 0.00(0.04%)

0.7076 * C 2 s(35.86%) p 1.79(64.09%) d 0.00(0.04%)

计算得 s=0.5437 p=0.8699

BD(1) C 2 - C 3

0.7071 * C 2 s(34.05%) p 1.94(65.90%) d 0.00(0.05%)

0.7071 * C 3 s(34.05%) p 1.94(65.90%) d 0.00(0.05%)

计算得 s=0.4815 p=0.9320

BD(1) C 3 - C 4

0.7076 * C 3 s(35.86%) p 1.79(64.09%) d 0.00(0.04%)

0.7066 * C 4 s(41.03%) p 1.44(58.93%) d 0.00(0.04%)

计算得 s=0.5437 p=0.8699

BD(1) C 4 - S 5

0.7098 * C 4 s(25.34%) p 2.94(74.45%) d 0.01(0.21%)

0.7044 * S 5 s(19.75%) p 4.04(79.69%) d 0.03(0.56%)

计算得 s=0.3190 p=1.0898

BD(1) C 1 - S 5

0.7098 * C 1 s(25.34%) p 2.94(74.45%) d 0.01(0.21%)

0.7044 * S 5 s(19.75%) p 4.04(79.69%) d 0.03(0.56%)

计算得 s=0.3190　p=1.0898

化合物 3

BD(1) C　1 - C　2

0.7098 * C　1 s(39.36%) p 1.54(60.60%) d 0.00(　0.04%)

0.7044 * C　2 s(34.45%) p 1.90(65.50%) d 0.00(　0.06%)

计算得 s=0.5220　p=0.8915

BD(1) C　2 - C　3

0.7071 * C　2 s(34.14%) p 1.93(65.81%) d 0.00(　0.05%)

0.7071 * C　3 s(34.14%) p 1.93(65.81%) d 0.00(　0.05%)

计算得 s=0.4828　p=0.9307

BD(1) C　3 - C　4

0.7044 * C　3 s(34.45%) p 1.90(65.50%) d 0.00(　0.06%)

0.7098 * C　4 s(39.36%) p 1.54(60.60%) d 0.00(　0.04%)

计算得 s=0.5220　p=0.8915

BD(1) C　4 - N　5

0.6078 * C　4 s(27.63%) p 2.62(72.25%) d 0.00(　0.12%)

0.7941 * N　5 s(36.02%) p 1.78(63.94%) d 0.00(　0.04%)

计算得 s=0.4540　p=0.9469

BD(1) C　1 - N　5

0.6078 * C　1 s(27.63%) p 2.62(72.25%) d 0.00(　0.12%)

0.7941 * N　5 s(36.02%) p 1.78(63.94%) d 0.00(　0.04%)

计算得 s=0.4540　p=0.9469

比较见表 3.7 化合物 1 呋喃、化合物 2 和化合物 3 的键长情况可以发现：这三个化合物都是含一个杂原子的五元杂环化合物，组成环的五个原子位于同一平面上，它们各原子间的键长都有一定程度的平均化，表明它们具有芳香性。这三个化合物都是五元环，其对称的键的键长都是一样长。比如杂原子相邻的两个原子的键长都一样，如表中化合物 1 的 R（4,5）和化合物 1 的 R（1,5）的键长一样，都是 1.3624Å。

表 3.7　化合物 1、2、3 的键长

化合物	键长 R/Å	s 轨道成分	p 轨道成分
化合物 1　R(1,2)	1.3577	0.5403	0.8732
化合物 2　R(1,2)	1.3648	0.5437	0.8699
化合物 3　R(1,2)	1.3763	0.5220	0.8915
化合物 1　R(2,3)	1.4347	0.4702	0.9433
化合物 2　R(2,3)	1.4269	0.4815	0.9320
化合物 3　R(2,3)	1.4239	0.4828	0.9307
化合物 1　R(3,4)	1.3577	0.5403	0.8732
化合物 2　R(3,4)	1.3648	0.5437	0.8699

续表

化合物	键长 R/Å	s 轨道成分	p 轨道成分
化合物 3　R(3,4)	1.3763	0.5220	0.8915
化合物 1　R(4,5)	1.3624	0.3941	0.9904
化合物 2　R(4,5)	1.7335	0.3190	1.0898
化合物 3　R(4,5)	1.3739	0.4540	0.9469
化合物 1　R(1,5)	1.3624	0.3941	0.9904
化合物 2　R(1,5)	1.7335	0.3190	1.0898
化合物 3　R(1,5)	1.3739	0.4540	0.9469

分析表 3.7 中数据，对比化合物 1R（1,2）、化合物 2R（1,2）和化合物 3R（1,2）的键长情况，是逐渐递增的趋势，结合 s 轨道成分变化情况，s 轨道成分逐渐减小的趋势，说明是 s 轨道成分的减小导致了键长的增加。对比化合物 1R（2,3）、化合物 2R（2,3）和化合物 3R（2,3）的键长情况，R（2,3）这个键是离杂原子最远的键，这三个化合物的 R（2,3）键长依次呈现递减趋势，相应的 s 轨道成分依次增加，p 轨道成分依次减小，同样说明 s 轨道成分的减小导致了键长的增加。

对比分析三个化合物中杂原子与相邻碳原子的键长，如化合物 1R（1,5）、化合物 2R（1,5）和化合物 3R（1,5），化合物 1 的键长为 1.3624Å，化合物 3 的键长为 1.3739Å，但化合物 2 的 S 原子两边的键长为 1.7335Å，明显比其余两个化合物大很多，也是三个化合物中键长最长的，说明 C—S 之间 s 轨道成分最小，p 轨道成分最大，通过表 3.7 中数据，C—S 之间 s 轨道成分为 0.3190，小于 C—O 键和 C—N 键的 s 轨道成分。C—S 之间 p 轨道成分为 1.0898，大于 C—O 键和 C—N 键的 p 轨道成分。说明化学键的长短和构成该键的电子成分有密切的关系，s 轨道电子离原子核较近，受到原子核的束缚较大，电子活动范围较小。而 p 轨道电子离原子核较远，受到原子核的束缚较小，电子活动范围较大。故而当 s 轨道电子成分增加，p 轨道电子成分减小时，电子受原子核束缚力增加，键长也相应变短。反之当 s 轨道电子成分减小，p 轨道电子成分增加时，电子受原子核束缚力减小，键长也相应变长。

③ 键角分析　输出文件中同样可以找到如表 3.8 键角的计算结果。根据价层电子对互斥理论，中心原子外面的价层电子对数，直接决定分子的形状，同时也决定键角大小的主要因素，中心原子的未共用电子对数，以及中心原子和配位原子的电负性也会影响到键角。

表 3.8　化合物 1、化合物 2、化合物 3 键角

化合物	键角 A(1,2,3)	键角 A(2,3,4)	键角 A(3,4,5)	键角 A(1,5,4)	键角 A(2,1,5)
化合物 1	106.1018	106.1025	110.487	106.8211	110.4875
化合物 2	112.7366	112.7367	111.5504	91.4259	111.5504
化合物 3	107.4325	107.4325	107.654	109.8269	107.6541

比较化合物1、化合物2和化合物3的键角情况：化合物2的键角 $A(1,5,4)$ 比其他键角低很多，从表3.7的键长分析可以看出S原子两边的键长最长，说明p电子流动的范围最广，即电子云范围最广，S原子对成键电子对有较大的排斥力，所以孤对电子能使成键电子对彼此离得更近，键角被压缩而变小。

④ 能量分析　输出文件中三个杂环化合物能量的计算结果如表3.9所示。通过表3.9可以看出，比较化合物1、化合物2和化合物3之间，化合物3能量最高，其次化合物1，化合物2最小。说明化合物3最不稳定，化合物2最稳定，杂环上N原子和S原子相比，N原子对整个化合物的稳定性影响更大。从有机化学的角度来看，亲电取代反应与环上电子云的密度有关，比较三者的亲电反应活性顺序，化合物3最容易发生亲电取代，化学性质较活泼。

表3.9　杂环化合物能量比较

化合物	化合物1	化合物2	化合物3
能量/HF	−230.0834	−553.0697	−210.2261

⑤ 自然电荷分析　三个化合物的自然电荷如表3.10～表3.12所示。

表3.10　化合物1自然电荷

原子	序号	自然电荷	原子	序号	自然电荷
C	1	0.12249	H	6	0.19105
C	2	−0.30563	H	7	0.21628
C	3	−0.30563	H	8	0.21628
C	4	0.12249	H	9	0.19105
O	5	−0.44837			

表3.11　化合物2自然电荷

原子	序号	自然电荷	原子	序号	自然电荷
C	1	0.12249	H	6	0.19105
C	2	−0.30563	H	7	0.21628
C	3	−0.30563	H	8	0.21628
C	4	0.12249	H	9	0.19105
S	5	−0.44837			

表3.12　化合物3自然电荷

原子	序号	自然电荷	原子	序号	自然电荷
C	1	−0.04832	H	6	0.39680
C	2	−0.29187	H	7	0.19680
C	3	−0.29187	H	8	0.20736
C	4	−0.04832	H	9	0.20736
N	5	−0.52476	H	10	0.19680

通过表 3.10～表 3.12 中化合物自然电荷的绝对值可以得出，同一序号原子即杂环原子，化合物 3 的 N5 比化合物 2 的 S5 和化合物 1 的 O5 的自然电荷值的绝对值要高，负电荷减少，电子布居数减少。化合物 3 的 C1 的自然电荷值比化合物 1 和化合物 2 的 C1 的自然电荷值要低很多，说明负电荷增加，电子布居数增加。

⑥ NBO 分析　各化合物的得失电子数如表 3.13～表 3.15 所示，其中，i 为供电子轨道，j 为受电子轨道。

由表 3.13 可知，化合物 1 的电子供体轨道 i 和受体轨道 j 之间的稳定化能 $E(2)$ 最大值为 27.31kcal/mol，远远大于 10.00kcal/mol，有一定相互作用。C1、C2 上的电子主要流失到 C3、C4 上，C3、C4 上的电子主要流失到 C1、C2 上。N5 上的电子主要流失到 C1、C2、C3、C4 上。所以化合物 1 的给电子基团主要是 C1、C2、C3、C4 和 O5 上的孤对电子，得电子的主要是 C1、C2、C3、C4。

表 3.13　化合物 1 得失电子

电子供体轨道 NBO(i)	电子受体轨道 NBO(j)	稳定化能 $E(2)$/(kcal/mol)
BD(2) C 4 - C 3	/111. BD*(2) C 2 - C 1	15.49
BD(2) C 2 - C 1	/105. BD*(2) C 4 - C 3	15.49
LP(2) O 5	/105. BD*(2) C 4 - C 3	27.31
LP(2) O 5	/111. BD*(2) C 2 - C 1	27.31

由表 3.14 可知，化合物 2 的 C1、C2 上的电子主要流失到 C3、C4 上，C3、C4 上的电子主要流失到 C1、C2 上。S5 上的电子主要流失到 C1、C2、C3、C4 上。所以化合物 2 的给电子基团主要是 C1、C2、C3、C4 和 S5 上的孤对电子，得电子的主要是 C1、C2、C3、C4。

表 3.14　化合物 2 得失电子

电子供体轨道 NBO(i)	电子受体轨道 NBO(j)	$E(2)$/(kcal/mol)
BD(2) C 1 - C 2	/119. BD*(2) C 3 - C 4	15.49
BD(2) C 3 - C 4	/113. BD*(2) C 1 - C 2	15.34
LP(2) S 5	/113. BD*(2) C 1 - C 2	21.65
LP(2) S 5	/119. BD*(2) C 3 - C 4	21.65

由表 3.15 可知，化合物 3 的 C1、C2 上的电子主要流失到 C3、C4 上，C3、C4 上的电子主要流失到 C1、C2 上。N5 上的电子主要流失到 C1、C2、C3、C4 上。所以化合物 3 的给电子基团主要是 C1、C2、C3、C4 和 N5 上的孤对电子，得电子的主要是 C1、C2、C3、C4。通过表 3.13～表 3.15 可以看出，化合物 3 的 $E(2)$ 稳定化能最大，化合物 1 次之，化合物 2 的 $E(2)$ 稳定化能最小，$E(2)$ 稳定化能越大，电子得失能力越强。

表 3.15 化合物 3 得失电子

电子供体轨道 NBO(i)	电子受体轨道 NBO(j)	$E(2)/(\mathrm{kcal/mol})$
BD(2) C 1 - C 2	/116. BD * (2) C 3 - C 4	18.46
BD(2) C 3 - C 4	/110. BD * (2) C 1 - C 2	18.46
LP(1) N 5	/110. BD * (2) C 1 - C 2	35.33
LP(1) N 5	/116. BD * (2) C 3 - C 4	35.33

3.5.3 高能硝基咪唑类化合物结构与性质的计算

例 3.13 高能硝基咪唑类化合物结构与性质的计算

本例研究的化合物如图 3.44 所示，其中，化合物 1 中，R＝H；化合物 2 中，R＝CH_3；化合物 3 中，R＝CN。

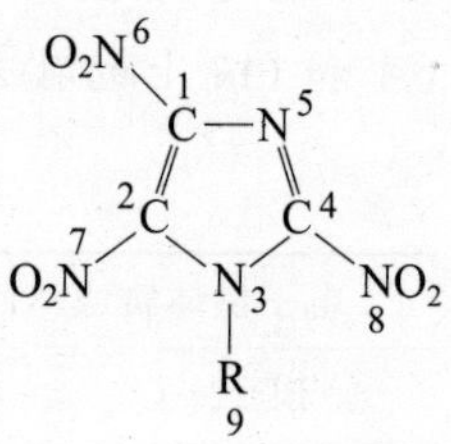

所有分子构型都借助于 GaussView5.0 软件画出，数据都借助于 Gaussian 软件计算得出。采用密度泛函理论中的 B3LYP 方法，在 6-31G * 基组水平优化分子构型，并对分子进行了自然键轨道分析，计算电荷分布情况以及轨道之间和孤对电子与轨道之间的相互作用。

图 3.44 硝基咪唑类化合物结构通式

用 GaussView 程序打开输出文件，优化后的分子构型如图 3.45 所示。从图中可以看出咪唑环环中个别键变成了双键，其实它们并不是真正的双键，而是优化后该键的键长变短了，致使 GaussView 默认为双键。例如化合物 3 中，环上 N 原子与取代基 CN 之间的 C—N 键应该是单键，可是优化后键长变短，GaussView 默认其处于双键的键长范围内，因此呈现出双键。因为取代基 CN 的吸电子性，使得 N 原子上的电子云向 CN 靠拢，结果之间的键长变短了。

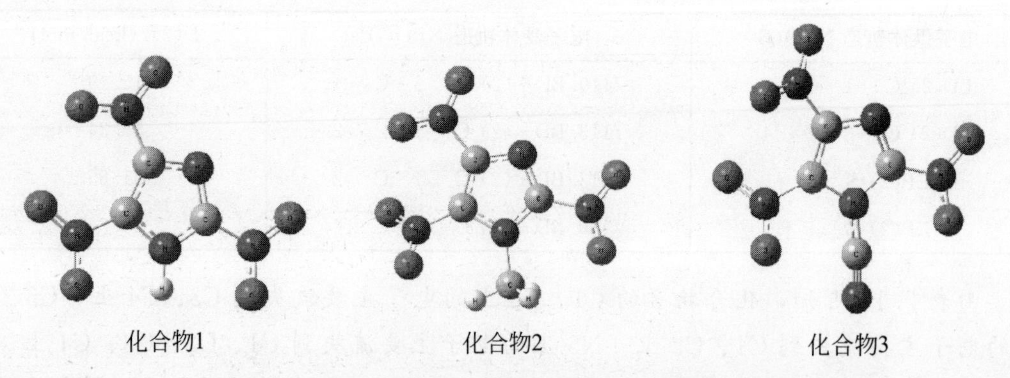

图 3.45 结构优化后的硝基咪唑衍生物的结构式

输出文件中，可以找到各种性质的分析。

① 键长分析 表 3.16 中列出了 3 种硝基咪唑环化合物优化后的键长值。

表 3.16 化合物优化后的键长/nm

化合物	1	2	3
C(1)-C(2)	0.4002	0.3865	0.3763
C(1)-N(6)	0.4681	0.4573	0.4632
C(2)-N(7)	0.4574	0.4530	0.4510
N(3)-R(9)	0.0160	0.3728	0.3616
C(4)-N(5)	0.3102	0.3121	0.2995
C(4)-N(8)	0.4552	0.4596	0.4613

通常孤立的C—N、C ═N键长分别是0.467nm和0.320nm，C—C、C ═C键长分别是0.154nm和0.307nm，计算结果表明：环上所有的C—N的键长均在0.4510～0.4661nm之间，略小于标准C—N键长。而C ═N键长也明显小于标准C ═N键长；同时环上C ═C键长略大于标准C ═C键长，表明这些化合物的咪唑环具有芳香性，事实上咪唑环具有芳香性。

由表3.16可知，与化合物1相比，C(1)-C(2)的键长要略大于化合物2～3中C(1)-C(2)的键长，可能是化合物2～3中N(3)原子上引入取代基的缘故，取代基的吸电子作用以及与咪唑环形成大的共轭体系使其芳香性特性要好一些。

② 电子结构及共轭性 NBO分析结果中，可以找到3种化合物咪唑环上各键的Wiberg键级，从NBO分析来看环上C—N、C ═N和C—C、C ═C键的Wiberg键级值在0.8075～1.5529之间（见表3.17），明显处于标准的单键（1.0）和标准的双键（2.0）的键级值之间，但分布范围较宽，故推断硝基咪唑类化合物的共轭性较弱。

表 3.17 化合物环上各键的 Wiberg 键级

化合物	1	2	3
C(1)-C(2)	1.4102	1.1588	1.4744
C(1)-N(6)	0.9111	0.8075	0.9039
C(2)-N(7)	0.9396	0.8225	0.9311
N(3)-R(9)	0.7090	0.7460	1.0137
C(4)-N(5)	1.4853	1.1792	1.5529
C(4)-N(8)	0.9130	0.8225	0.9087

③ 硝基咪唑类衍生物的稳定性

基于分子轨道理论，化合物的最高占据轨道（HOMO）能量越低，最低空轨道（LUMO）能量越高，即分子轨道能级差$\Delta E(E_{\mathrm{LUMO}}-E_{\mathrm{HOMO}})$越大，化合物越稳定。本例在最优化几何优化的基础上，计算了所有化合物的最高占据轨道及最低空轨道能量，从而进一步求得了分子轨道能级差ΔE。计算结果如表3.18所示，化合物的ΔE均小于1，说明该类化合物较不稳定，与实验中其高能易爆性质相符。

表 3.18 分子轨道能级差

化合物	1	2	3
ΔE/a.u.	0.16032	0.16599	0.15902

④ 自然电荷

由表 3.19 看出：三种化合物 C1、C2、C4、N5、N6 所处的化学环境基本一样，所以自然电荷值相差不大；N7、N8 由于 R9 取代基的不同而使得其电荷值略有不同，由表 3.19 中数据可知化合物 3 中 CN 取代基的强吸电子性，使其周围的各个原子的电子云向其靠拢，使得化合物 3 中 N7、N8 原子所处的化学环境不同，因此电荷值略大于其他各衍生物；化合物 3 中 R9 取代基 CN 的三键与咪唑环形成了共轭，因此其自然电荷值较大。

表 3.19 化合物的自然电荷值

化合物	1	2	3
C1	0.439187	0.444366	0.435292
C2	0.564035	0.540301	0.566957
N3	−0.635358	−0.498328	−0.587442
C4	0.744487	0.708414	0.730249
N5	−0.438263	−0.432990	−0.422917
N6	0.368465	0.354982	0.361082
N7	0.348277	0.346511	0.354944
N8	0.375870	0.375543	0.394356
R9	0.404701	−0.330837	0.590730

3.5.4 离子液体与 SO_2 相互作用的计算

例 3.14 离子液体与 SO_2 相互作用的计算

本例选取了两种常见的咪唑型离子液体（A 为 1-丁基-3-甲基咪唑六氟磷酸盐，B 为 1-丁基-3-甲基咪唑四氟硼酸盐）作为研究对象，其结构式如图 3.46 所示。

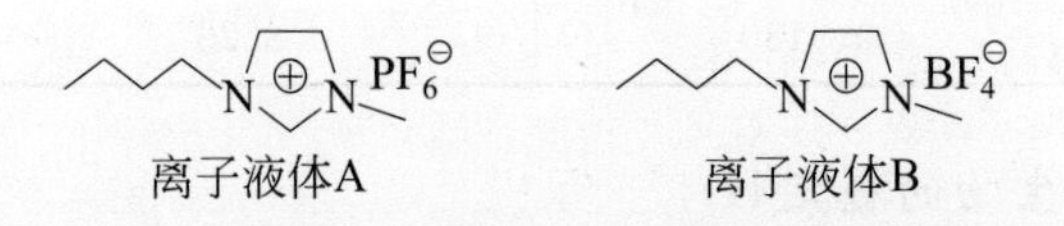

图 3.46 A、B 两种离子液体的结构式

全部计算均使用 Gaussian 软件完成。首先用 GaussView5.0 建立离子液体的分子结构，生成输入文件，保存为“.gif”格式。然后打开 Gaussian09，导入“*.gif”输入文件，使用密度泛函方法的 b3lyp 函数，选定基组为 6-31g（d，p），对离

子液体进行优化（OPT）、频率分析（FREQ）、自然键轨道（NBO）分析，命令语句为“# b3lyp/6-31g（d，p）opt freq pop=nbo”。计算结束后输出格式“.out”的文本文件，用 GaussView5.0 打开输出文件即为优化后的几何构型，输出文件用记事本打开内容为计算过程。对计算结果的分析主要是针对出现“optimization completed”后的参数，即为优化后的结构的参数。

① 构型优化　为了研究离子液体阴离子与阳离子咪唑环相互作用的最稳定结构，将咪唑环周围划分为如图 3.47 所示的 1～8 八个区域，阴离子（BF_4^-、PF_6^-）分别在这几个区域和阳离子作用。

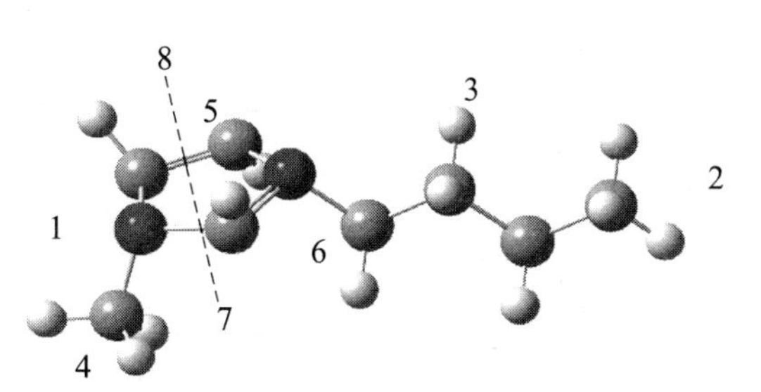

图 3.47　离子液体阴、阳离子可能的相对位置

用 6-31g（d,p）基组分别对这两种离子液体的八种不同结构进行优化结构计算，离子液体 A、B 八种不同结构的能量值如表 3.20 所示。

表 3.20　优化后离子液体的能量

位置	能量/HF		位置	能量/HF	
	A	B		A	B
1	−1363.97	−847.84	5	−1363.96	−847.83
2	−1363.99	−847.85	6	−1363.99	−847.85
3	−1363.99	−847.84	7	−1363.98	−847.85
4	−1363.99	−847.84	8	−1363.99	−847.85

从表 3.20 中的能量值可知，量化计算得到八种结构中阴离子位于位置 5 时离子液体能量最低。最优结构如图 3.48 所示。

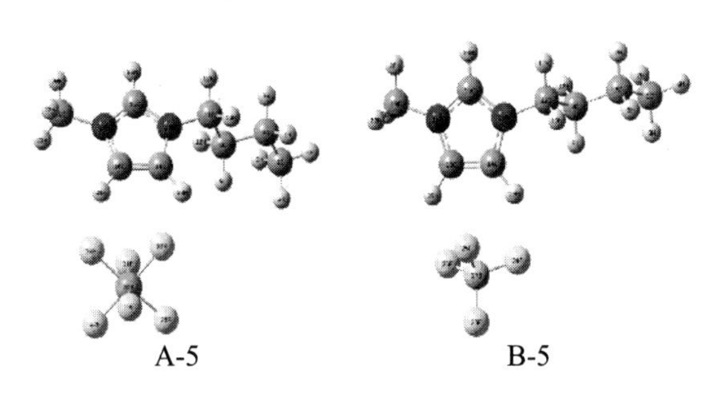

图 3.48　阴离子位于位置 5 时的构型

优化后这两种结构的重要化学键长与二面角如表 3.21 和表 3.22 所示。优化后的结构数据表明，环上的 C—C 和 C—N 键长比单独的 C—C 单键键长（1.540Å）和 C—N 单键键长（1.470Å）短，但比单独的 C=C 双键（1.340Å）和单独的 C=N 双键键长（1.27Å）长，这表明环上的键长具有单、双键平均化的趋势，这也是咪唑环共轭离域的结果。由二面角数据（约为 0°）可见，环上原子基本仍在同一平面。且 NBO 分析输出结果表明环上的原子以 sp^2 杂化，符合 $4n+2$ 规则，因此咪唑环具有芳香性。

表 3.21 部分化学键长 L/Å

离子液体	$L_{C14\text{-}C16}$	$L_{C14\text{-}N17}$	$L_{C15\text{-}N17}$	$L_{C15\text{-}N18}$	$L_{C16\text{-}N18}$
A-5	1.3632	1.3818	1.3404	1.3415	1.3809
B-5	1.3640	1.3808	1.3409	1.3422	1.3813

表 3.22 部分二面角 D/(°)

离子液体	D(17,14,16,18)	D(18,15,17,14)
A-5	0.1598	0.2768
B-5	0.1155	0.0633

NBO 输出结果：

A-5：

14. (1.97700) BD (1) C 14-C 16

(50.15%) 0.7082* C 14 s (36.23%) p 1.76 (63.72%) d 0.00 (0.05%)

18. (1.98360) BD (1) C 15-N 17

(37.05%) 0.6086* C 15 s (31.04%) p 2.22 (68.84%) d 0.00 (0.12%)

20. (1.98451) BD (1) C 15 - N 18

(37.08%) 0.6089* C 15 s (30.96%) p 2.23 (68.92%) d 0.00 (0.12%)

B-5：

14. (1.97631) BD (1) C 14-C 16

(49.98%) 0.7069* C 14 s (35.45%) p 1.82 (64.49%) d 0.00 (0.06%)

17. (1.98387) BD (1) C 15-N 17

(37.10%) 0.6091* C 15 s (31.10%) p 2.21 (68.79%) d 0.00 (0.12%)

19. (1.98438) BD (1) C 15-N 18

(37.02%) 0.6084* C 15 s (30.92%) p 2.23 (68.96%) d 0.00 (0.12%)

② 振动频率分析 计算得到 A 与 B 稳定构型的频率如下所示：

A：	1	2	3
	A	A	A
Frequencies	15.4952	19.3246	28.1681
B：	1	2	3
	A	A	A
Frequencies	20.0288	27.6560	36.1528

可见两种离子液体频率都为正值，即无虚频，所以图 3.48 确定分别为 A 和 B 的最优构型，此时阴离子出现在咪唑环附近，与 C14 和 C16 原子较近。

③ NBO 分析 两种离子液体最优构型（A-5、B-5）的主要原子的自然电荷如表 3.23 所示。

表 3.23 两种离子液体的自然电荷

原子序号	A-5 自然电荷	原子序号	B-5 自然电荷	原子序号	A-5 自然电荷	原子序号	B-5 自然电荷
C1	−0.68737	C1	−0.68688	N18	−0.34644	N18	−0.34811
C5	−0.46637	C5	−0.46607	H12	0.24675	H12	0.24419
C8	−0.47839	C8	−0.47811	H13	0.26250	H13	0.26669
C11	−0.25567	C11	−0.25493	H20	0.24628	H20	0.24610
C14	−0.03855	C14	−0.03401	H21	0.26846	H21	0.26103
C15	0.22755	C15	0.22269	H22	0.26392	H22	0.26499
C16	−0.02523	C16	−0.03674	H23	0.29925	H28	0.30865
C19	−0.47973	C19	−0.47870	H24	0.30698	H29	0.30659
N17	−0.34488	N17	−0.34476	H25	0.25300	H30	0.25092

由图可知两种离子液体具有以下共同点：N 原子的电负性比 C 原子大，大部分负电荷聚集在 N 原子上，多数正电荷则分布在咪唑环上的 H 和 C15 上，咪唑环上 H 原子最大正电荷接近 0.31，这很有可能是分子间有弱的氢键作用。前人研究发现，咪唑环上氢原子的酸性不仅与氢原子的电荷有关，而且与 C—H 上的总电荷有关，总电荷值越大，相应 H 原子的酸性越强，由此可知，咪唑环上 H30 原子的酸性比 H28 和 H29 的强。同一离子液体中 N18 的电荷稍多于 N17，可能因为 N17 与丁基长链的共轭分散效应。咪唑环上氢原子带正电荷较多，易于与负离子发生相互作用。

比较离子液体 A-5、B-5 的咪唑环上靠近阴离子的 C14、C16 电荷发现，C14、C16 原子上的电荷差异较大（A-5 中分别为−0.03855、−0.02523；B-5 中分别为−0.03401、−0.03674），都是距离阴离子更近的 C 上带的电荷值更小，这可能是由于距离阴离子越近，阴离子中的 F 原子对它的吸电性越强，使得它的电荷值越小。基本处在同一位置的 C15 原子的电荷也有很大差异（A-5 中为 0.22755，B-5 中为 0.22269），其原因可能是由于 C14—N17 键的不同引起的，离子液体 A-5 中 C14—N17 的键长为 1.38182 Å，更趋近于单键的性质，而离子液体 B-5 中 C14—N17 的键长为 1.38080 Å，趋近于共轭双键的性质，电子离域使得 B-5 中 C15 的电荷减少。

表 3.24 离子液体 A-5 部分键之间的相互作用稳定化能 *E*

电子供体轨道 NBO(i)	电子受体轨道 NBO(j)	E_2/(kcal/mol)
LP(1)N18	BD*(2)C14-C16	28.11
LP(1)N18	BD*(2)C15-N17	77.24
BD*(1)F28-P32	RY*(1)P32	22.10
BD*(1)F31-P32	BD*(1)F28-P32	134.29
LP(4)F29	BD*(1)F26-P32	39.56
LP(4)F29	BD*(1)F28-P32	44.89
LP(4)F29	BD*(1)F31-P32	50.38

表 3.25 离子液体 B-5 部分键之间的相互作用稳定化能 E

电子供体轨道 NBO(i)	电子受体轨道 NBO(j)	E_2/(kcal/mol)
BD*(2) C15-N17	LP(1) C14	25.43
BD*(2)C16-N18	LP(1) C14	18.86
BD*(2) C16-N18	BD*(2) C15-N17	32.06
LP(1) C14	BD*(2) C15-N17	144.70
LP(1) C14	BD*(2) C16-N18	241.86
BD*(2) C15-N17	BD*(2) C16-N18	132.65

注：BD*为反键轨道；LP为孤对电子。

表 3.24 和表 3.25 列出了离子液体中部分电子供体轨道 i 和受体轨道 j 之间的相互作用稳定化能 E。离子液体 A 中 F31-P32π^*反键轨道和 F28-P32π^*反键轨道的二阶稳定化能（134.29kcal/mol）最大，说明电子从 F31-P32π^*反键轨道向 F28-P32π^*反键轨道的倾向较大，活化了 F28-P32 键。F29 的孤对电子和 F26-P32、F28-P32、F31-P32 的 π^*反键轨道的稳定化能分别为 39.56kcal/mol、44.89kcal/mol、50.38kcal/mol，说明 F29 的电子向靠近咪唑环的 F—P 键转移，活化了 F—P 键，使 PF_6^- 易于与咪唑环阳离子结合。离子液体 B 中，C14 的孤对电子向 C16-N18 反键轨道的二阶稳定化能（241.86kcal/mol）最大，这也是为什么在离子液体 B 中 N18 的电荷值略大于 N17。C14 的孤对电子和 C15—N17 反键轨道的稳定化能为 144.70kcal/mol，C15—N17 的反键轨道和 C16—N18 反键轨道的稳定化能为 132.65kcal/mol，可见 C14-N17-C15-N18 链上电子具有传递性，这都使得 N18 原子的电荷值略大。

④ 离子液体与 SO_2 相互作用　为了比较，在对离子液体与 SO_2 作用的研究时，选取了两个位置（a. 离子液体的上方；b. 靠近甲基处），如图 3.49 所示。

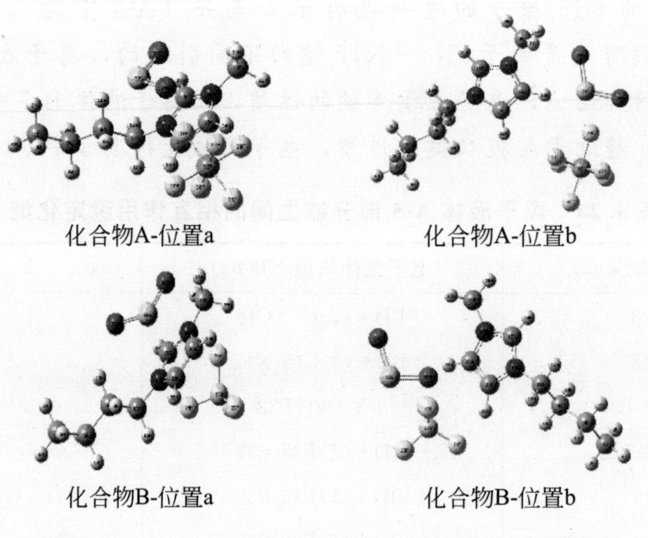

图 3.49　SO_2 与离子液体相互作用的不同位置

经过优化，最终分别获得了两种稳定结构，为了比较与 SO_2 相互作用的稳定性，表 3.26 列出了在 B3LYP/6-31+G（d，p）理论水平上计算得到的能量。

表 3.26　离子液体与 SO_2 相互作用的能量值/HF

位置	a	b
A-5	−1912.578	−1912.570
B-5	−1396.447	−1396.442

根据表中数据（能量越低，构型越稳定），计算得到与 SO_2 相互作用较稳定的结构如图 3.50 所示（以下记离子液体 A-5 与 SO_2 作用化合物为 C，B-5 与 SO_2 作用所得化合物为 D）。

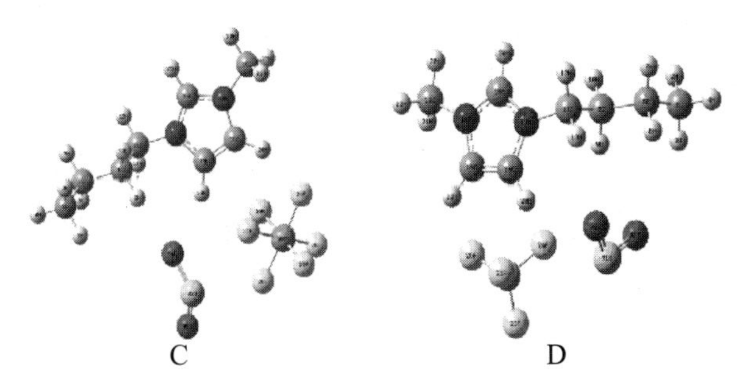

图 3.50　离子液体与 SO_2 作用的稳定构型

计算得到其稳定构型频率如下所示：

C：	1	2	3
	A	A	A
Frequencies	10.7978	14.1311	28.0531
D：	1	2	3
	A	A	A
Frequencies	11.7063	27.2820	38.8255

可见频率皆为正值，即无虚频，图 3.50 确定为较稳定作用的结构。可以看出，SO_2 分子的取向总是 S 原子朝向离子液体中的阴离子。

由表 3.27 可知吸附作用使 SO_2 的 O—S 键长略变长，而 O—S—O 键角稍微减小。而表 3.28 显示 SO_2 中 O 原子电荷值更大，S 原子正电荷更大，这是因为电负性越大，吸引电子的能力越强。由于 O 原子的电负性大，所以 S 原子上的电子被吸引，使得 S 原子的正电荷更多。

表 3.27　离子液体阴离子与 SO_2 的部分参数

离子液体	S—O 平均键长/Å	O—S—O 键角/(°)
SO_2	1.4636	119.117
PF_6^-	1.4690	116.251
BF_4^-	1.4717	115.375

表 3.28 SO_2 作用前后的电荷值

离子液体	电荷值		
	S	O	O
SO_2	1.56153	−0.78076	−0.78076
A-SO_2	1.63074	−0.86333	−0.78769
B-SO_2	1.64982	−0.87533	0.82722

通过 Gaussian 计算分别得到的离子液体、小分子及与 SO_2 在常温下（25℃）作用后的离子液体的热力学参数列于表 3.29。

表 3.29 热力学参数/HF

热力学参数	A-5	B-5	SO_2	C	D
E	−1363.697	−847.571	−548.605	−1929.382	−1396.175
H	−1363.696	−847.570	548.577	−1912.298	−1396.174
G	−1363.769	−847.637	−548.605	−1929.382	−1396.249

由表 3.30 可知离子液体 A-5 与 SO_2 相互作用的 ΔE、ΔH、ΔG 分别为：

$$\Delta E_1=\Delta E_C-\Delta E_{A\text{-}5}-\Delta E_{SO_2}=-1912.299-(-1363.697)-(-548.578)=-0.024\text{HF}$$

$$\Delta H_1=\Delta H_C-\Delta H_{A\text{-}5}-\Delta II_{SO_2}=-1912.298-(-1363.696)-(-548.577)=-0.025\text{HF}$$

$$\Delta G_1=\Delta G_C-\Delta G_{A\text{-}5}-\Delta G_{SO_2}=-1912.382-(-1363.769)-(-548.605)=-0.008\text{HF}$$

B-5 与 SO_2 相互作用的 ΔE、ΔH、ΔG 分别为：

$$\Delta E_2=\Delta E_D-\Delta E_{B\text{-}5}-\Delta E_{SO_2}=-1396.175-(-847.571)-(548.578)=-0.026\ \text{HF}$$

$$\Delta H_2=\Delta H_D-\Delta H_{B\text{-}5}-\Delta H_{SO_2}=-1396.174-(-847.570)-(548.577)=-0.027\text{HF}$$

$$\Delta G_2=\Delta G_D-\Delta G_{B\text{-}5}-\Delta G_{SO_2}=-1396.249-(-847.637)-(548.605)=-0.007\text{HF}$$

根据单位换算 1HF=2565.5kJ/mol 可得离子液体与 SO_2 相互作用的热力学参数，列于表 3.30 中。

表 3.30 离子液体与 SO_2 相互作用的热力学能

热力学参数/(kJ/mol)	A	B
ΔE	−61.572	−66.703
ΔH	−64.138	−69.269
ΔG	−20.524	−17.959

表 3.30 还列出了离子液体与 SO_2 分子之间的相互作用能、焓以及吉布斯自由能变等，从表中数据可以看出，离子液体 A、B 与 SO_2 相互作用的热力学能相差不大，即离子液体 A 与 B 对 SO_2 的吸收效果相差不大。

3.5.5 乙醇与水相互作用的计算

例 3.15 乙醇与水相互作用的计算

首先用 GaussView5.0 建立离子液体的分子结构，生成输入文件，保存为

“.gif”格式。然后打开Gaussian09，导入“*.gif”输入文件，使用密度泛函方法的b3lyp函数，选定基组为6-31g（d,p)，对离子液体进行优化、频率分析和自然键轨道（NBO）分析，命令语句为“# b3lyp/6-31g（d,p）opt freq pop＝NBO”。计算结束后输出格式“.out”的文本文件，用GaussView5.0打开输出文件即为优化后的几何构型，输出文件用记事本打开内容为计算过程。对计算结果的分析主要是针对出现“Optimization Completed”后的参数，即为优化后的结构的参数。

乙醇与水能以任意比例互溶，本例以1分子乙醇分别和1～3分子水为主，主要计算乙醇与水相互作用后自然电荷的变化、C—O键长的变化等。甲醇与水的结构式如图3.51所示。

H—O—H（水）

$H-\underset{H}{\overset{H}{C}}-\underset{H}{\overset{H}{C}}-OH$（乙醇）

水　　乙醇

图3.51　化合物的分子式

按前文所述，在输出文件中可得到各种优化后的参数值。

① 优化后的构型　用GaussView5.0程序打开输出文件后，可以得到如图3.52所示的乙醇加水后的优化构型。

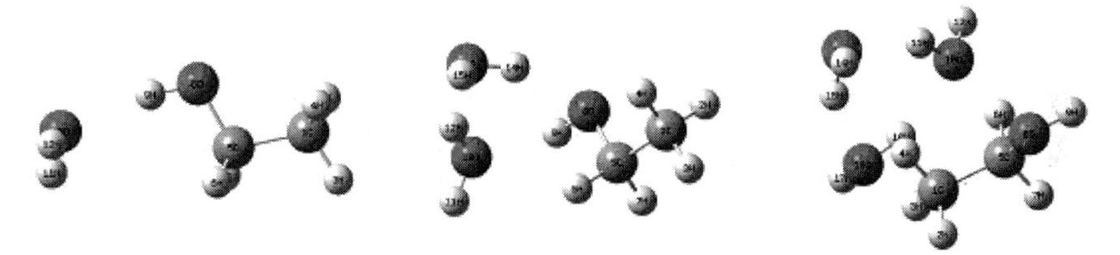

1个乙醇分子与1个水分子　1个乙醇分子与2个水分子　1个乙醇分子与3个水分子

图3.52　乙醇与水相互作用后的优化构型

② 自然电荷分析　乙醇（E）与水相互作用之后氧的自然电荷值如表3.31所示。

表3.31　乙醇(E)与水相互作用之后氧的自然电荷值

乙醇加水的数量	电荷值	与单个乙醇上氧的对比
E	−0.73524	0
E 1W	−0.76016	−0.02492
E 2W	−0.7811	−0.04586
E 3W	−0.74154	−0.0063

如表 3.31 所示，乙醇与水相互作用后，其氧上的电荷值总体趋势是越来越小。然后将以单个乙醇上的氧的电荷为标准进行比较，将乙醇与不同数量水相互作用后氧的电荷与其进行对比。可以发现对比相减的数值都为负值，即乙醇与不同的水作用后，乙醇上的氧电荷值都比单个乙醇上的氧的电荷值要小。因为与电荷值电子布居数有关，电子布居数越多，电荷值越大，又因电子带负电荷，所以其电子越多，电荷值就相对减小。因此可以假设，乙醇与水相互作用后乙醇上的氧电子布居数相对于单个乙醇上氧的数量有所增加，其结果表现为乙醇与水相互作用后氧的电荷值比单个乙醇上氧的电荷值要小。

表 3.32　乙醇(E)与水相互作用之后的氧电子布居数

乙醇加水的数量	电子数量	与单个乙醇上氧的对比
E	8.73524	0
E 1W	8.76016	0.02492
E 2W	8.78110	0.04586
E 3W	8.74154	0.0063

如表 3.32 所示，乙醇与水相互作用之后，其氧上所带的电子布居数相对于单个乙醇上的氧的电子布居数是增加的，这个趋势与乙醇和水作用后的氧上所带的电荷绝对值相对于单个氧所带电荷绝对值增加的趋势是基本一致的。因此可以认为，乙醇与水相互作用后，其乙醇上氧所带的电子数量增加，导致了其氧上的电荷绝对值要比单个乙醇上氧的电荷值的要小。

乙醇与水相互作用后，乙醇上氧所带的电子布居数之所以会增加，主要原因可能是加水后，水对乙醇的影响，使乙醇与水之间的电子离域加强，又因氧的电负性比较大，比附近的氢电子吸附能力强，故可能引起乙醇上氧的电子布居数增大。又因电子是带负电荷的，电子布居数增大，其所带的电荷值就相对减小。结果就表现为乙醇与水相互作用后，乙醇上氧所带的电荷值相对于单个氧减小。

③ 键长分析　乙醇（E）与不同数量的水相互作用后的 C—O 键长分析见表 3.33。

表 3.33　乙醇与水相互作用后的 C—O 键长

乙醇加水的数量	C—O 键长	与单个乙醇 C—O 键长对比
E	1.4272	0
E 1W	1.4279	−0.0104
E 2W	1.4286	0.0004
E 3W	1.4312	0.0030

由表 3.33 中的数据可以看出，与水相互作用后，乙醇上的 C—O 键相对于单个乙醇上的 C—O 键大概趋势是变长。键长与 s、p 轨道上电子的数量有关，s 区轨道

离原子核较近，原子核对 s 区上的电子吸引力强，而 p 区轨道距离原子核相对较远，原子核对 p 轨道上电子的吸引能力相对较弱，造成 p 区轨道上的电子活泼性较强，活动范围大。所以当 s 轨道上电子减少时，p 区轨道上的电子增多时，键长就相对较长。

E　(1.99412) BD(1) C 5- O 8

0.5735* C 5 s(21.92%)p 3.55(77.84%)

0.8192* O 8 s(29.59%)p 2.38(70.33%)

E1W　(1.99440) BD(1) C 5- O 8

0.5798* C 5 s(22.72%)p 3.39(77.06%)

0.8148* O 8 s(29.29%)p 2.41(70.62%)

E2W　(1.99402) BD(1) C　5 - O　8

0.5735* C　5 s(21.96%)p 3.54(77.83%)

0.8192* O　8 s(29.09%)p 2.44(70.83%)

E3W　(1.99421) BD(1) C 5- O 8

0.5713* C 5 s(21.61%)p 3.62(78.14%)

0.8207* O 8 s(29.54%)p 2.38(70.39%)

表 3.34　C—O 键上 s、p 区轨道上的电子数

乙醇加水的数量	s 区电子数	与单个乙醇对比	p 区电子数	与单个乙醇对比
E	0.3681	0	1.0226	0
E1W	0.3704	0.0075	1.0222	−0.0004
E 2W	0.3642	−0.0039	1.0266	0.0040
E 3W	0.3659	−0.0022	1.0241	0.0015

由表 3.34 可以看出，乙醇与 水相互作用后，其 C—O 键上的 s 电子数相对于单个乙醇上的 C—O 键的 s 电子数减少，同时与水相互作用后的乙醇上的 C—O 键上的 p 电子数也比单个乙醇上的 C—O 键上的 p 电子多。这可能是因为当乙醇加水后，乙醇与水相互作用，电子离域增加，导致了 s 电子和 p 电子的变化。

④ 氢键分析　乙醇与不同数量的水相互作用后的分子间氢键分析见表 3.35。

表 3.35　乙醇与水相互作用后可能形成的氢键

乙醇加水的个数	可能形成的氢键的键	键长	键角
E1W			
	O10　O 8- H 9	2.86114	167.37280
E2W			
	O8　O13 - H14	2.78459	150.56416
	O10　O8 - H9	2.76678	152.59064
	O13　O10 - H12	2.76590	149.97794

续表

乙醇加水的个数	可能形成的氢键的键	键长	键角
E3W			
	O10　O16- H18	2.76079	149.61663
	O13　O10- H11	2.74218	152.87495
	O16　O13- H15	2.76084	149.88847

如表 3.35 所示，当乙醇加一个水时，在 O10 与 O 8—H 9 可能形成氢键，共一个；当乙醇加两个水时，在 O8 与 O13—H14 之间可能形成氢键，在 O10 与 O8—H9 之间可能形成氢键，在 O1 与 O10—H1 之间可能形成氢键，可能有三个；当乙醇加三个水时，在 O10 与 O16—H18 之间可能形成氢键，在 O13 与 O10—H11 之间可能形成氢键，在 O16 与 O13—H15 之间可能形成氢键，共三个。

E1W

18. LP(2) O10　　/118. BD* (1) O 8- H 9　　9.57

E2W

19. LP(2) O8　　/149. BD* (1) O13 - H14　　9.42

21. LP(2) O10　　/146. BD* (1) O8 - H9　　11.74 23.

22. LP(2) O13　　/148. BD* (1) O10 - H12　　10.46

E3W

24. LP(2) O10　　/180. BD* (1) O16- H18　　10.22

26. LP(2) O13　　/175. BD* (1) O10- H11　　13.14

28. LP(2) O16　　/178. BD* (1) O13- H15　　10.40

可见加水分子数目越多，氢键的数量就越多。我们猜想这是由于水增多，氧原子增多，与乙醇上氢相互作用的概率也增多，所以就更容易形成氢键。

⑤ **醇与水相互作用后的相互作用能分析** 当与乙醇相互作用的水的比例不断增加时，其相互作用能数值是不断降低的，也就是说乙醇中加的水比例越多，释放出的能量也就越多。从中可以看出当水的比例增加时，它们之间越容易结合，结合后的体系也越稳定（见表 3.36）。

表 3.36 乙醇(E)与水的相互作用能

乙醇加水的个数	能量	相互作用能
E	−155.0881167	0
E 1W	−231.5475523	0.0119877
E 2W	−308.0196003	0.0365878
E 3W	−384.4749998	0.0445399

通过计算，可以发现当乙醇中水的比例不断增加时，醇与水之间的相互作用不断增强，电子离域程度增加。醇上氧的电子数量、自然电荷的绝对值随着水的比例

的增加也呈增大的趋势。同时，伴随着水的比例增加，醇上的 C—O 键长的趋势也是增加的，醇与水的相互作用能的绝对值也不断增加，说明醇与水越来越容易结合，越来越稳定。伴随着水的比例的增加，醇与水之间、水与水之间也是相对越来越容易形成氢键。

过程仿真基础

Chapter 04

一个化工制造过程是将指定的原料，经过一系列物质和能量的转换步骤，最终变成规定质量要求的一种或几种化学产品。通常一个化工制造流程均由若干单元过程组成，每个单元过程均有其指定的物质和能量转换的任务，是化工制造的基本加工步骤。

过程仿真指对已给定系统结构的现有过程系统，建立整个系统的数学模型，在计算机上进行求解，得出在给定条件下系统的特性和行为，确定流程系统的工程特性，即对于已知的过程系统输入参数(包括物流、能量、信息流)；求解其输出参数(包括物流、能流、信息流)。具体地说可以包括三部分内容：一是过程系统的物料和能量衡算，二是确定设备的尺寸及费用，三是对过程系统进行记忆。

4.1 稳态模拟

如果过程对象的输入-系统特性-输出均不随时间的推移而变化，则称为过程系统处于稳态，对这样的过程系统建立数学模型进行模拟，就称为稳态模拟。稳态过程模拟是指，应用计算机辅助手段，对某一化工过程进行稳态的热量和物料衡算、尺寸计算和费用估算。

4.1.1 模拟的基本环节

稳态模拟主要包括以下三方面的内容。首先是流程系统模型，即描述流程系统性能的数学模型。一个完整的系统模型，不仅必须包括组成该系统的各个单元的模型，而且还要包括能对系统结构给予明确表述的部分。对于流程系统，其单元模型首先包括描述流程系统中各单元设备性能的模型。单元模型是流程系统模型的基础。对于表述化工系统结构即流程结构的部分，处理起来可有不同的灵活做法。

其次是物性数据和热力学模型。化工过程系统有别于其他工业系统(如机械的、电子的等)的重要一点，就是其中物料会发生种种状态的和组成的变化。为了进行这方面的分析，必然需要这些物料的各种物性数据。暂存放在物性数据库中的物性往往是最基础的物性(如分子量、沸点、临界温度、临界压力、临界体积、偏心因子等)，而流程模拟计算中用到的物性则是特定温度和压力下的性质，这需要物性计算的热力学模型来解决。

最后是解算方法。前已指出，模拟实际上就是对一个数学模型进行求解。因此就必须有针对不同模型特点的有效的解算方法。

流程系统模型、物性数据和热力学模型、解算方法，这就是模拟的三个核心环节。单对一台单元设备进行模拟也同样需要这三个环节。但是，由于流程系统是由多台单元设备组成的复杂组合体，肯定要比单台设备的复杂得多；而所需的解算方法也随之复杂，要能够处理单元之间的联系和相互影响，并对整个系统的模型能有效地求解；在物性数据方面，特别是在建立通用的化工流程模拟系统时，有必要为用户提供尽可能多种物料的物性数据，以供针对不同情况任意选用，这就构成了通常所说的“物性数据库”。

4.1.2　变量选择和自由度分析

(1) 变量的分类与数目

无论是单元模块还是模拟系统，都是根据输入信息，得到输出信息，输入信息和输出信息，都是代表某些变量或参数的信息。如果把参数统一按变量考虑，则与某模块或模拟系统相联系的全部变量，可分为以下五类：输入物流变量、输出物流变量、设备参数(或单元模块参数)、其他计算结果、寄存变量(retention variables)。

输入物流变量和输出物流变量，就是描述进入相应的物流的状态(包括热力学状态以及组成和流量）的各项物流变量(F、T、P、H、S、G、x 等)。设备参数就是作为单元操作设备的设备参数及操作参数。其他计算结果，是指由模块解出的变量中，除去出口中物流变量以外的其他一些计算结果，如换热器的热负荷、泵或压缩机的功率等。它们之中，凡属用户需要的，其数据就要输出来。寄存变量，是由模块解出的变量中的另一部分，它们并不是用户所直接需要的计算结果，而是用于以下目的：如果该单元是在一个再循环回路中，需要进行迭代计算，则本轮计算得出的这些变量的数值，可以用作下一轮计算的初始值，如精馏塔计算中塔内各级的温度、物料组成和汽液平衡常数等。

若物流中含有 C 个组分，由热力学可知，在做物料衡算和能量衡算时，对该物流的状态能够给予确定描述的变量的最少数目，即($C+2$）个。这($C+2$）个变量可有不同取法，最常用的两种为：C 个组分的摩尔流量、物流的压力和温度(或焓）或(C-1）个组分的摩尔分率，物流的总摩尔流量、压力和温度(或焓)。若只做物料衡算，可能不需要压力和温度(或焓)，则物流变量的数目可能只需 C 个。

对物流变量的数目予以明确表述的实际意义在于，在编制模拟系统的程序时，对于每股物流，可设置一个相应的一堆数组，来存储它的物流变量，或对所有的物流设置一个二维数组，一维对应某段物流，另一维对应物流的变量。由此将基本概念与实际编程联系了起来。

（2）自由度分析

这里的“自由度”不是物理化学中相律所提及的处于平衡状态的多组分多相物系的自由度。它描述一个系统的状态所需要变量的数目与建立这些变量之间关系的建立方程的数目之差，称为此系统的自由度(degree of freedom)。即如果用 n 和 m 分别代表上述方程和变量的数目($m \geqslant n$)，则

$$d = m - n \tag{4.1}$$

就是系统的自由度 d。

n 个彼此独立的方程能够确定 n 个变量的数值。而多出的变量就可以不受方程的约束，而获得源于其他考虑的赋值。因此可以说，系统在这些变量的取值上，具有一定的自由。对一个流程系统模型，如果是在建模时共提出 m 个变量和 n 个(彼此独立且互不矛盾的）方程，且 $m>n$(这是通常出现的正常情况)，则它也有($m-n$）个自由度。

在 m 个变量中如何选取其中 d 个变量，是有一定“自由”的，且若对选出的 d 个变量赋以不同的值，模型方程得到的解也将有所不同。改变这些变量的取值，正是控制系统的设计方案的一种手段。因此，这些变量称为设计变量(design variable)。

在设计变量被选定和赋值之后，就剩下只含有 n 个变量的 n 个方程，当这 n 个变量作为方程中的未知数被解出时，就完全确定了系统的一个状态。在这种含义下，模型方程有时又被称为状态方程，而其中 n 个被解出的变量，为区别于设计变量，称为状态变量(state variables)。

自由度分析的任务：在过程建模时，首先要列出模型方程组，然后进行自由度分析，确定设计变量或决策变量的数目，最后要根据任务的需要和实际情况来选取设计变量。由于设计变量的数目必须恰恰是 $d=m-n$ 个，不能多也不能少，因此，就需要检查模型方程组的构成情况，根据所提出的具体任务，从 m 个变量中选出 d 个符合要求的设计变量，并合理地给予赋值，使方程组含有的变量数与方程数相等，而有定解。若这一工作遇到困难，很可能模型中存在问题，应对模型工作再做复查，以求得到正确的模型。以上这些，就是自由度分析的主要任务。

4.1.3 设计变量的选择

若仅从数学的角度看，为使方程组能有定解，究竟应选哪些变量作为设计变量(数目自然应与方程组的自由度相等)，一般确有相当自由，除可能受到某些特殊的限制情况外。但对一组实际的模型方程有许多具体因素需要考虑，情况就并非如此。因此，设计变量选择上的自由，充其量只能是有限度的。那么，对于实际情况，如

何选择设计变量？可以遵循以下原则。

① 首先要考虑实际问题的类型，区别对待。对于模拟型问题，首先选输入物流变量和设备变量；对于设计型问题，首先选设计规定方程中写出的用来代表各项设计规定值的那些变量，再选输入物流变量和设备变量。由于流程系统不同问题类型的模型不同，所包括的模型方程和变量数目不同，因此设计变量的个数和选择也不同，需按不同问题类型分开考虑。

② 模块中需解出的模块参数不能选择为设计变量。在设计型问题中，常会有一些模块的某些输入变量，主要是有关单元的一些设备参数，成为需要按照设计要求去求解的变量，也就是成了模型方程中的未知数，这些变量不能成为设计变量，设计变量只能在这些变量以外去挑选。在进行后一部分设计变量的选择时，由于没有了设计要求的限制，就可能有一定限度的“自由”。但即使在这时，也应力求避免那种毫无合理目标、完全盲目乱选的做法。

③ 应选那些受限制较多的变量。如冷却水的温度、流量等，它们受当地气候和水资源条件的限制；又如高温状态下物料的温度将受设备材料耐温性能的限制等。如果这类变量不先被选为设计变量，而被当成让系统模型去决定其数量的状态变量，则一旦遇到计算数值超出了上述限制范围，整个结果就只好作废，而陷于被动。此外，某些受到设备品种、规格的限制，不能连续变化的变量，如作为系列化产品的换热器的传热面积、串联槽式反应器的槽数等，都属此类。

④ 选出的设计变量，当它们获得赋值以后，可使系统模型方程的求解最为方便、容易。

4.2　动态模拟

客观来说，所有化工厂装置的运行均处于一种动态的过程中。也就是说，稳态是相对的，而动态才是绝对的。化工过程的动态变化是必然的，经常发生的，归纳引起波动的因素主要有以下几类：①计划内的变更，如原料批次变化，计划内的高负荷生产或减负荷操作，设备的定期切换等；②事物本身的不确定性，如同一批原料性质上的差异和波动，冷却水温度随季节的变化，随生产时间的延长而引起催化剂活性的降低，设备的结垢等；③意外事故，设备故障，人为的误操作等；④装置的开停车。所以，立足于物料及能量平衡的稳态模拟不论从设计上、培训上，还是生产运行上，许多方面均无法满足要求，必须借助于动态模拟。

过程系统的动态模拟，主要研究系统动态特性，又称为动态仿真。动态仿真数学模型一般由线性或非线性微分过程组表达。仿真结果描述当系统受到扰动后，各变量随时间变化的响应过程。显然，仿真技术在工程设计中起着与稳态模拟互补且不可分割的特殊作用。

动态模拟技术在工程设计中的应用有：工艺过程设计方案的开车可行性实验；

工艺过程设计方案的停车可行性实验；工艺过程设计方案在各种扰动下的整体适应性和稳定性试验；系统自控方案可行性分析及实验；自控方案与工艺设计方案的协调性实验；联锁保护系统或自动开车系统设计方案在工艺过程中的可行性实验；DCS组态方案可行性实验；工艺、自控技术改造方案的可行性分析。

过程系统的稳态模拟通常是动态模拟的基础和出发点，但二者有明显的差别。

假设一个流程模拟已经完成，计算也得到收敛，则以下信息是必须具备的：①流程拓扑(单元设计的类型及连接方式)；②各反应器的类型、尺寸和条件(温度、压力、催化剂量、传热面积、冷却及加热介质等)；③反应动力学数据；④物理性质数据；⑤相平衡数据；⑥所有分离塔的塔板数目(精馏塔、吸收塔、液-液萃取塔等)和操作条件(压力和温度)；⑦传热速率、最小传热温差、总传热系数、冷却和加热介质在所有换热器中的流量；⑧所有工艺流股的流量、温度、压力和组成。

但是，稳态模拟并不需要那些与稳态结果无关的信息，例如塔径大小，所有贮罐的尺寸、控制阀的尺寸等。但是动态模拟必须具备这些信息，因为一个单元设备的动态响应取决于设备中的滞流量。一个系统的流容量(即其时间常数）正是由其尺寸(容积或质量）相对于流量(流率、传热速率等）换算而得。因此，在动态模拟前所有涉及的设备都要有确定的尺寸(至少近似估计)。

在进行动态模拟前，另一个重要的、必须规定的流程方面的信息是：管路校核。因为动态模拟器通常采用“压力驱动”模拟，通过全系统的压力及压降都必须规定好，这样才能使物料有高压流向低压。为此，需要的地方必须合理设置压缩机与泵，控制阀也必须放到适合的位置上并设计好尺寸。

一个系统的动态特性除受以上因素影响外，另一个重要的影响因素是系统的自动控制回路设计，这是动态模拟与稳态模拟的不同之处。所以，动态模拟需要带有控制回路的工艺流程图(PFD)。

总地来说，稳态模拟是在装置的所有工艺都不随时间而变化的情况下进行的模拟；而动态模拟是用来预测当某个干扰出现时，系统的各工艺参数如何随时间而变化。

Aspen Plus过程仿真

Chapter 05

Aspen Plus 是目前应用最为广泛的化工大型通用流程模拟系统，是由美国麻省理工学院(MIT) 于 1981 年开发成功的，也是世界上唯一能处理带有固体、电解质及煤、生物物质和常规物料等复杂的流程模拟系统。该软件自问世以来，不断加入最新的研究成果，推出新的版本，使得功能越来越强大。目前最新版本是 AspenONE V9.0。

Aspen Plus 主要由物性数据库、单元操作模块、系统实现策略三部分组成。

(1) 物性数据库

Aspen Plus 的强大之处在于它具有目前工业上最适用而完备的物性系统，包括将近 6000 种纯组分的物性数据，如分子量、Piterzer 偏心因子、临界因子、标准生成自由能、标准生成热、正常沸点下的汽化潜热、回转半径、凝固点、偶极矩、密度等。对 UNIQUAC 和 UNIFAC 方程的参数也收集在数据库中。计算时可自动从数据库中调用基础物系进行传递物性和热力学性质的计算。

计算传递物性和热力学性质模型的方法，主要有：拉乌尔定律、Chao-Seader 方程、Redilch-Kwong-Soave 方程、BWR-Lee-Staring 方程、Peng-Robinsin 方程、UNIFAC 方程、Wilson 方程、NRTL 方程、UNIQUAC 方程等。Aspen Plus 是唯一获准与 DECHEMA 数据库接口的软件。该数据库收集了世界上最完备的汽液平衡和液液平衡数据，共计 25 万多套数据。另外，Aspen 可以利用实验资料来求物性参数，通过回归实际应用中的数据，计算任何模型参数，用户也可自己定义模型。

对于计算高温气体性质，Aspen Plus 还提供专用数据库——燃烧物数据库。该数据库只适用于部分单元操作模型对理想气体的计算。

此外，当模型流程中含有缺少的实验数据的新化学产品时，Aspen Plus 中的物性常数估算系统(PCES) 能够通过输入分子结构和易测性质估算短缺的物性参数。

(2) 单元操作模块

Aspen Plus 可调用 50 多种单元操作模型，如混合、分割、换热、闪蒸、精馏、萃取、反应、结晶等。对于新的单元过程，用户也可自定义模型。通过这些模型和模块的组合，能模拟用户所需要的流程。另外，Aspen Plus 还提供了灵敏度分析、工况分析模块，分析各种变量和工况的情况。本书针对 Aspen Plus 提供的单元模块在化工模拟中的应用，进行分别介绍。

(3) 系统实现策略(数据输入-计算-结果输出)

Aspen Plus 提供了操作方便、灵活的用户接口——Model Manager，以交互式图形接口(GUI) 来定义问题、控制计算和灵活地检查结果。Aspen Plus 所用的解算方法为序贯模块方法，对流程的计算顺序可以由用户自己定义，也可由程序自动产生。对于有循环回路和设计规定的流程必须迭代收敛。所谓设计规定是指用户希望规定某处的变量值达到一定的要求。Aspen Plus 采用先进的数值计算方法，能使循环物料和设计规定迅速而准确地收敛，这些方法包括直接迭代法、正割法、拟牛顿法、Broyde 法等。Aspen Plus 可以同时收敛多股断裂(tear) 流股，多个设计规定，甚至收敛有设计规定的断裂流股。

应用 Aspen Plus 的优化功能，可以寻求工厂操作条件的最优值，以达到目标函数的最大值。也可以将任何工程和技术经济变量作为目标函数，对约束条件和可变参数的数目没有限制。

Aspen Plus 可把输入数据及模拟结果存放在报告档中，可通过命令控制输出报告文件的形式及报告档的内容，并可在某些情况下对输入结果作图。在物流结果中包括：总流量、黏度、压力、汽化率、焓、熵、平均分子量及各组分的摩尔流量等。

5.1 流体流动

5.1.1 阀

阀门(Valve) 可进行单相或多相计算，计算类型有三种：①绝热闪蒸到指定出口压力(Adiabatic flash for specified outlet pressure)；②对指定出口压力计算阀门流量系数(Calculate valve flow coefficient for specified outlet pressure)；③对指定阀门计算出口压力(Calculate outlet pressure for specified valve)。

Valve 进行核算，即第三种类型的计算时，需要指定阀门类型(Valve type)，如截止阀(Global)、球阀(Ball)、蝶阀(Butterfly)；厂家(Manufacturer)，如 Neles-Jamesbury；系列/规格(Series/Style)，如线性流量(linear flow)、等百分比流量(equal percent flow)；尺寸(Size)，如公称直径；阀门开度(Opening)。

例 5.1 水的温度为 25 ℃，流量为 $100m^3/h$，压强为 3atm，流经一公称直径为 8in 的截止阀。阀门的规格为 V500 系列的线性流量阀，阀门的开度为 20%。求：阀门出口的水压是多少？

启动 Aspen Plus，选择系统模板 (Template)，采用默认的 "General with

Metric Units"。首先建立流程图，在界面主窗口的模型库 Model Library 中点击 Pressure Changers，选择 Valve，放置于窗口的空白处。点击模块库左侧 Material STREAMS 的下拉箭头，选择 Material 添加物流，红色表示必修物流，蓝色为可选物流，并可以给物流命名，如图 5.1 所示。

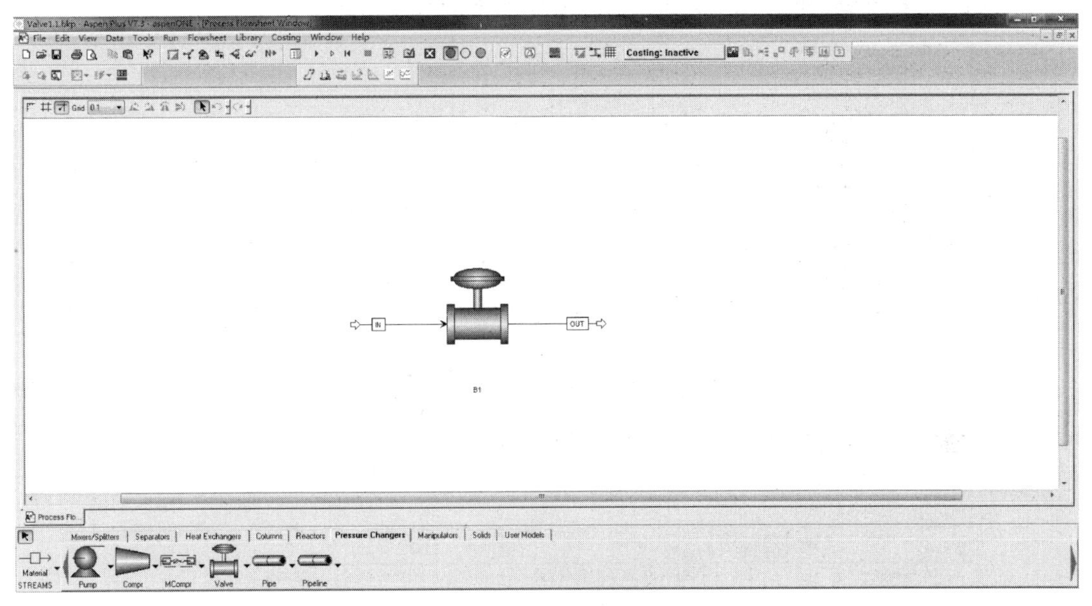

图 5.1　流程图

点击快捷方式蓝色的"N→"，Aspen Plus 可引导完成所有的输入。进入 Components/Specification/Selection 页面，输入组分，本例输入水（Water），如图 5.2 所示。进入 Properties/Specifications/Global 页面，输入物性方法，关于物性方法的选择可参考本书 5.5.1 部分，本例 Process type 选择 Water，Base method 选择物性方法 STEAM-TA，如图 5.3 所示。

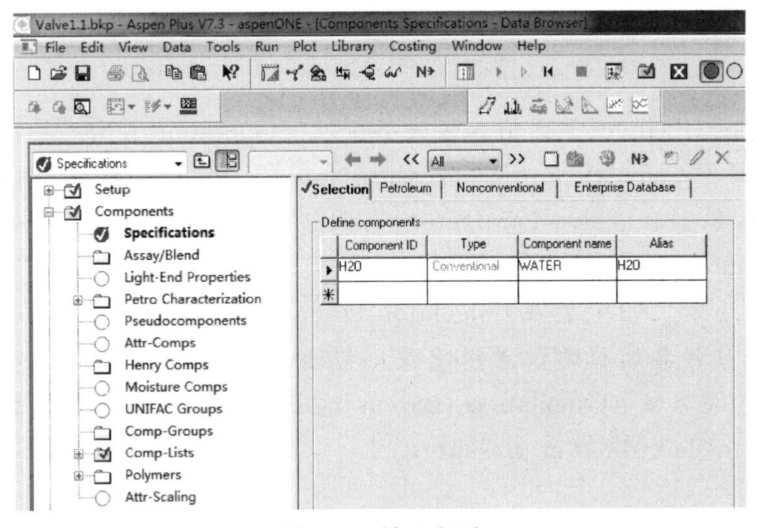

图 5.2　输入组分

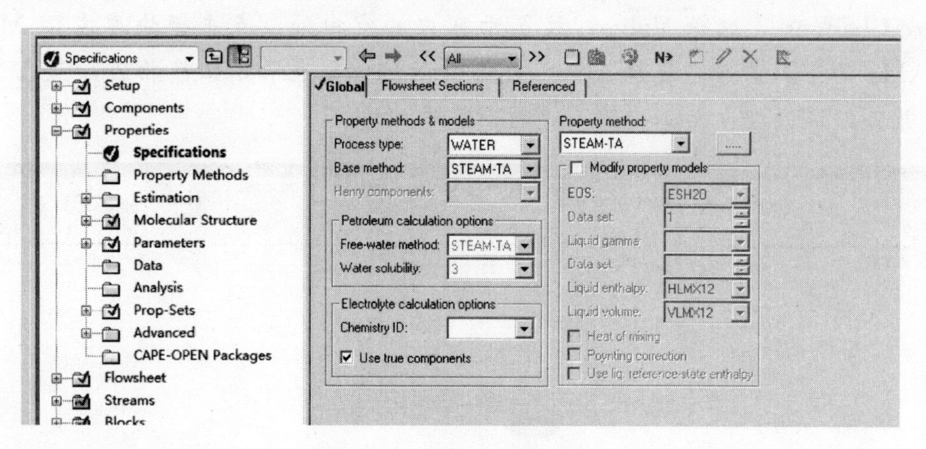

图 5.3　输入物性方法

进入 Streams/IN/Input/Specification 页面，输入进料条件，温度 25℃，压力 3atm，体积流率 100m³/h，如图 5.4 所示。

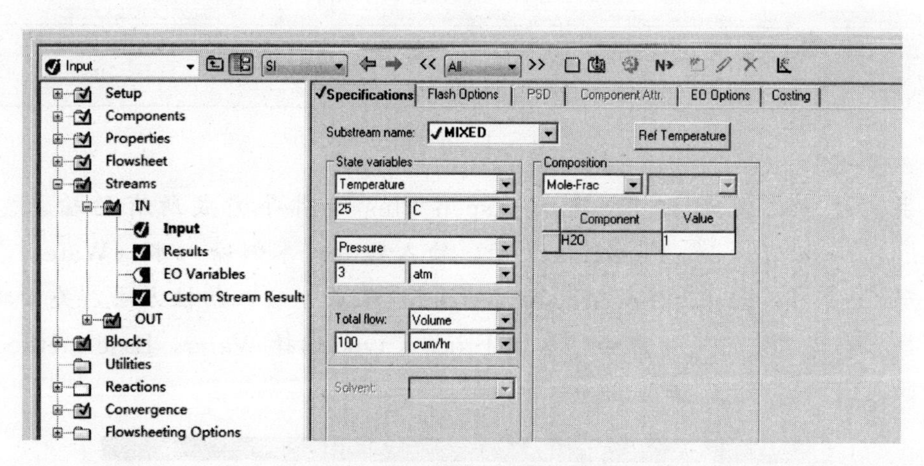

图 5.4　输入进料条件

进入 Blocks/B1/Input 页面输入模块参数，在 Operation 页面［见图 5.5（a）］，计算类型选择“Calculate outlet pressure for specified valve”，阀门开度（% Opening）输入 20。在 Valve Parameters 页面［见图 5.5（b）］，Valve type 选择“Globe”，Manufacture 选择“Neles-Jamesbury”，Service/style 选择“V500 _ linear _ flow”，Size 选择“8-IN”。在 Calculaton Options 页面［见图 5.5（c）］，计算阀门小开度状态时计算选项的设置很重要，勾选检查阻塞流动（Check for choked flow）和计算空泡系数（Calculate cavitation index），设置最小出口压力等于阻塞压力（Set equal to choked outlet pressure）。

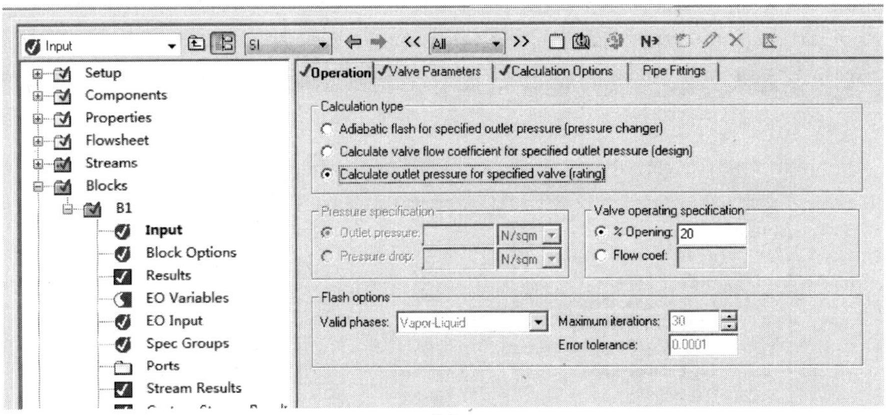

Input　SI　All　N>

Setup
Components
Properties
Flowsheet
Streams
Blocks
B1
Input
Block Options
Results
EO Variables
EO Input
Spec Groups
Ports
Stream Results

✓Operation　✓Valve Parameters　✓Calculation Options　Pipe Fittings

Calculation type
Adiabatic flash for specified outlet pressure (pressure changer)
Calculate valve flow coefficient for specified outlet pressure (design)
Calculate outlet pressure for specified valve (rating)

Pressure specification
Outlet pressure:　N/sqm
Pressure drop:　N/sqm

Valve operating specification
% Opening: 20
Flow coef:

Flash options
Valid phases: Vapor-Liquid　Maximum iterations: 30
Error tolerance: 0.0001

(a)

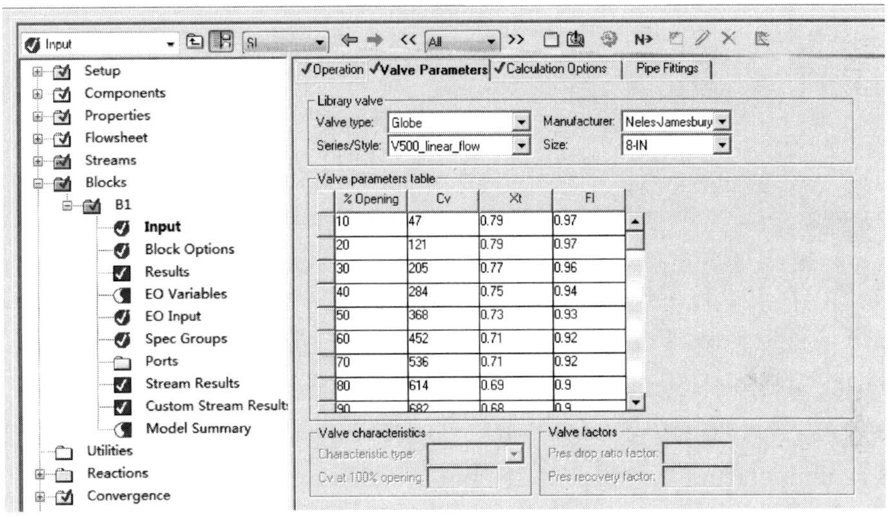

Input　SI　All　N>

Setup
Components
Properties
Flowsheet
Streams
Blocks
B1
Input
Block Options
Results
EO Variables
EO Input
Spec Groups
Ports
Stream Results
Custom Stream Results
Model Summary
Utilities
Reactions
Convergence

✓Operation　✓Valve Parameters　✓Calculation Options　Pipe Fittings

Library valve
Valve type: Globe　Manufacturer: Neles-Jamesbury
Series/Style: V500_linear_flow　Size: 8-IN

Valve parameters table

% Opening	Cv	Xt	Fl
10	47	0.79	0.97
20	121	0.79	0.97
30	205	0.77	0.96
40	284	0.75	0.94
50	368	0.73	0.93
60	452	0.71	0.92
70	536	0.71	0.92
80	614	0.69	0.9
90	682	0.68	0.9

Valve characteristics
Characteristic type:
Cv at 100% opening:

Valve factors
Pres drop ratio factor:
Pres recovery factor:

(b)

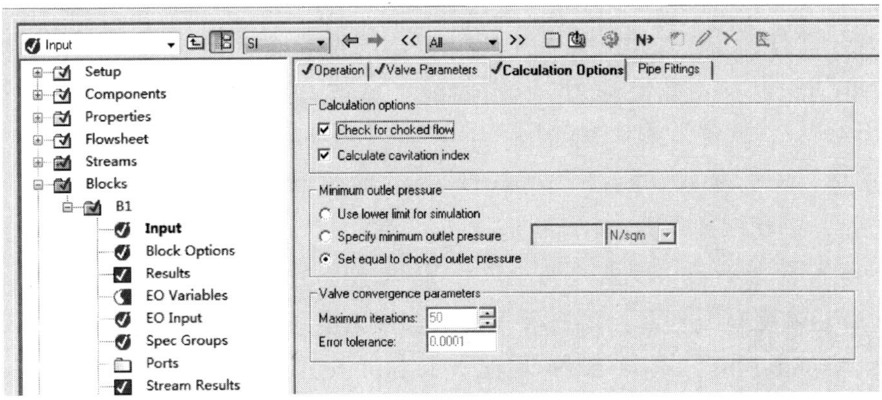

Input　SI　All　N>

Setup
Components
Properties
Flowsheet
Streams
Blocks
B1
Input
Block Options
Results
EO Variables
EO Input
Spec Groups
Ports
Stream Results

✓Operation　✓Valve Parameters　✓Calculation Options　Pipe Fittings

Calculation options
Check for choked flow
Calculate cavitation index

Minimum outlet pressure
Use lower limit for simulation
Specify minimum outlet pressure　N/sqm
Set equal to choked outlet pressure

Valve convergence parameters
Maximum iterations: 50
Error tolerance: 0.0001

(c)

图 5.5　输入模块参数

当整个流程参数输入完毕，当左边数据浏览器的红色标记没有以后，点击“N→”，系统提示所用信息都输入完毕，就可以进行计算了。计算点击“▶”或按“F5”即可。当 Aspen Plus 对整个流程计算完毕，点击快捷方式中带“√”的文件夹图标，可以查看物流及模块的计算结果（见图 5.6）。

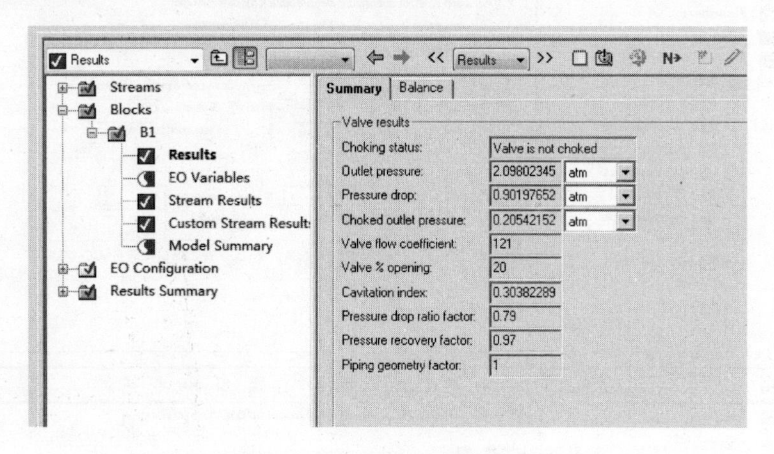

图 5.6　查看模块结果

5.1.2 管路

管路(Pipe) 可进行单相或多相计算，用于计算等直径、等坡度的一段管道的压降和传热量。管道参数(Pipe parameters)：长度(Length)、直径(Diameter)、提升(Elevation)、粗糙度(Roughness)。

热参数设定(Thermal specification)：恒温(Constant temperature)、线性温度剖型(Linear temperature profile)、绝热(Adiabatic)、热衡算(Perform energy balance)。

连接方式(Connection type)：法兰连接/焊接(Flanged/Welded)、螺纹连接(Screwed)。管件数量(Number of fittings)：闸阀(Gate valves)、蝶阀(Butterfly valves)、90°肘管(Large 90 degree elbows)、直行三通(Straight tees)、旁路三通(Branched tees)、其余当量长度(Miscellaneous L/D)。

例 5.2　流量为 4000kg/h，压强为 7atm 的饱和水蒸气流经 $\phi108\times4$ 的管道。管道长 20m，出口比进口高 5m，粗糙度为 0.05mm。管道采用法兰连接，安装有闸阀 1 个，90°肘管 2 个。环境温度为 20℃，传热系数为 $20W/(m^2\cdot K)$。求：出口处蒸汽的压强、温度和含水率，以及管道的热损失各是多少？

启动 Aspen Plus，选择系统模板（Template），采用默认的“General with Metric Units”。首先建立流程图，在界面主窗口的模型库 Model Library 中点击 Pressure Changers，选择 Pipe，放置于窗口的空白处。点击模块库左侧 Material STREAMS 的下拉箭头，选择 Material 添加物流，如图 5.7 所示。

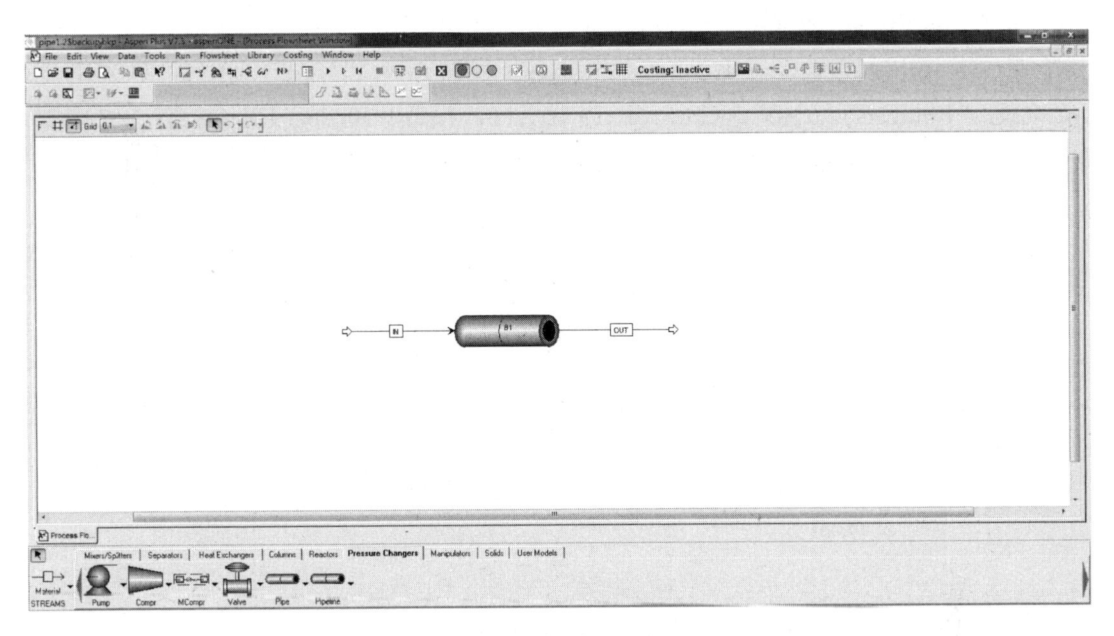

图 5.7　流程图

参考例 5.1，输入组分和物性方法。进入 Streams/IN/Input/Specification 页面，输入进料条件，饱和水蒸气进料，气相分数为 1；压力 7atm；质量流率 4000kg/h，如图 5.8 所示。

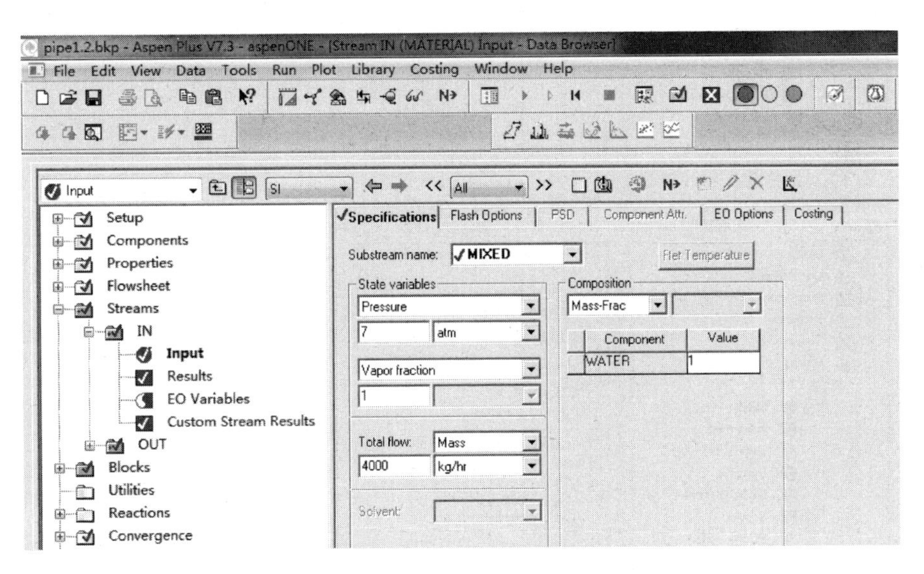

图 5.8　输入进料条件

进入 Blocks/B1/Setup 页面输入模块参数，在 Pip Parameters 页面［见图 5.9（a）］，Length 设为 20m，Inner diameter 设为 100mm，Pipe rise 设为 5m，粗 Roughness 为 0.05mm。在 Thermal Specification 页面［见图 5.9（b）］，选择 “Perform energy balance”，并勾选 “Include energy balance parameters”，Inlet ambient temperature 和 Outlet ambient temperature 均设为 20℃，Heat transfer coefficient 输入 20W/(m^2 · K)。在 Fittings1 页面［见图 5.9（c）］，Connection type 勾选 “Flanged welded”，Gate valves 设为 1，Large 90 deg. Elbows 设为 2。

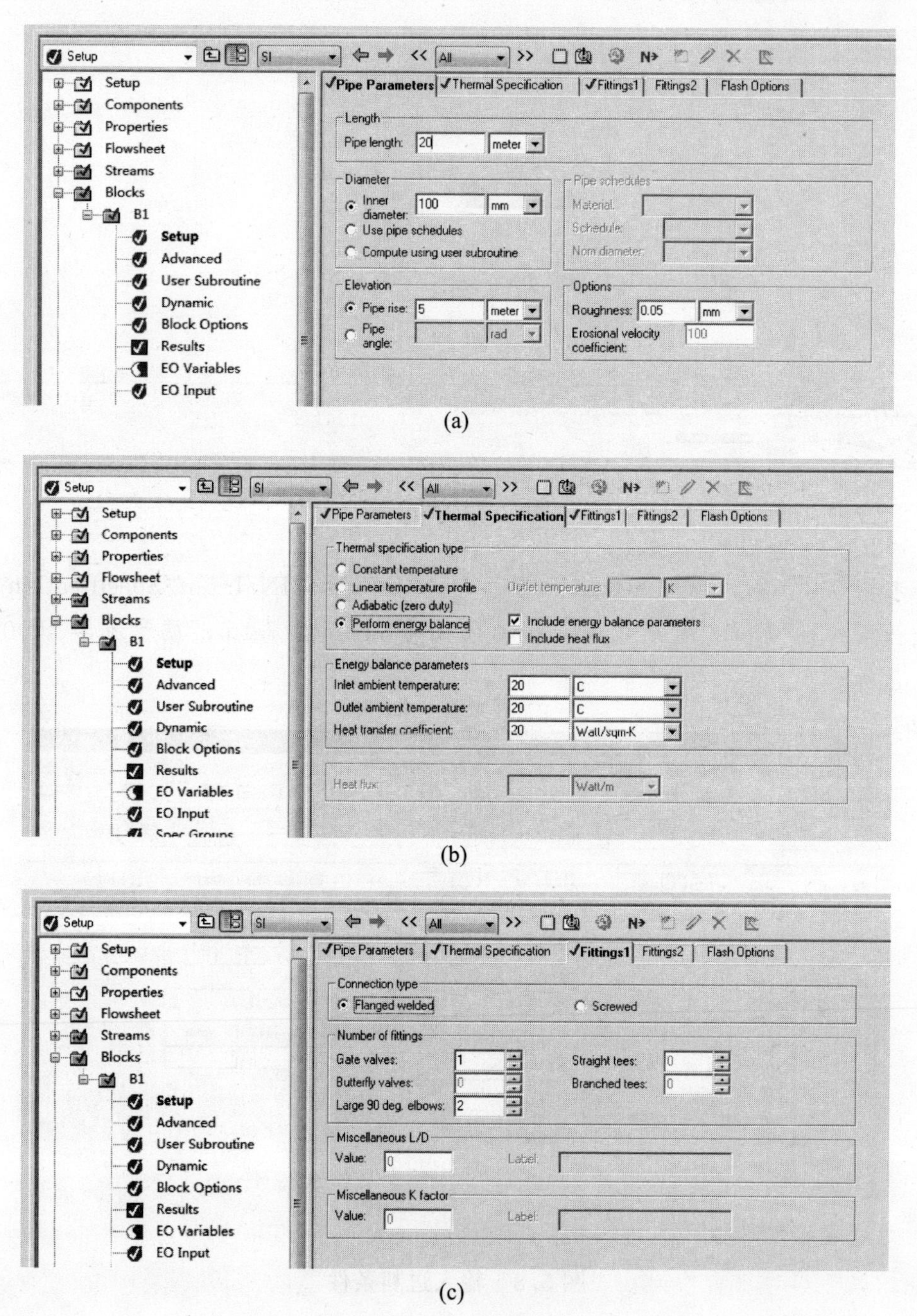

图 5.9　输入模块参数

当 Aspen Plus 对整个流程计算完毕，可以查看物流及模块的计算结果。在 Summary 页面［见图 5.10（a）］可以看到整体的压降、热损失等的结果，在 Profiles［见图 5.10（b）］可以看到分段管路详细的计算结果。

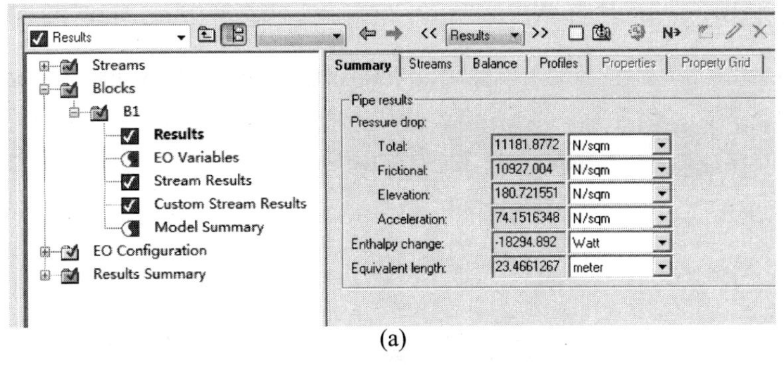

(a)

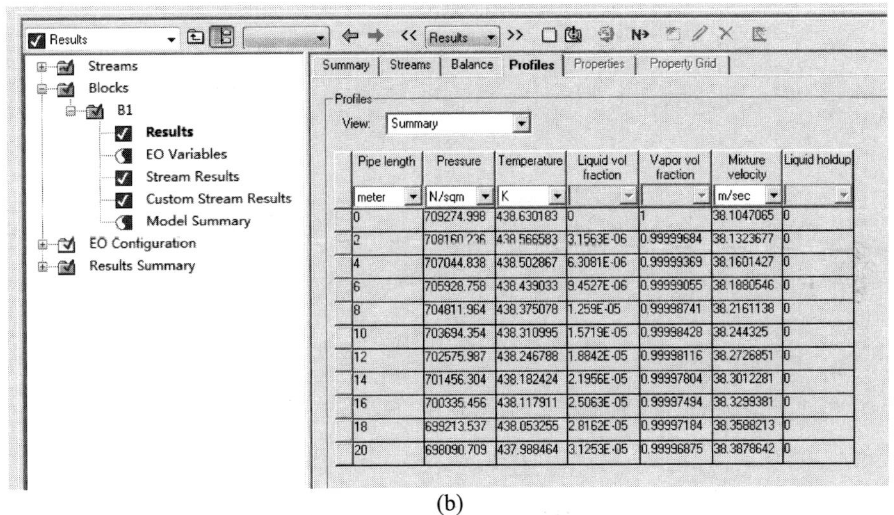

(b)

图 5.10　查看计算结果

5.1.3　管路系统

管路系统 Pipeline 用于模拟多段不同直径或斜度的管路所组成的管路系统。在计算压降和液体滞留量时，将多液相(如油相和水相）作为单一液相处理。对于存在气-液流动，Pipeline 可计算液体滞留量和流动状态。

Pipeline 在结构表(Configuration）需定义：计算方向(Calculation direction)、管段结构(Segment geometry)、传热选项(Thermal options)、物性计算(Property calculations)、流动基准(Pipeline flow basis)。在定义连接状态表(Connectivity）时，在弹出的管段数据(Segment data）对话框中逐段输入每一管段的长度、角度、直径、粗糙度，或者节点坐标、直径、粗糙度。

例 5.3　流量为 150m^3/h，温度为 50℃，压强为 5atm 的水流经 ϕ108×4 的管线。管线首先向东延伸 5m，再向北 5m，再向东 10m，再向南 5m，然后升高 10m，再向东 5m。管内壁粗糙度为 0.05mm。求：管线出口处的压强是多少？

启动 Aspen Plus，选择系统模板（Template)，采用默认的“General with Metric Units”。首先建立流程图，在界面主窗口的模型库 Model Library 中点击 Pressure Changers，选择 Pipeline，放置于窗口的空白处。点击模块库左侧 Material

STREAMS 的下拉箭头，选择 Material 添加物流，如图 5.11 所示。

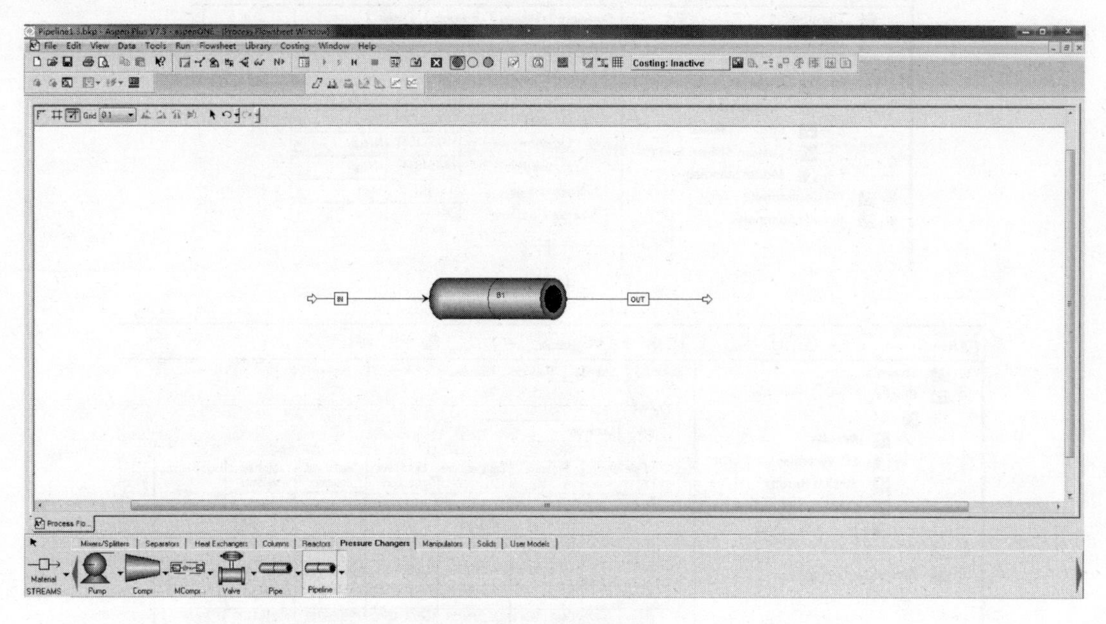

图 5.11 流程图

参考例 5.1，输入组分和物性方法。进入 Streams/IN/Input/Specification 页面，输入进料条件，温度 50℃；压力 5atm；体积流率 $150m^3/h$，如图 5.12 所示。

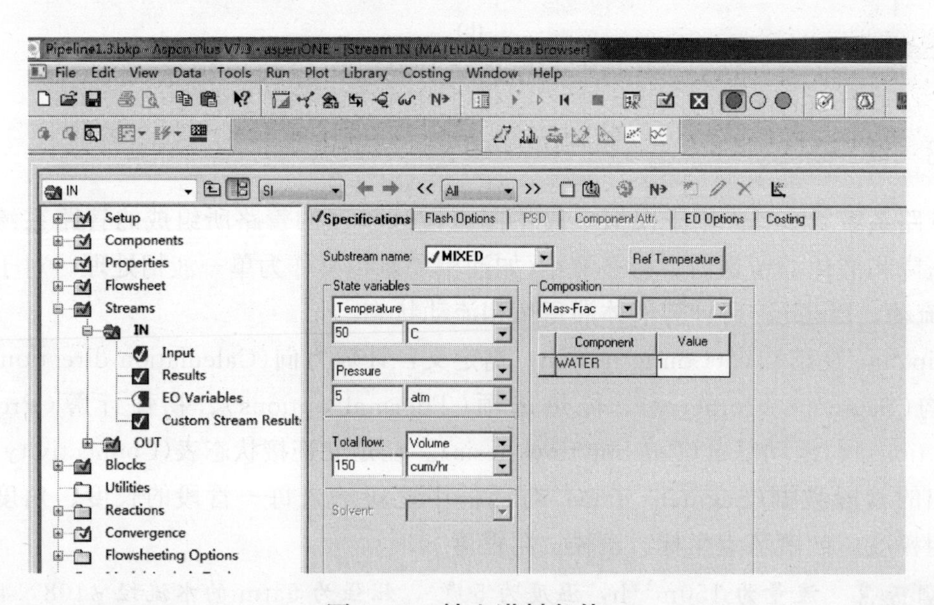

图 5.12 输入进料条件

进入 Blocks/B1/Setup/Configuration 页面（见图 5.13）输入结构参数，Calculation direction 选择计算出口压力（Calculate outlet pressure）；Segment geometry 选择输入节点坐标（Enter node coordinates）；Thermal options 选择恒温（Specify temperature profile/Constant temperature）；Property calculations 选择每一

步做闪蒸计算；Pipeline flow basis 选择使用入口物流（Use inlet stream flow）。

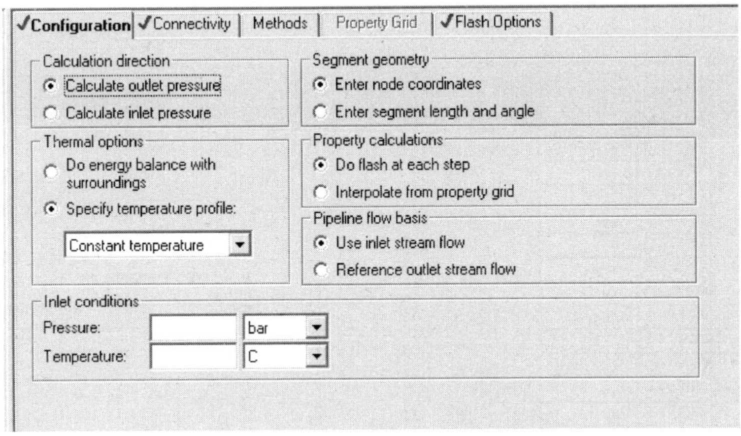

图 5.13　输入模块的结构参数

进入 Blocks/B1/Setup/Configuration 页面，输入每一段的节点坐标、管径和表面粗糙度等［见图 5.14（a）］，完成后可看到整个管路的连接情况［见图 5.14（b）］。

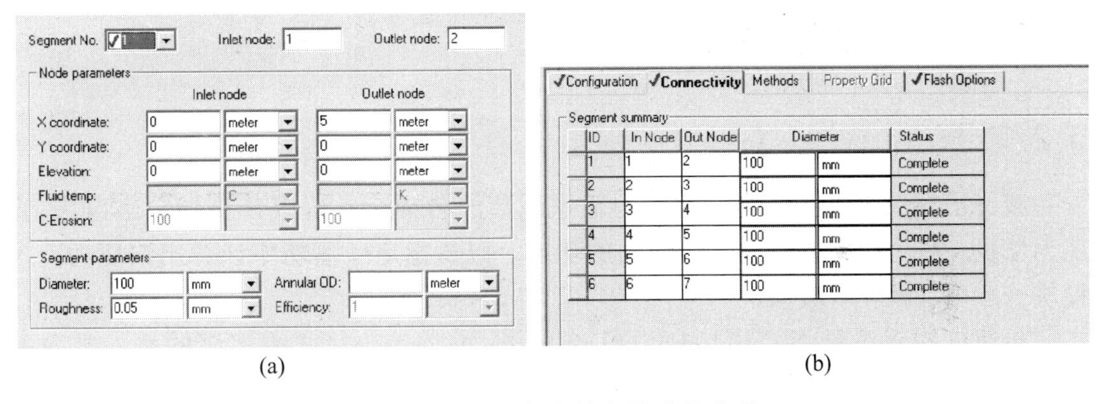

(a)　　　　(b)

图 5.14　设置每个管段的连接参数

进入 Blocks/B1/Setup/Flash Options 页面，设置有效相态（Valid phases）为只有液相（Liquid-Only），如图 5.15 所示。

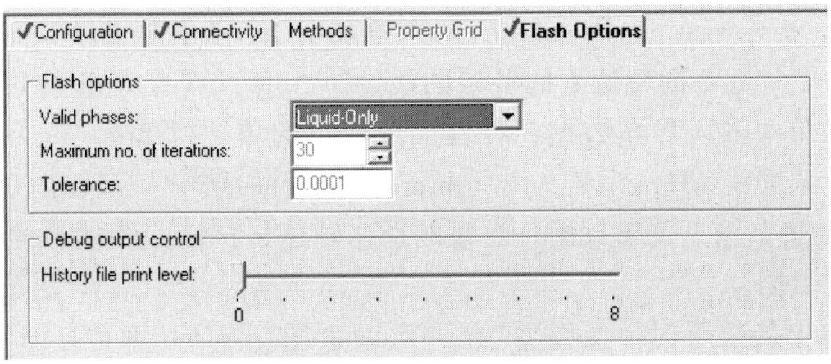

图 5.15　选择有效相态

当 Aspen Plus 对整个流程计算完毕，可以查看整体物流及每个管段的计算结果（见图 5.16）。

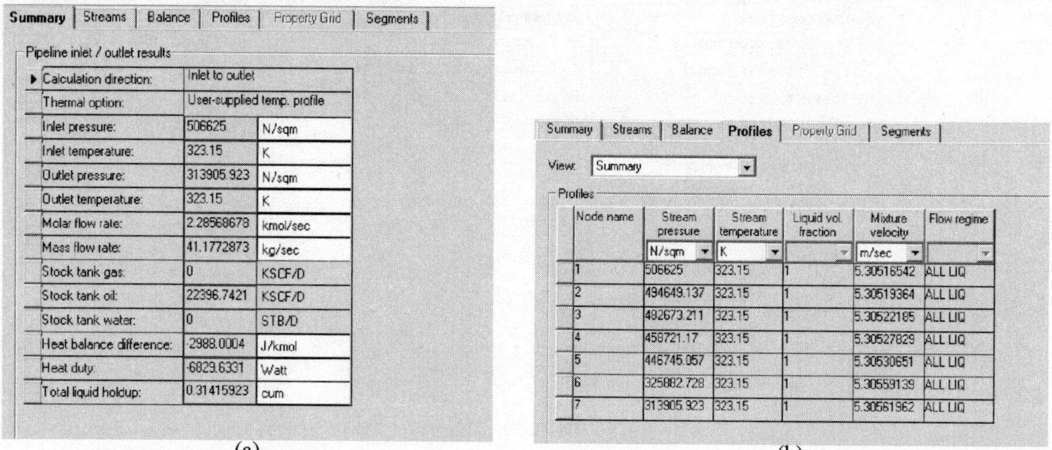

Summary | Streams | Balance | Profiles | Property Grid | Segments

Pipeline inlet / outlet results

Calculation direction:	Inlet to outlet	
Thermal option:	User-supplied temp. profile	
Inlet pressure:	506625	N/sqm
Inlet temperature:	323.15	K
Outlet pressure:	313905.923	N/sqm
Outlet temperature:	323.15	K
Molar flow rate:	2.28568678	kmol/sec
Mass flow rate:	41.1772873	kg/sec
Stock tank gas:	0	KSCF/D
Stock tank oil:	22396.7421	KSCF/D
Stock tank water:	0	STB/D
Heat balance difference:	-2988.0004	J/kmol
Heat duty:	-6829.6331	Watt
Total liquid holdup:	0.31415923	cum

(a)

Summary | Streams | Balance | Profiles | Property Grid | Segments

View: Summary

Profiles

Node name	Stream pressure	Stream temperature	Liquid vol. fraction	Mixture velocity	Flow regime
	N/sqm	K		m/sec	
1	506625	323.15	1	5.30516542	ALL LIQ
2	494649.137	323.15	1	5.30519364	ALL LIQ
3	482673.211	323.15	1	5.30522185	ALL LIQ
4	458721.17	323.15	1	5.30527829	ALL LIQ
5	446745.057	323.15	1	5.30530651	ALL LIQ
6	325882.728	323.15	1	5.30559139	ALL LIQ
7	313905.923	323.15	1	5.30561962	ALL LIQ

(b)

图 5.16 查看结果

5.2 流体输送机械

5.2.1 泵

泵(Pump) 可以模拟实际生产中输送流体的各种泵，可以计算指定出口压力、压力增量、压力比率或特性曲线所需的功率，以及指定所需功率计算出口压力。该模块一般用来处理单液相。

最简单的用法是指定出口压力(Discharge pressure)，并给定泵的水力学效率(Pump Efficiency) 和驱动机效率(Driver Efficiency)，计算得到出口流体状态和所需的轴功率和驱动机电功率。

标准的设计方法是使用泵特性曲线(Performance curve)。特性曲线有三种输入方式：列表数据(Tabular Data)、多项式(Polynomials)、用户子程序(User Subroutines)。然后选择特性曲线的数目，有三个选项：①操作转速下的单根曲线(Single curve at operating speed)；②参考转速下的单根曲线(Single curve at reference speed)；③不同转速下的多条曲线(Multiple curves at different speeds)。在 Curve Data 表单中输入具体数据：特性曲线变量的单位(Units of curve variables)；每根曲线特性数据表（Head vs. flow tables)；每根曲线的对应转速(Curve speeds)。在 Efficiencies 表单输入效率数据。当泵的操作转速与特性曲线的转速不同时，还要输入操作转速数据。

设计泵的安装位置时，应核算“允许汽蚀余量” *NPSHR*(Net Positive Suction Head Required)。

$$NPSHR \approx 10 - H_s \tag{5.1}$$

式中，H_s为允许吸上真空度，m。

根据安装和流动情况可以算出泵进口处的“有效汽蚀余量” NPSHA(Net Positive Suction Head Available)。在实际使用条件下，选择的泵应该满足：

$$NPSHA \geqslant 1.3NPSHR \tag{5.2}$$

例 5.4　一水泵将压强为 1.5atm 的水加压到 5atm，水的温度为 25℃，流量为 $150m^3/h$。泵的效率为 0.68，驱动电机的效率为 0.95。求：泵提供给流体的功率、泵所需要的轴功率以及电机消耗的电功率各是多少？

启动 Aspen Plus，选择系统模板（Template），采用默认的“General with Metric Units”。首先建立流程图，在界面主窗口的模型库 Model Library 中点击 Pressure Changers，选择 Pump，放置于窗口的空白处。点击模块库左侧 Material STREAMS 的下拉箭头，选择 Material 添加物流，如图 5.17 所示。

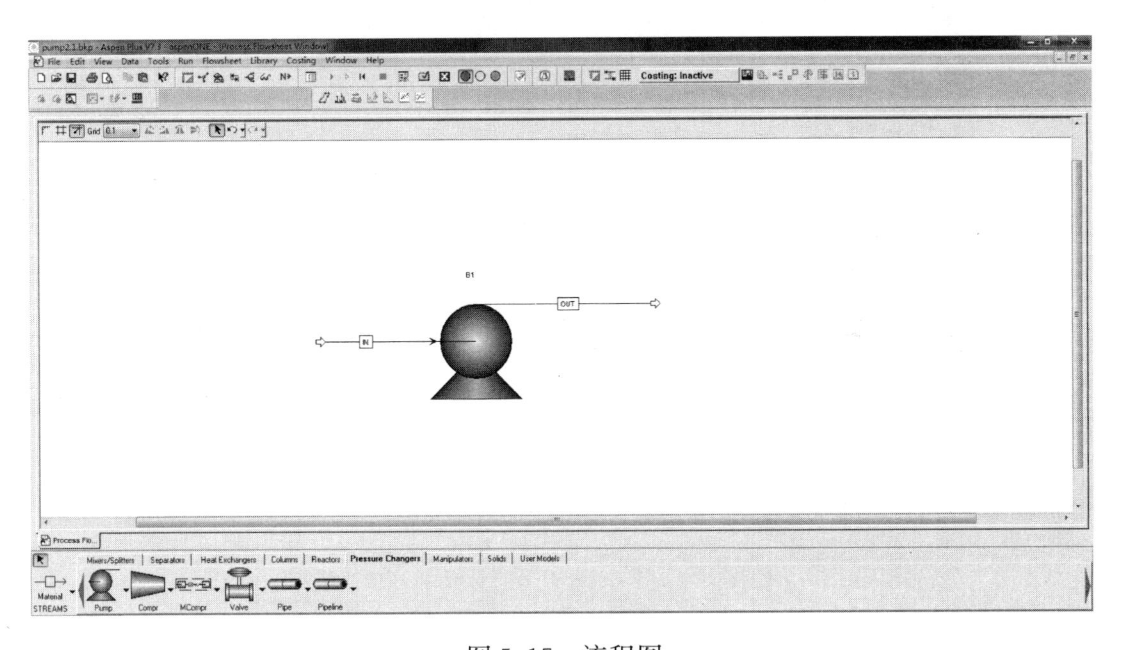

图 5.17　流程图

参考例 5.1，输入组分和物性方法。进入 Streams/IN/Input/Specifications 页面，输入进料条件，温度 25℃；压力 1.5atm；体积流率 $150m^3/h$，如图 5.18 所示。

进入 Blocks/B1/Setup/Specifications 页面（见图 5.19），Model 选择 Pump，泵出口规定（Pump outlet specification）选择“Discharge pressure”，并输入 5atm。效率（Efficiencies）项中，Pump 中输入 0.68，Driver（电动机）输入 0.95。

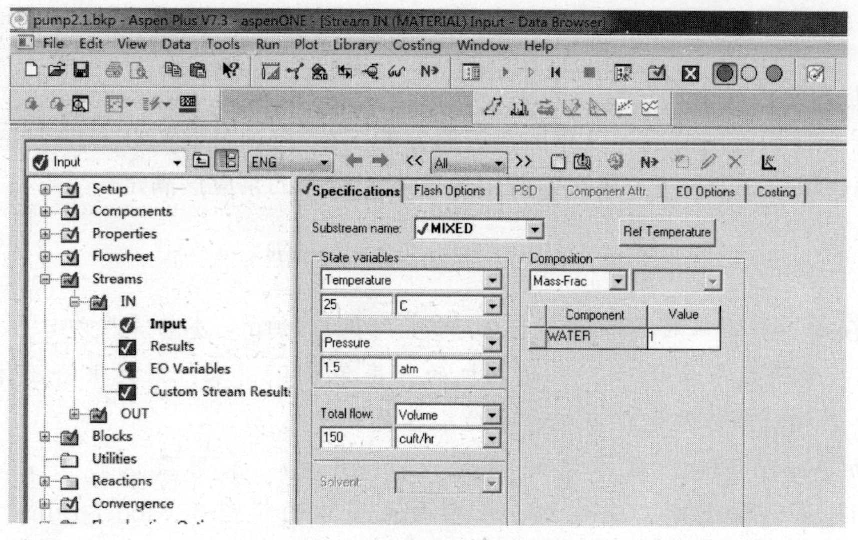

图 5.18 输入进料条件

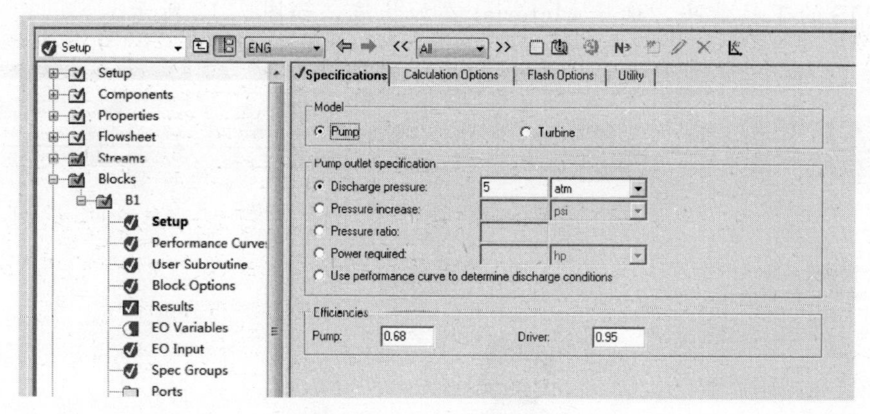

图 5.19 输入模块参数

当 Aspen Plus 对整个流程计算完毕，可以查看计算结果（见图 5.20），包括所需的轴功率、电动机消耗的电功率等。

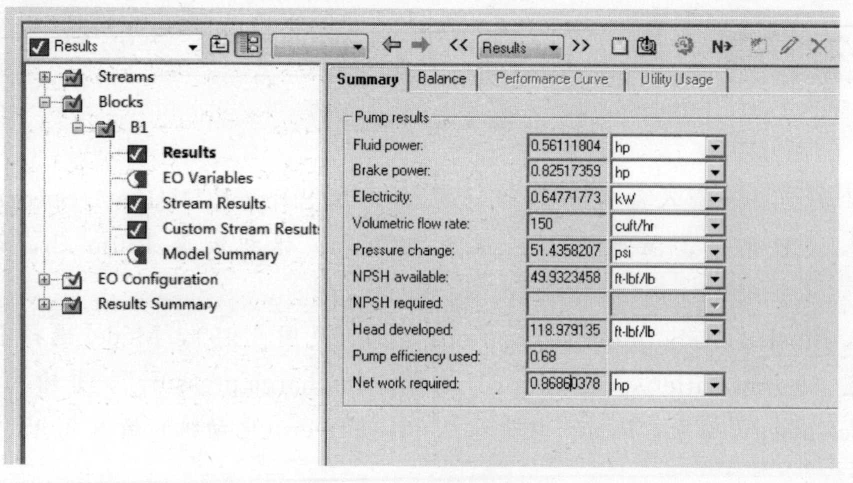

图 5.20 查看结果

例 5.5 一离心泵输送流量为 $100m^3/h$ 的水，水的压强为 2 atm，温度为 30℃。泵的特性曲线如下：

流量/(m^3/h)	70.0	90.0	109.0	120.0
扬程/m	59.0	54.2	47.8	43.0
效率/%	64.5	69.0	69.0	66.0

求：泵的出口压力、提供给流体的功率、泵所需要的轴功率各是多少？

Aspen Plus 也可以通过泵的特性曲线计算泵的操作参数。前面的设定与例 5.4 相同。进入 Streams/IN/Input/Specifications 页面，输入进料条件，温度 30℃；压力 2atm；体积流率 $100m^3/h$，如图 5.21 所示。

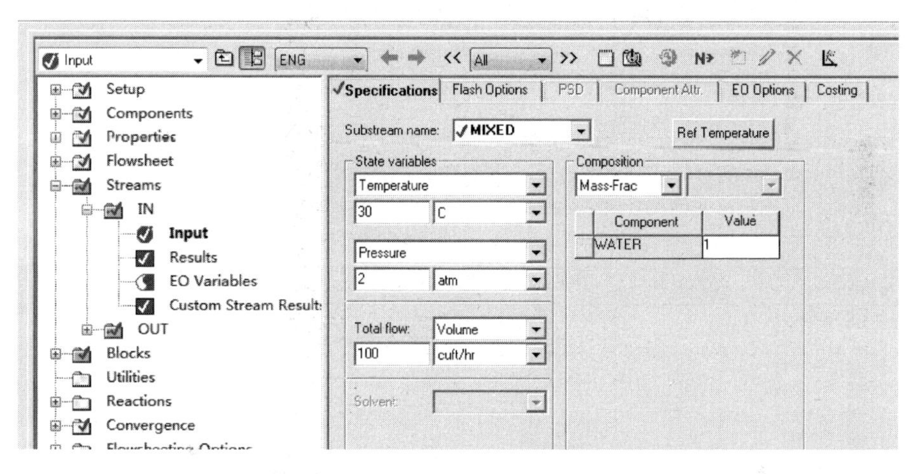

图 5.21 输入进料条件

进入 Blocks/B1/Setup/Specifications 页面（见图 5.22），Model 选择 Pump，泵出口规定（Pump outlet specification）选择采用特性曲线计算出口参数（Use performance curve to determine discharge conditions）。

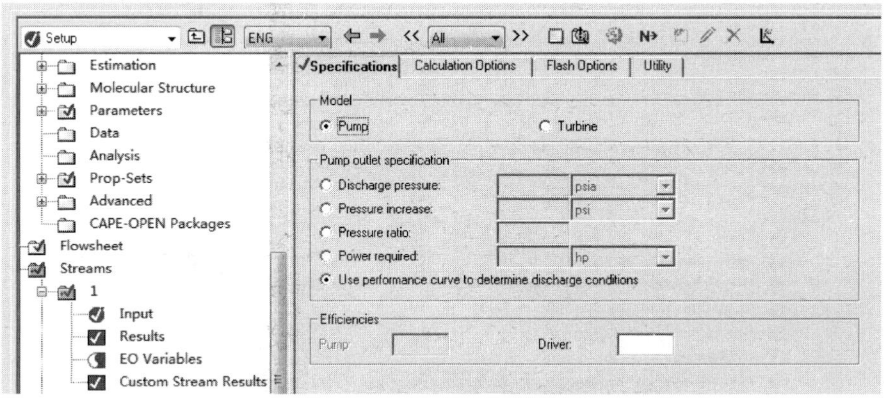

图 5.22 输入模块参数

点击 Blocks/B1/Performance Curves，设置泵的特性曲线。在 Curve Setup 页面［见图 5.23（a）］，选择曲线形式（Select curve format）为“Tabular data”，选择流率变量（Flow variable）为体积流率（Vol-Flow），曲线数目（Number of curves）为“Single curve at operating speed”。Curve Data 页面［见图 5.23（b）］和 Efficiencies 页面［见图 5.23（c）］分别输入相应的特性曲线数据。

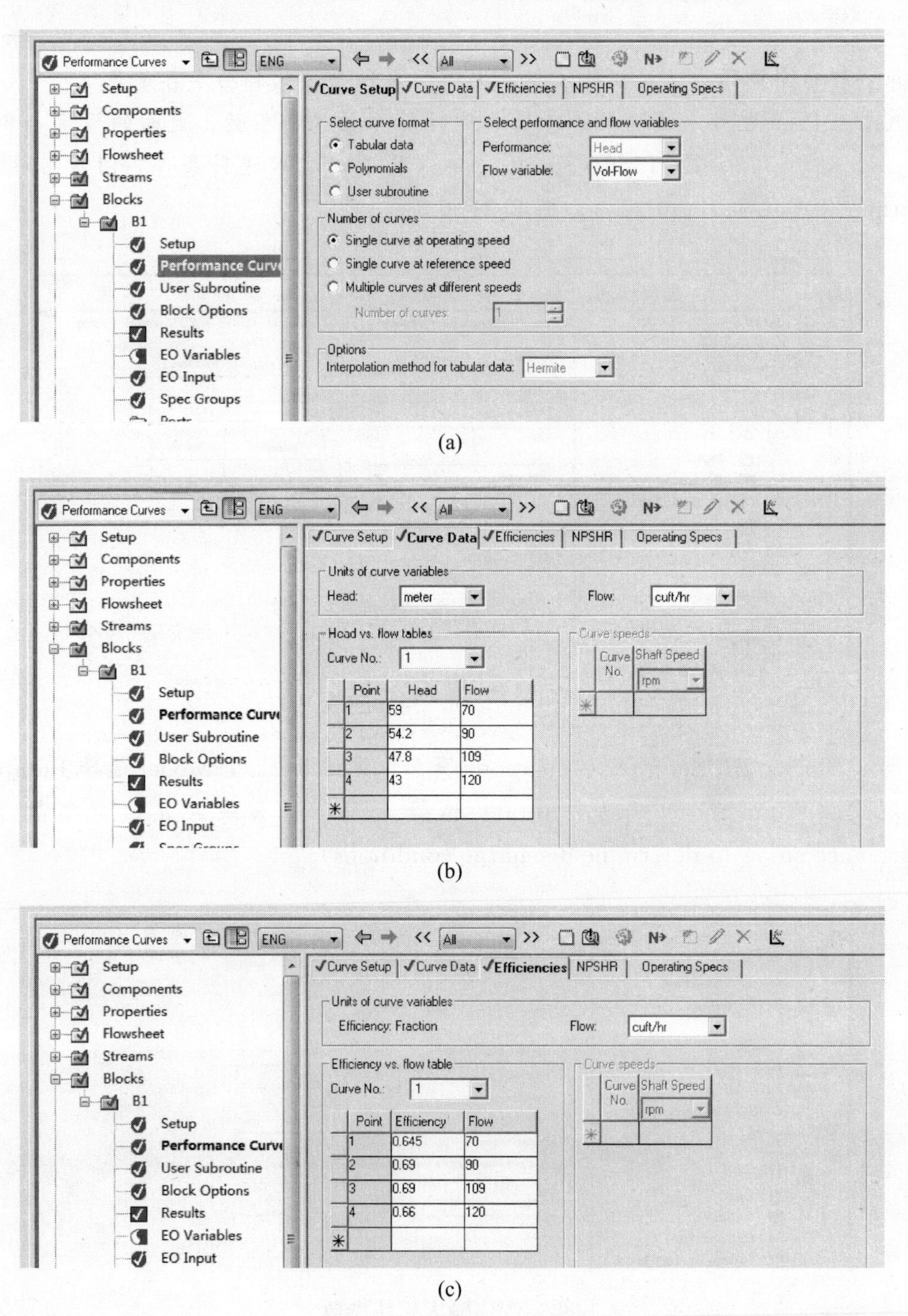

图 5.23　输入特性曲线

当Aspen Plus对整个流程计算完毕，可以查看泵计算结果（见图5.24）。

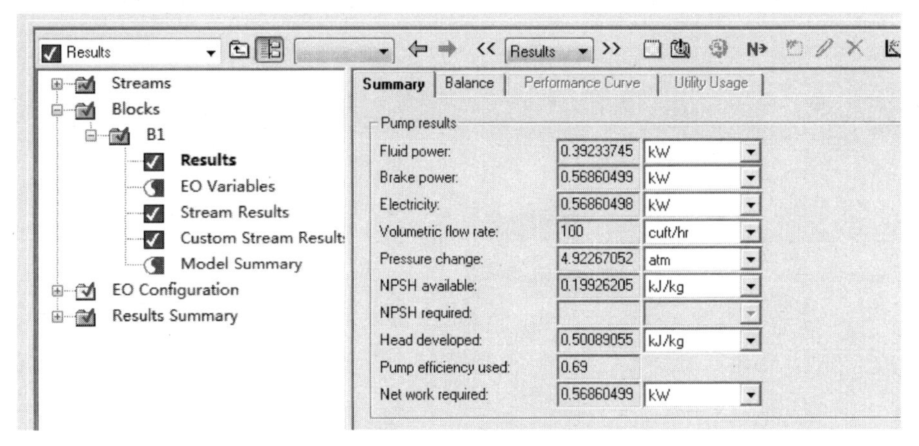

图5.24 查看计算结果

5.2.2 压缩机

压缩机(Compressor)模型用于模拟四种单元设备，分别是多变离心压缩机(Polytropic Centrifugal Compressor)、多变正排量压缩机(Polytropic Positive Displacement Compressor)、等熵压缩机(Isentropic Compressor)和等熵汽轮机(Isentropic Turbine)。可以进行单相或多相计算，共用八种计算模型：标准等熵模型(Isentropic)、ASME等熵模型(Isentropic using ASME method)、GPSA等熵模型(Isentropic using GPSA method)、ASME多变模型(Polytropic using ASME method)、GPSA多变模型(Polytropic using GPSA method)、分片积分多变模型(Polytropic using piecewise integration)、正排量模型(Positive displacement)、分片积分正排量模型(Positive displacement using piecewise integration)。可通过指定出口压力或特性曲线等计算所需功率，也可以通过指定功率计算出口压力。计算参数的设定与离心机类似。

例5.6 一压缩机将压强为1.2atm的空气加压到3.3bar，空气的温度为30℃，流量为1000m^3/h。压缩机的多变效率为0.71，驱动机构的机械效率为0.97。求：压缩机所需要的轴功率、驱动机的功率以及空气的出口温度和体积流量各是多少？（一般压缩比小于1.15的用GPSA，压缩比较大的用ASME）

启动Aspen Plus，选择系统模版（Template），采用默认的“General with Metric Units”。首先建立流程图，在界面主窗口的模型库Model Library中点击Pressure Changers，选择Compressor，放置于窗口的空白处。点击模块库左侧Material STREAMS的下拉箭头，选择Material添加物流，如图5.25所示。

进入Setup/Specifications/Selection页面，输入组分，本例输入空气（AIR），如图5.26所示。进入Properties/Specifications/Global页面，输入物性方法，本例Process type选择COMMON，Base method选择物性方法IDEAL，如图5.27所示。

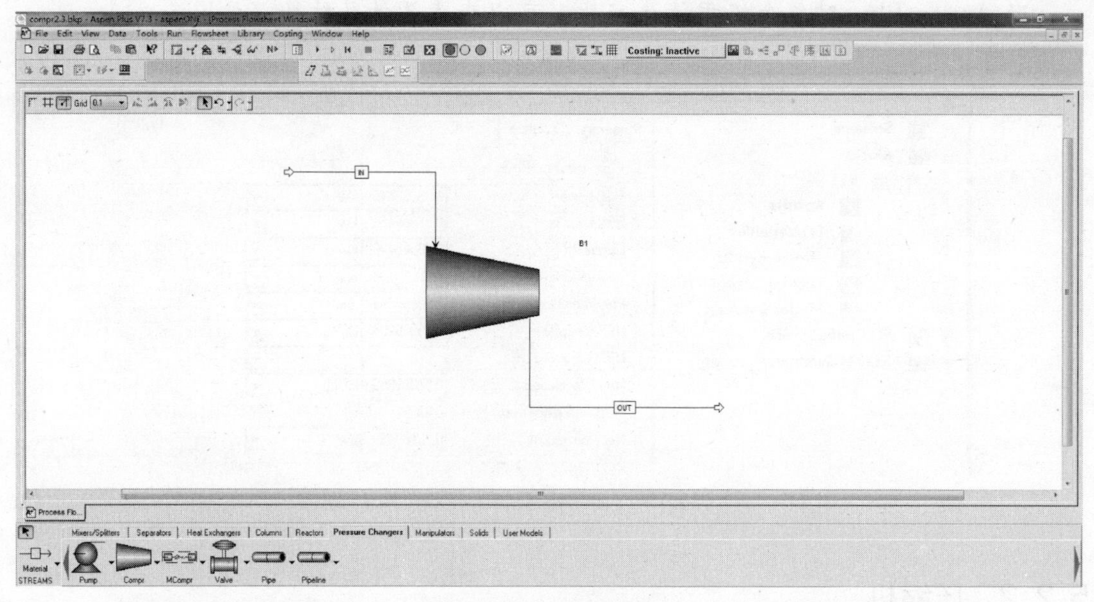

图 5.25 流程图

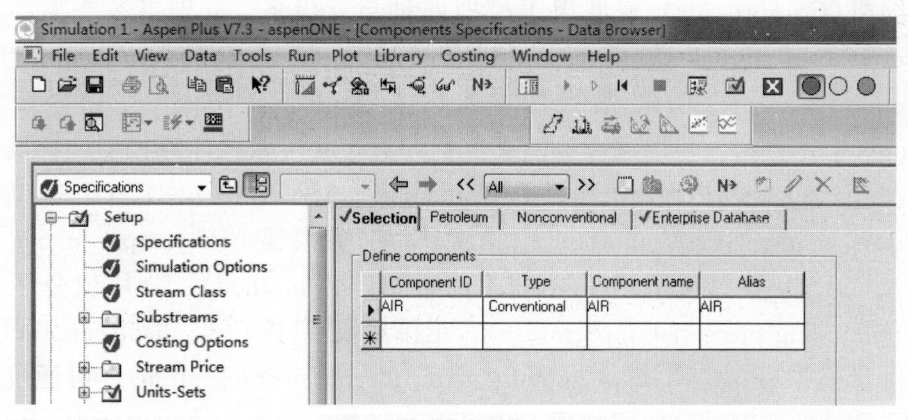

图 5.26 输入组分

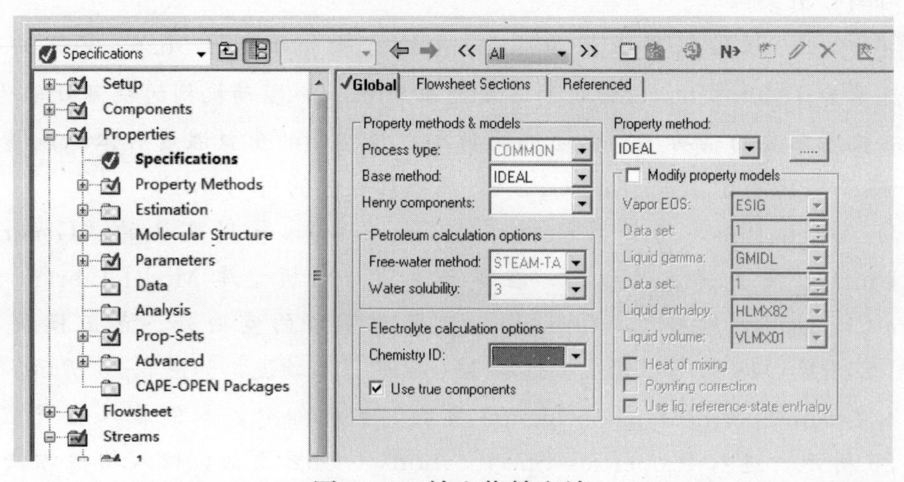

图 5.27 输入物性方法

进入 Streams/IN/Input/Specifications 页面，输入进料条件，温度 30℃，压力 1.2atm，体积流率 1000m^3/h，如图 5.28 所示。

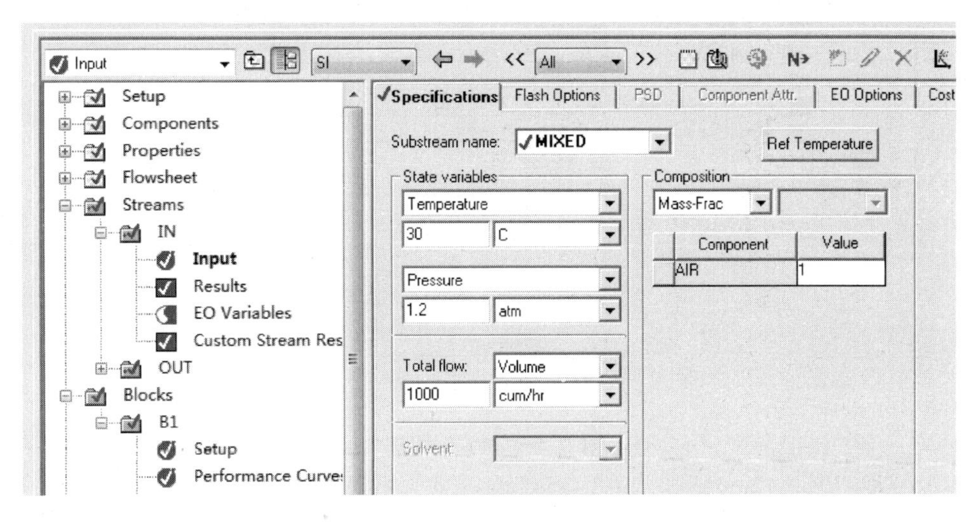

图 5.28　输入进料条件

进入 Blocks/B1/Setup/Specifications 页面（见图 5.29），Model 选择 Compressor，Type 选择“Polytropic using ASME method”。Outlet specification 选择“Discharge pressure”，并输入 3.3 bar。效率（Efficiencies）项中，多变效率（Polytropic）中输入 0.71，机械效率（Mechanical）输入 0.97。

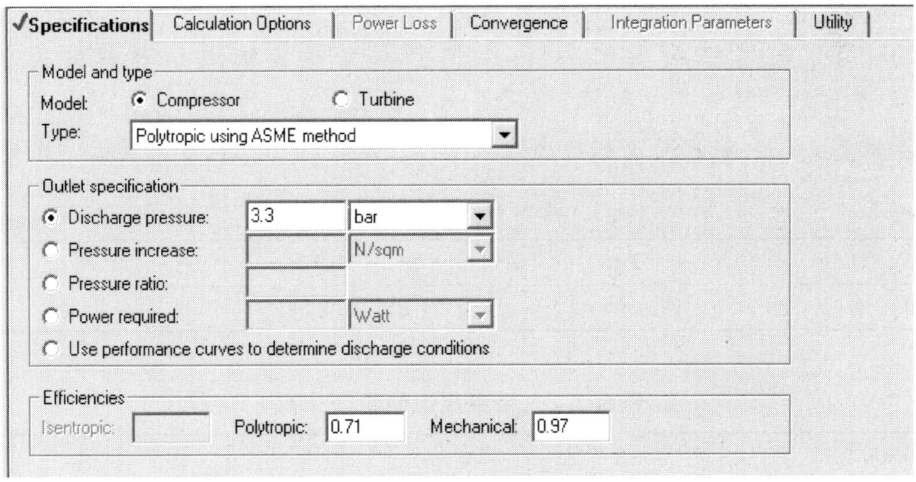

Specifications | Calculation Options | Power Loss | Convergence | Integration Parameters | Utility

Model and type
Model: Compressor　Turbine
Type: Polytropic using ASME method

Outlet specification
Discharge pressure: 3.3 bar
Pressure increase: N/sqm
Pressure ratio:
Power required: Watt
Use performance curves to determine discharge conditions

Efficiencies
Isentropic:　Polytropic: 0.71　Mechanical: 0.97

图 5.29　输入模块参数

当 Aspen Plus 对整个流程计算完毕，可以查看压缩机的计算结果（见图 5.30），得到压缩机所需的轴功率、气体出口温度等信息。

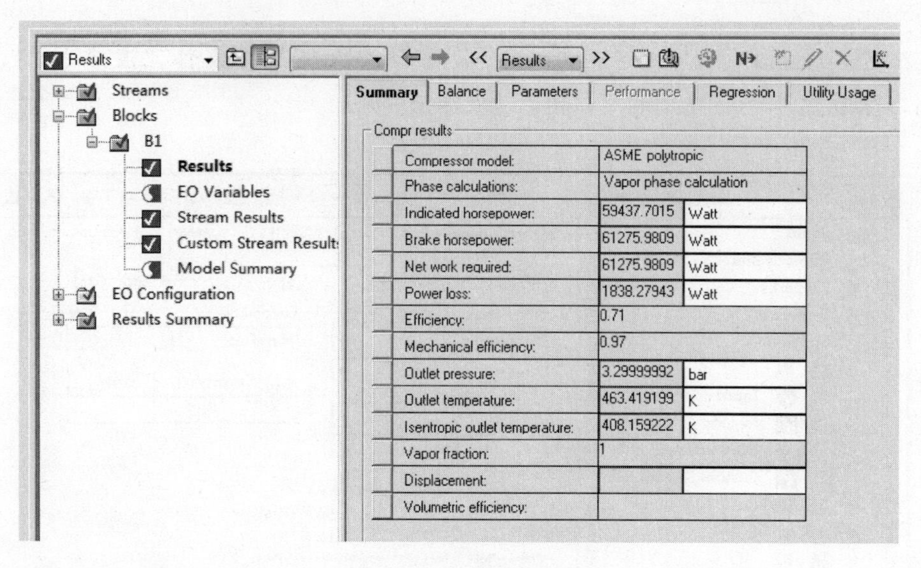

图 5.30　查看结果

5.3 机械分离

对于过滤、筛分以及膜分离等过程，分离效率已知或其分离机理不明但结果已知，不能利用平衡级模型计算时，可用非平衡级模型“Sep”简化计算。Aspen Plus 也提供了旋风分离(Cyclone)、离心分离(HyCyc)、筛分(Screen)等模块。

例 5.7 用旋风分离器脱除煤制气中的灰尘。已知含尘煤气中 600℃、1atm，流率 150kg/h，气体组成见表 5.1；气相中带有非传统固体颗粒分布的灰尘“ARH”，灰尘的粒径分布见表 5.2。采用一个直径 0.7m 的旋风分离器，求 (1) 灰尘的分离效率；(2) 轻相与重相物流的流率与组成；(3) 旋风分离器进、出口尺寸。

表 5.1　气体组成

组分	CO	CO_2	H_2	H_2S	O_2	CH_4	H_2O	N_2	SO_2
摩尔分数	0.19	0.2	0.05	0.02	0.03	0.01	0.05	0.35	0.1

表 5.2　气相中灰尘的粒径分布

间隔	1	2	3	4	5	6
下限	0	44	63	90	130	200
上限	44	63	90	130	200	280
质量分数	0.3	0.1	0.2	0.15	0.1	0.15

启动 Aspen Plus，选择系统模板 (Template)，采用含固体过程公制计量单位模板的“Solids with Metric Units”，如图 5.31 所示。

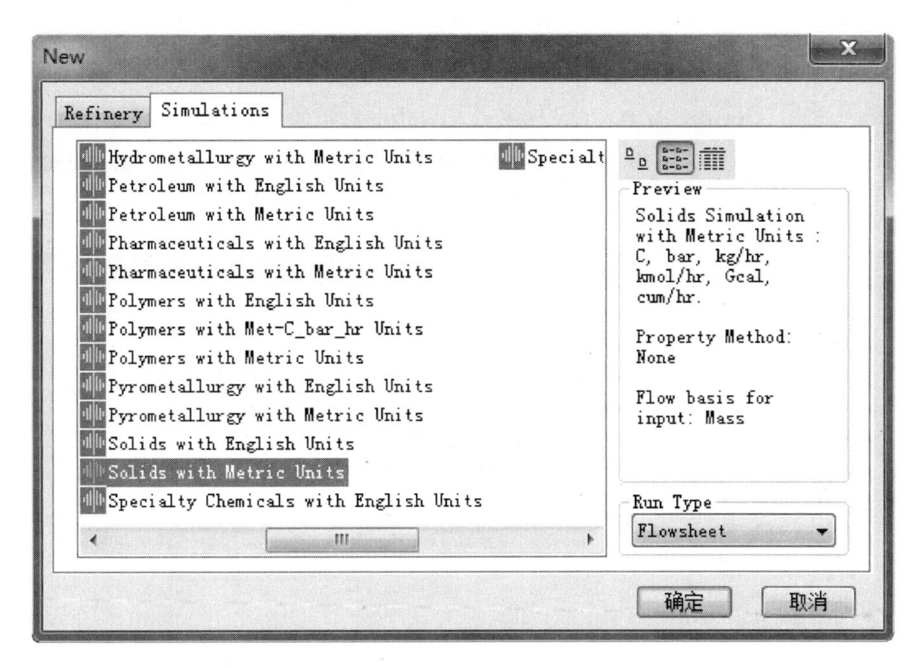

图 5.31　选择计算模板

建立流程图，本例物流中含有固体，为了计算方便把流股分为气相和固相，通过混合器（Mixer）混合后，再进入旋风分离器。在界面主窗口的模型库 Model Library 中点击 Solids，选择 Cyclone，放置于窗口的空白处；再点击 Mixers/Splitters，选择 Mixer，放入 Cyclone 左侧。点击模块库左侧 Material STREAMS 的下拉箭头，选择 Material 添加物流，如图 5.32 所示。

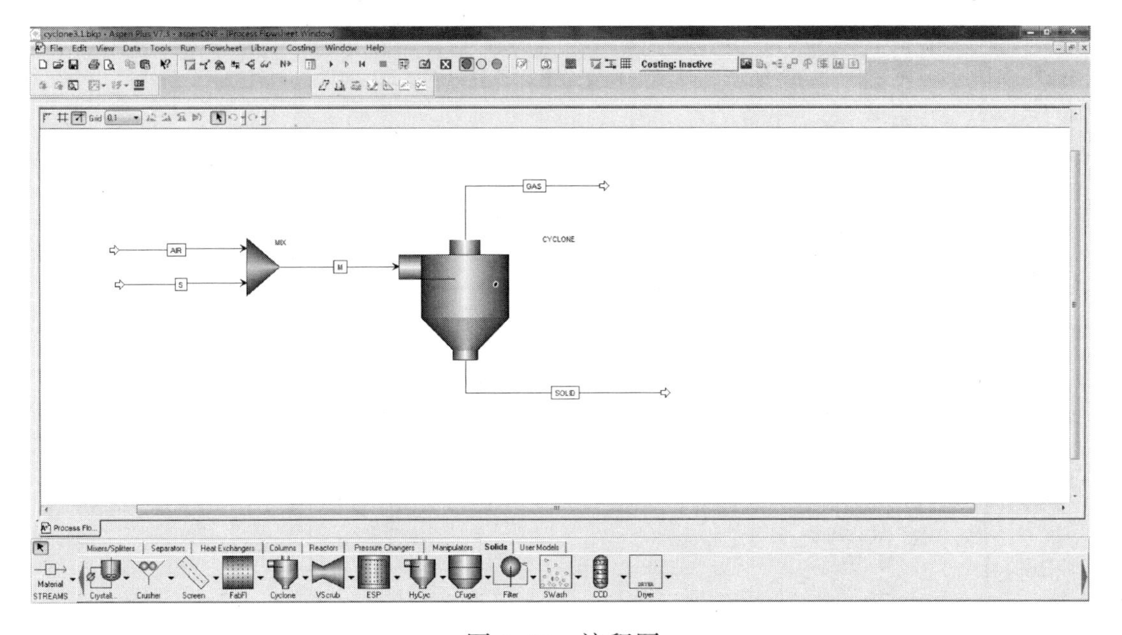

图 5.32　流程图

点击 Setup/Specifications，设置全局参数（见图 5.33），计量单位 Units of measurement 可设为 SI-CBAR，计算类型 Run type 设为 Flowsheet。对于含固体的模拟，特别注意在 Setup/ Stream Class/Flowsheet 页面（见图 5.34），Stream class 项选择 MIXCIPSD，说明固体粒子有粒径分布。在 Setup/Substreams/PSD/PSD 页面（见图 5.35），输入粒径分布。

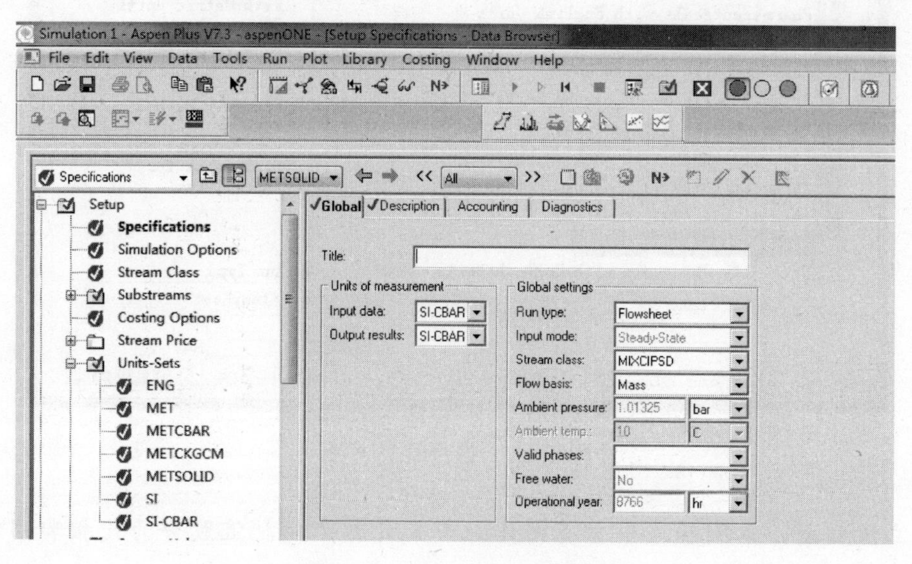

图 5.33 全局参数设置

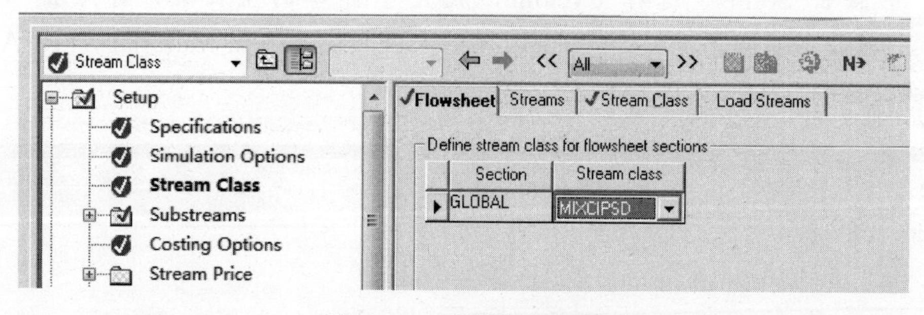

图 5.34 设置物流类型

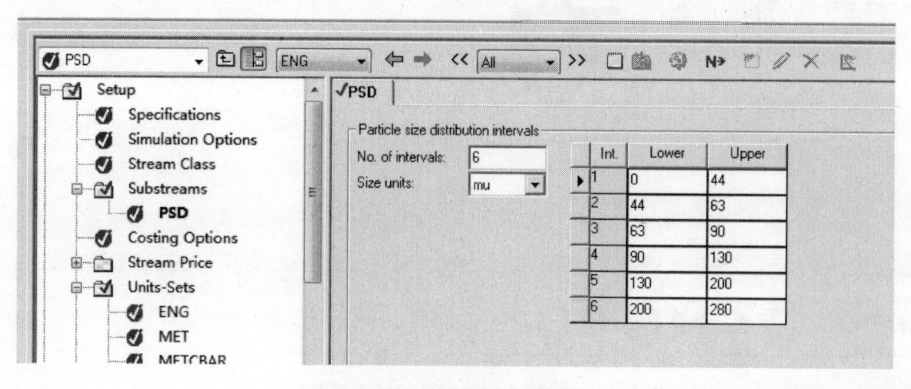

Int.	Lower	Upper
1	0	44
2	44	63
3	63	90
4	90	130
5	130	200
6	200	280

图 5.35 设置粒径分布

进入 Setup/Specifications/Selection 页面（见图 5.36），输入组分。特别注意，ARH 可选择一种固体物质代替，在相应的 Type 项改为“Solid”。进入 Properties/Specifications/Global 页面，输入物性方法，本例 Process type 选择 COMMON，Base method 选择物性方法 IDEAL，如图 5.37 所示。

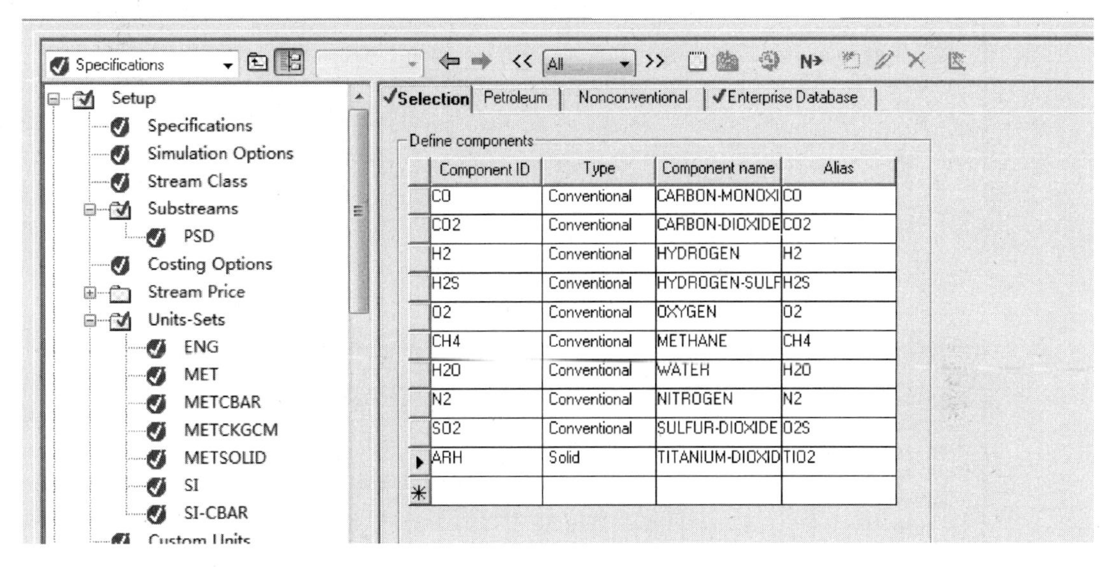

图 5.36　输入组分

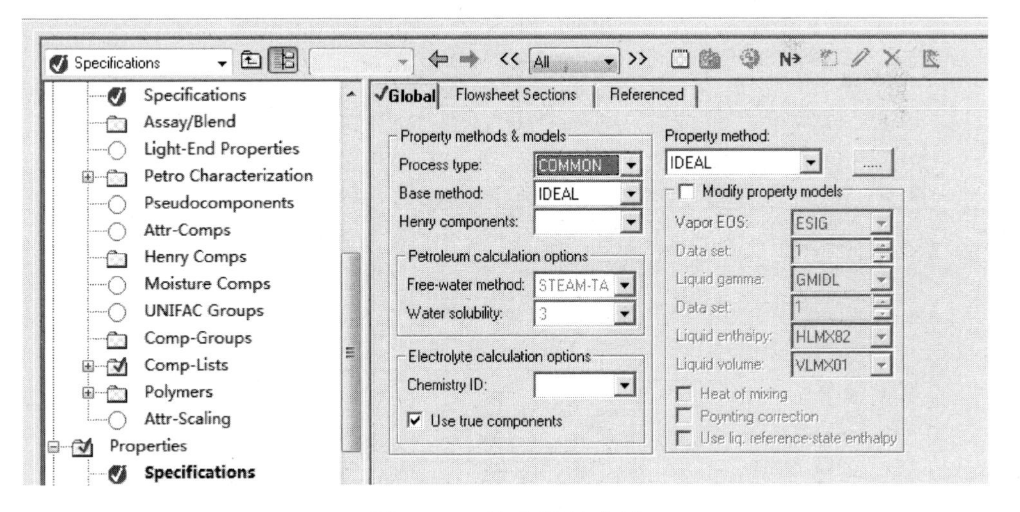

图 5.37　输入物性方法

如图 5.38，输入气相物流的温度、压力及组成。对于固体物流需要输入两个页面，子物流名称（Substeam name）选择 CIPSD，在 Specifications 页面［见图 5.39（a）］输入温度、压力、流率；在 PSD 页面［见图 5.39（b）］输入粒径分布数据。

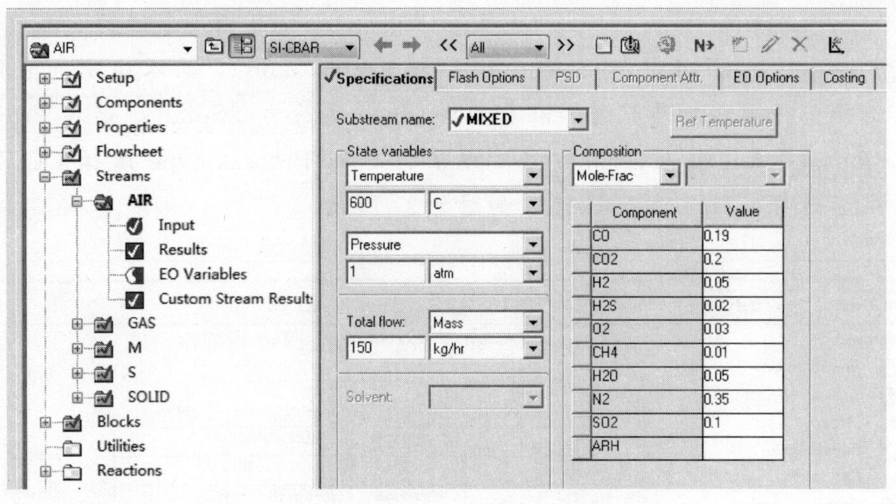

图 5.38 输入气相物流条件

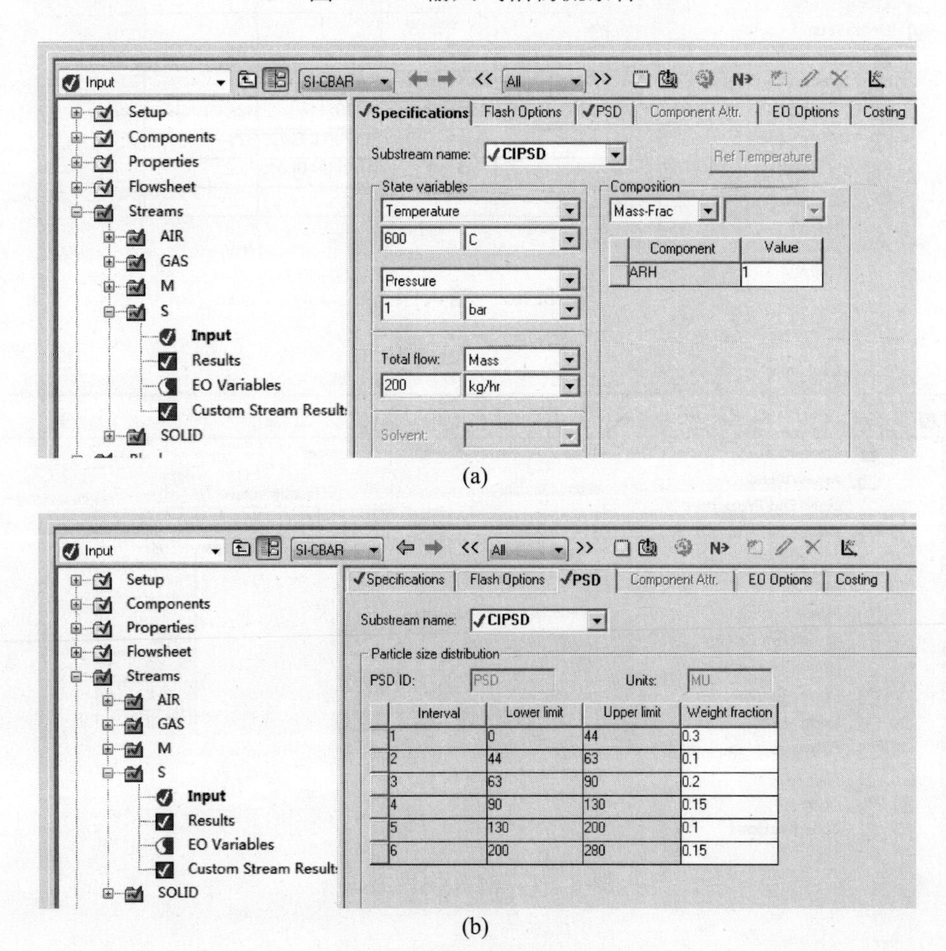

图 5.39 输入固相物流条件

进入 Blocks/CYCLONE/Input/Specifications 页面，输入旋风分离器的参数，计算模式（Mode）选择模拟（Simulation），Diameter 输入 0.7m，如图 5.40 所示。进入 Blocks/MIX/Input 页面，输入混合器的参数，Temperature estimate 输入

600℃；Pressure 输入 0bar，代表没有压降（小于 0，表示压降；大于 0，表示实际的压强），如图 5.41 所示。

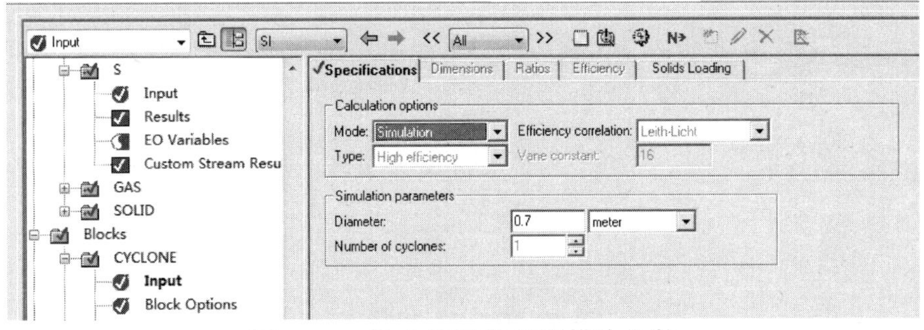

图 5.40　输入旋风分离器模块参数

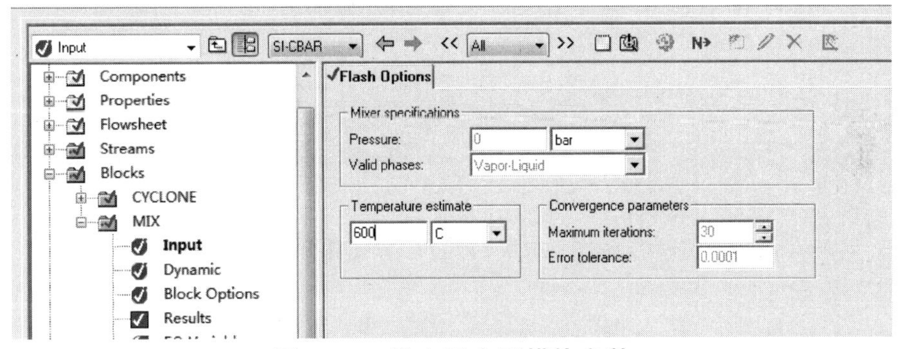

图 5.41　输入混合器模块参数

当 Aspen Plus 对整个流程计算完毕，可以分别查看旋风分离器模块［见图 5.42（a）］及旋风分离器每个连接物流的计算结果［见图 5.42（b）］。

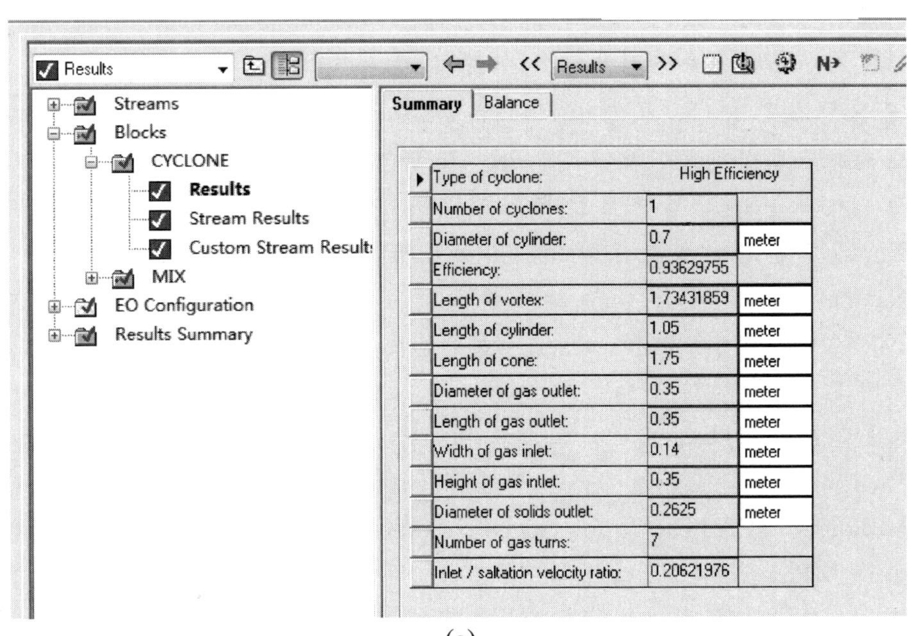

(a)

图 5.42

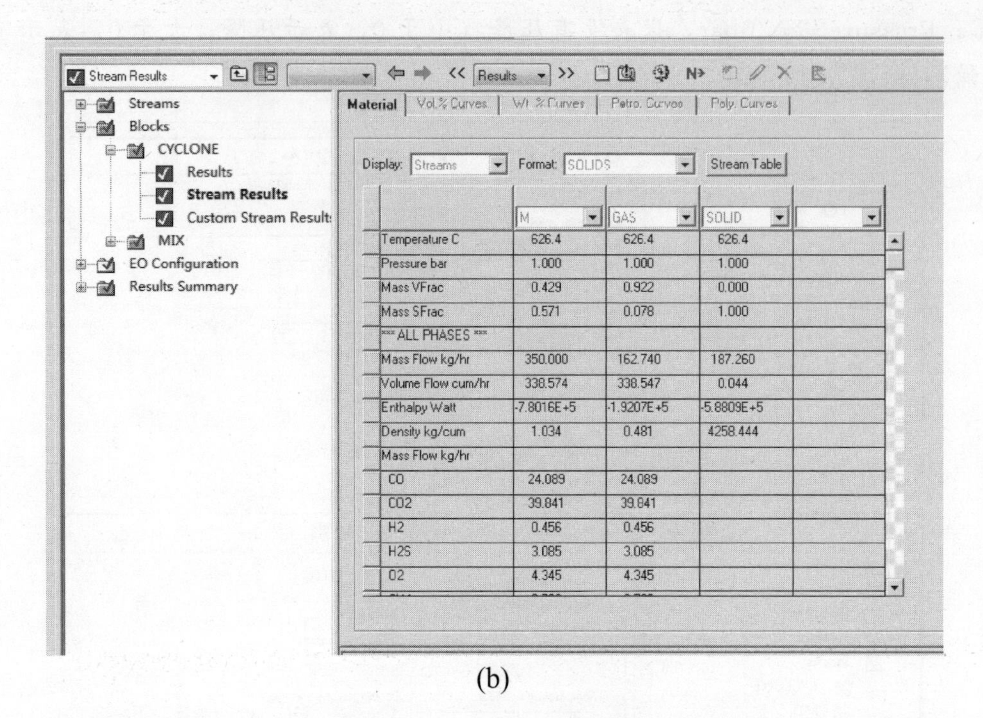

	M	GAS	SOLID	
Temperature C	626.4	626.4	626.4	
Pressure bar	1.000	1.000	1.000	
Mass VFrac	0.429	0.922	0.000	
Mass SFrac	0.571	0.078	1.000	
*** ALL PHASES ***				
Mass Flow kg/hr	350.000	162.740	187.260	
Volume Flow cum/hr	338.574	338.547	0.044	
Enthalpy Watt	-7.8016E+5	-1.9207E+5	-5.8809E+5	
Density kg/cum	1.034	0.481	4258.444	
Mass Flow kg/hr				
CO	24.089	24.089		
CO2	39.841	39.841		
H2	0.456	0.456		
H2S	3.085	3.085		
O2	4.345	4.345		

(b)

图 5.42 查看计算结果

5.4 换热器

加热器(Heater)可以模拟单股或多股进料物流，使其变成某一温度、压力或相态下的物流，与结构无关。可以计算已知物流的泡点和露点；已知物流的过热或过冷的匹配温度；已知物流达到某一状态时所需的热负荷等。

例 5.8 温度 20℃、压力 0.41MPa、流量 4000kg/h 的软水在锅炉中加热成为 0.39MPa 的饱和水蒸气进入生蒸汽总管。求所需的锅炉供热量。

启动 Aspen Plus，选择系统模板（Template)，采用默认的“General with Metric Units”。首先建立流程图，在界面主窗口的模型库 Model Library 中点击 Heat Exchangers，选择 Heater，放置于窗口的空白处。点击模块库左侧 Material STREAMS 的下拉箭头，选择 Material 添加物流，如图 5.43 所示。

参考例 5.1，输入组分和物性方法。进入 Streams/IN/Input/Specifications 页面，输入进料条件，温度 20℃、压力 0.41MPa、流量 4000kg/h，水的质量分数为 1，如图 5.44 所示。

进入 Blocks/HEATER/Input/Specifications 页面（见图 5.45)，输入操作规定，压力为 0.39 MPa，气相分率为 1。

当 Aspen Plus 对整个流程计算完毕，可以查看计算结果（见图 5.46)，包括出口温度、热负荷等。

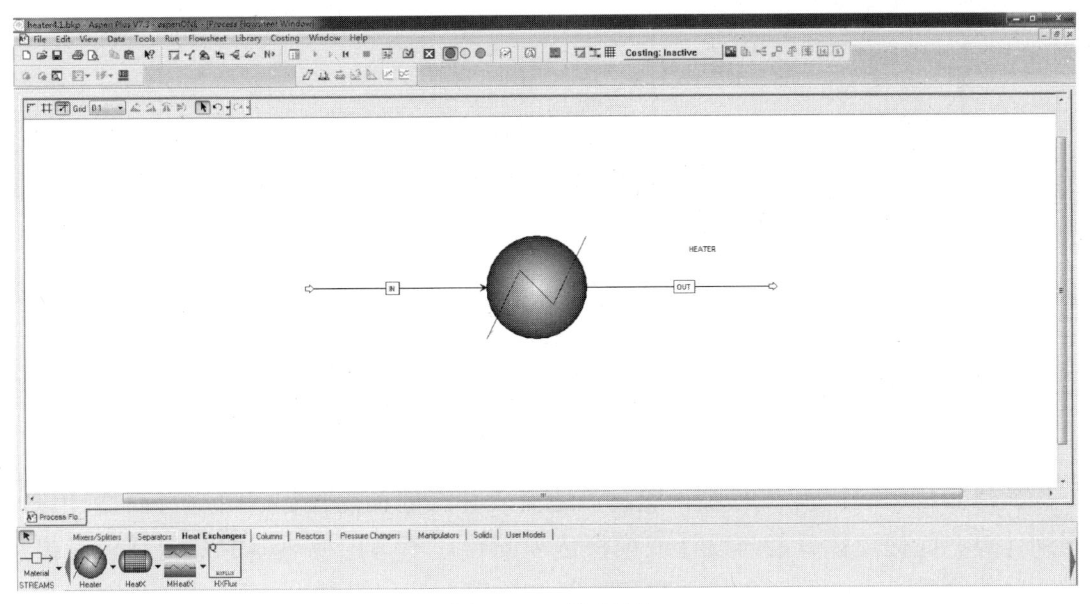

图 5.43　流程图

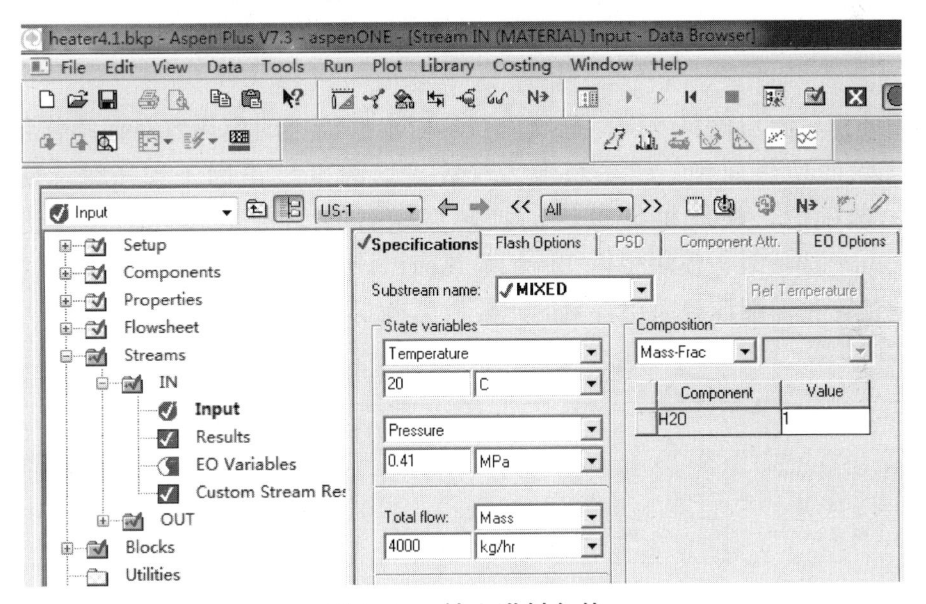

图 5.44　输入进料条件

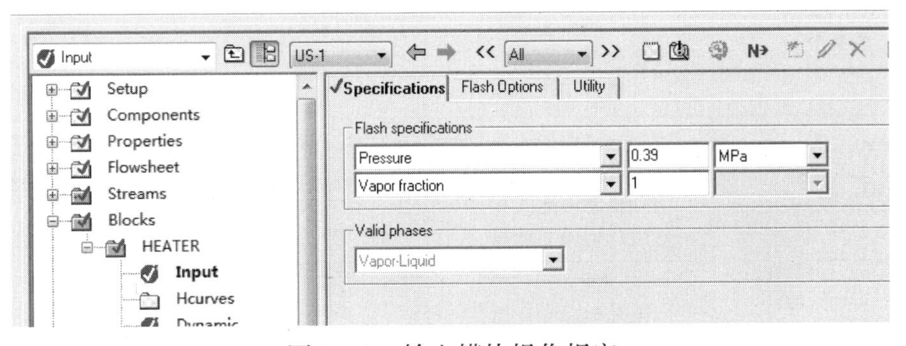

图 5.45　输入模块操作规定

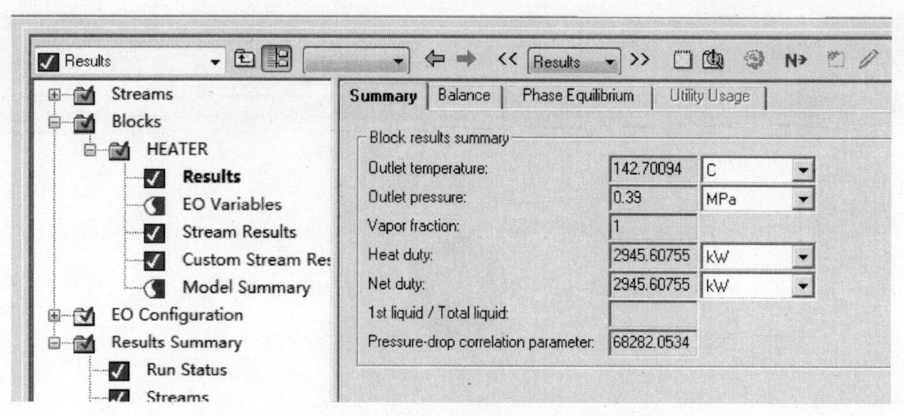

图 5.46 查看结果

换热器(HeatX) 用于模拟两股物流逆流或并流的换热过程，可进行简捷计算或详细计算。简捷计算只能与设计或模拟选项配合，不考虑换热器的几何结构对传热和压降的影响，人为给定传热系数和压降的数值。使用设计(Design) 选项时，需设定热(冷) 物流的出口状态或换热负荷，模块计算达到指定换热要求所需的换热面积。使用模拟(Simulation) 选项时，需设定换热面积，模块计算两股物流的出口状态。

详细计算只能与核算或模拟选项配合，可根据给定的换热器几何结构和流动情况计算实际的换热面积、传热系数、对数平均温度校正因子和压降。使用核算(Rating) 选项时，模块根据设定的换热要求计算需要的换热面积。使用模拟(Simulation) 选项时，模块根据实际的换热面积计算两股物流的出口状态。

简捷计算和详细计算采用变量的比较，见表 5.3。

表 5.3 HeatX 变量使用准则

变量	计算方法	在简捷计算中可采用	在计算中可采用
LMTD Correction Factor(LMTD 校正因子)	常数 几何尺寸 用户子程序	Default No No	Yes Default Yes
Heat Transfer Coefficient (传热系数)	常数值 特定相态的值 幂率表达式 膜系数 换热器几何尺寸 用户子程序	Yes Default Yes No No No	Yes Yes Yes Yes Default Yes
Film Coefficient (膜系数)	常数值 特定相态的值 幂率表达式 由几何尺寸计算	No No No No	Yes Yes Yes Default
Pressure Drop(压降)	出口压力 由几何尺寸计算	Default No	Yes Default

换热器的传热速率标准方程是

$$Q = U \times A \times LMTD \tag{5.3}$$

式中，$LMTD$ 代表对数平均温差；U 为给热系数；A 为传热面积，此方程用于纯逆流流动的换热器。

通用方程是

$$Q = U \times A \times F \times LMTD \tag{5.4}$$

式中，F 为校正因子，考虑了偏离逆流流动的程度。在 Setup Specifications 页上用 LMTD Correction Factor 区域输入 $LMTD$ 校正因子。

在 Setup U Methods（设定传热系数方法）页面确定怎样计算传热系数，设定计算方法。在简捷法核算模型中，HeatX 模型不计算膜系数，在严格法核算模型中，如果在传热系数计算方法中使用膜系数或换热器几何尺寸，HeatX 传热系数 U 使用式(5.5) 计算。

$$\frac{1}{U} = \frac{1}{h_c} + \frac{1}{h_h} \tag{5.5}$$

式中，h_c 是冷流膜系数；h_h 是热流膜系数。

换热器结构指换热器内整个流动的型式。如果对于传热系数、膜系数或压降计算方法选择 Calculate From Geometry 选项，可能需要在 Geometry Shell 页面中输入一些有关换热器结构的信息：壳程类型（TEMA shell type）、管程数（No. of tube passes）、换热器方位（Exchanger orientation）、密封条数（Number of sealing strip pairs）、管程流向（Direction of tubeside flow）、壳内径（Inside shell diameter）、壳/管束间隙（Shell to bundle clearance）。

TEMA 壳体类型如图 5.47 所示。

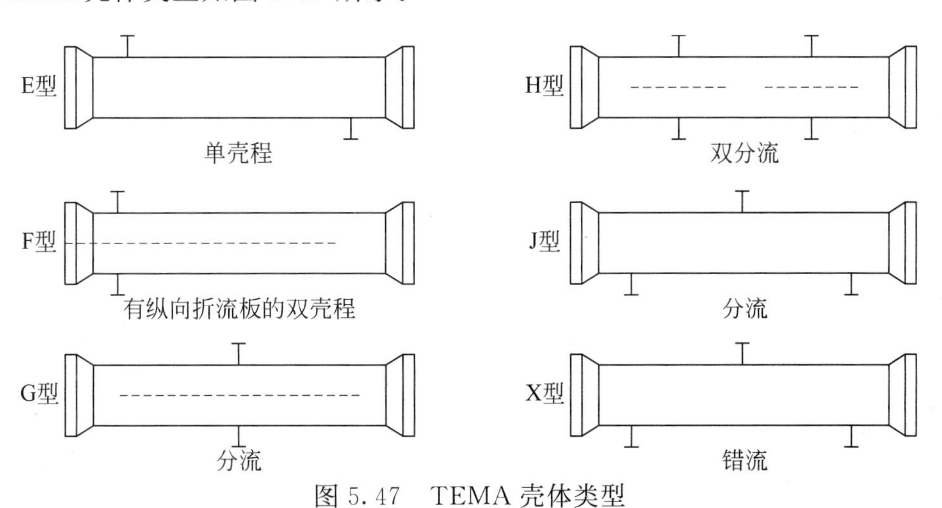

图 5.47　TEMA 壳体类型

Geometry Shell 页面也包含了重要的壳体尺寸(见图 5.48)：管束外层的最大直径(Outer Tube Limit)、壳体直径(Shell Diameter)、壳层到管束的环形面积(Shell to Bundle Clearance)。

壳侧膜系数和压降计算需要壳体内挡板的几何尺寸，在 Geometry Baffles(挡板的几何尺寸) 页上输入挡板的几何尺寸。有两种挡板结构可供选用，即圆缺挡板(Segmental baffle) 和棍式挡板(Rod baffle)。从挡板(Baffles) 表单中进行选择并输入有关参数。

圆缺挡板(见图 5.49) 需输入以下参数：所有壳程中的挡板总数(No. of baffles, all passes)、挡板切割分率 (Baffle cut fraction of shell diameter)、管板到第一挡板的间距(Tubesheet to 1st baffle spacing)、挡板间距(Baffle to baffle spacing)、壳壁/挡板间隙(Shell-baffle clearance)、管壁/挡板间隙(Tube-baffle clearance)。

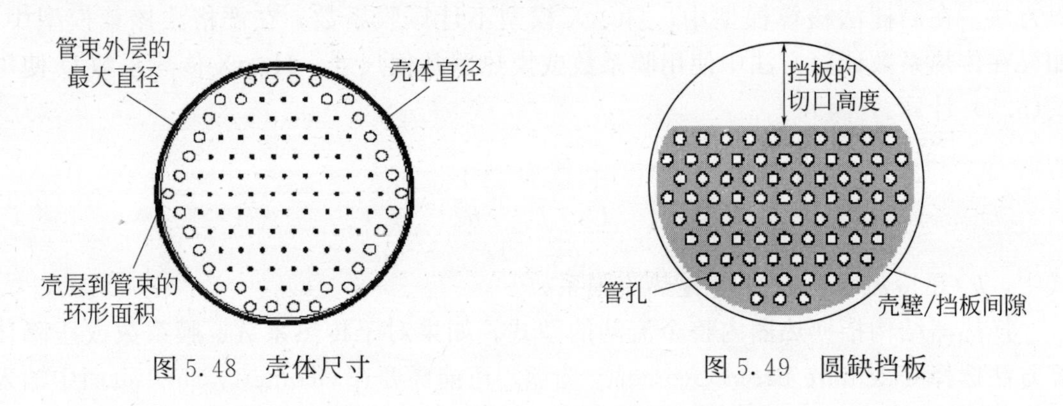

图 5.48 壳体尺寸　　图 5.49 圆缺挡板

棍式挡板(见图 5.50) 需输入以下参数：所有壳程中的挡板总数(No. of baffles, all passes)、圆环内径(Inside diameter of ring)、圆环外径(Outside diameter of ring)、支撑棍直径(Support rod diameter)、每块挡板的支撑棍总长(Total length of support rods per baffle)。

计算管侧膜系数和压降需要管束的几何尺寸，HeatX 模型也用这个信息从膜系数来计算传热系数，在 Geometry Tubes(管子的几何尺寸) 页面上输入管子的几何尺寸。对裸管换热器或低翅片管换热器有：管子总数(Total number)、管子长度(Length)、管子直径(Diameter)、管子的排列(Pattern)、管子的材质(Material)。管程参数还有管尺寸(Tube size)，可用两种方式输入：实际尺寸(Actual)、公称尺寸(Nominal)。

对于翅片管(见图 5.51)，还需从管翅(Tube fins) 表单中输入以下参数：翅片高度(Fin height)、翅片高度/翅片根部平均直径(Fin height/Fin root mean diameter)、翅片间距(Fin spacing)、每单位长度的翅片数/ 翅片厚度(Number of fins per unit length /Fin thickness)

管嘴即换热器的物料进、出接口，需从 Nozzle 表单中输入以下参数：输入壳程管嘴直径(Enter shell side nozzle diameter)、进口管嘴直径(Inlet nozzle diameter)、出口管嘴直径（Outlet nozzle diameter）、输入管程管嘴直径（Enter tube side nozzle diameter）、进口管嘴直径（Inlet nozzle diameter）、出口管嘴直径（Outlet nozzle diameter）。

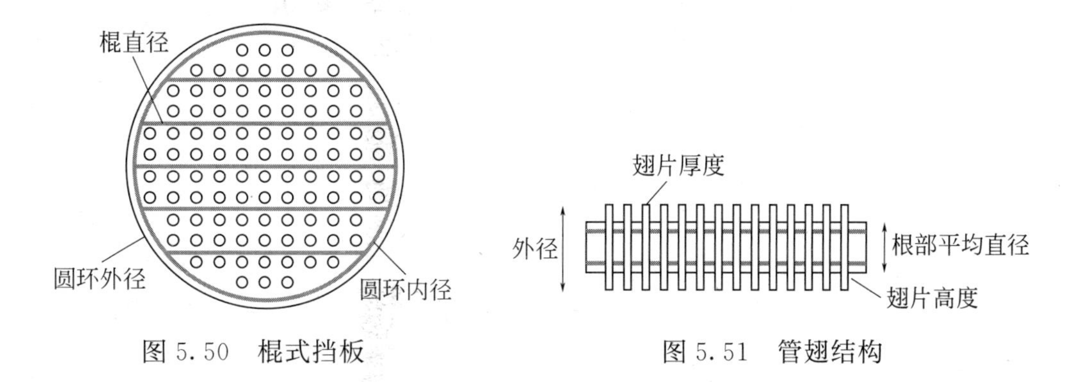

图 5.50　棍式挡板　　　图 5.51　管翅结构

HeatX 的热参数结果（Thermal results）其下包括五张表单：概况（Summary）、衡算（Balance）、换热器详情（Exchanger details）、压降/速度（Pre drop/velocities）、分区（Zones）。

概况表单给出了冷、热物流的进、出口温度、压力、蒸汽分率（Vapor fraction）以及换热器的热负荷（Heat duty）。

换热器详情表单给出了需要的换热器面积（Required exchanger area）、实际的换热器面积（Actual exchanger area）、清洁（Clean）和结垢（Dirty）条件下的平均传热系数（Avg. heat transfer coefficient）、校正后的对数平均温差（LMTD corrected）、热效率（Thermal effectiveness）和传热单元数（Number of transfer units）等有用的信息。

压降/速度表单给出了流道压降（Exchanger pressure drop）、管嘴压降和总压降；壳程错流（Crossflow）和挡板窗口（Windows）处的最大流速及雷诺数（Reynolds No.）；管程的最大流速及雷诺数等有用的信息，可以根据这些信息调整管程数、挡板数目、切割分率以及管嘴尺寸。

分区表单给出了换热器内根据冷、热流体相态对传热面积分区计算的情况，包括各区域的热流体温度、冷流体温度、对数平均温差、传热系数、热负荷和传热面积信息。可根据此信息分析换热方案是否合理以及改进设计方案的方向。

例 5.9　用 1200kg/h 饱和水蒸气（0.3 MPa）加热 2000kg/h 甲醇（20℃、0.3MPa）。离开换热器的蒸汽冷凝水压力为 0.28MPa、过冷度为 2℃。换热器传热系数根据相态选择。求甲醇出口温度、相态、需要的换热面积。

启动 Aspen Plus，选择系统模板（Template），采用默认的“General with Metric Units”。首先建立流程图，在界面主窗口的模型库 Model Library 中点击 Heat Exchangers，选择 HeatX，放置于窗口的空白处。点击模块库左侧 Material STREAMS 的下拉箭头，选择 Material 添加物流，如图 5.52 所示。

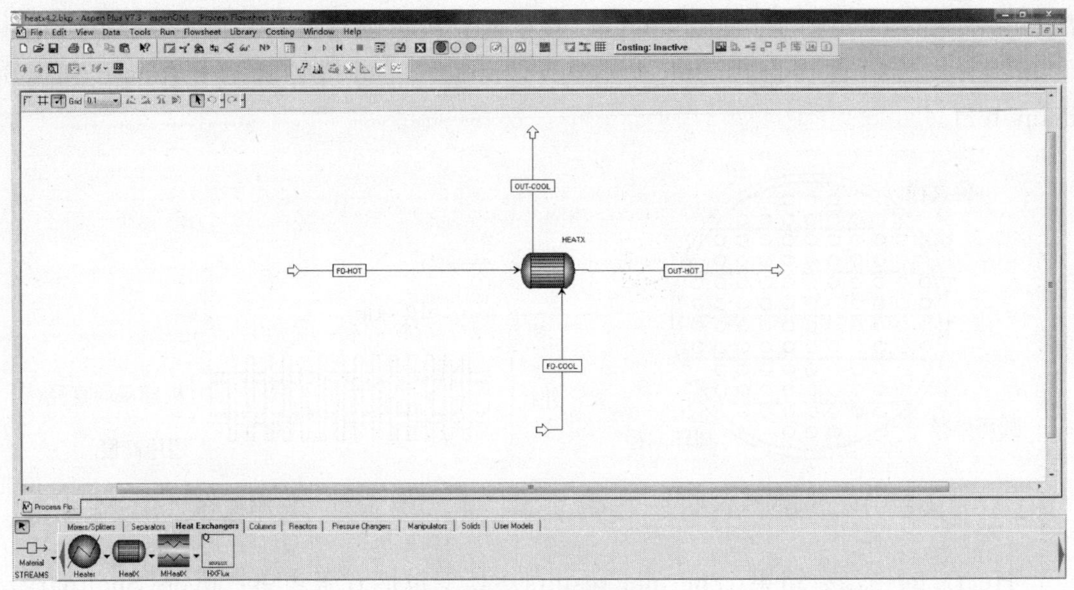

图 5.52 流程图

进入 Setup/Specifications/Selection 页面（见图 5.53），输入组分，水和甲醇。进入 Properties/Specifications/Global 页面，输入物性方法，本例 Process type 选择 ALL，Base method 选择物性方法 NRTL-RK，如图 5.54 所示。

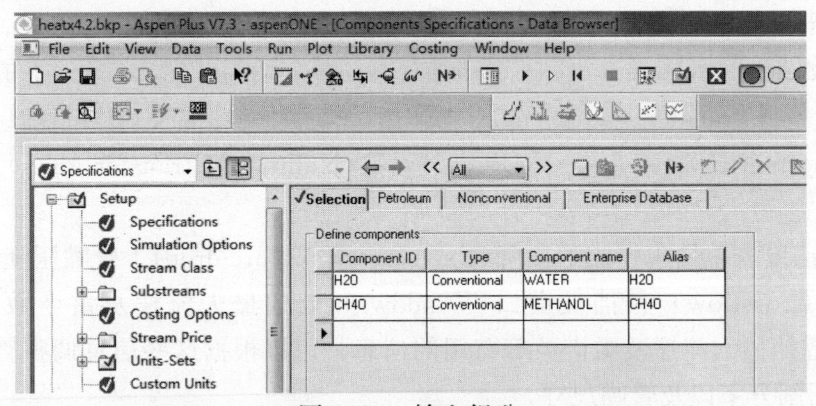

图 5.53 输入组分

图 5.54 选择物性方法

进入 Streams 项，分别输入冷物流［见图 5.55（a）］和热物流［见图 5.55（b）］的进料条件。

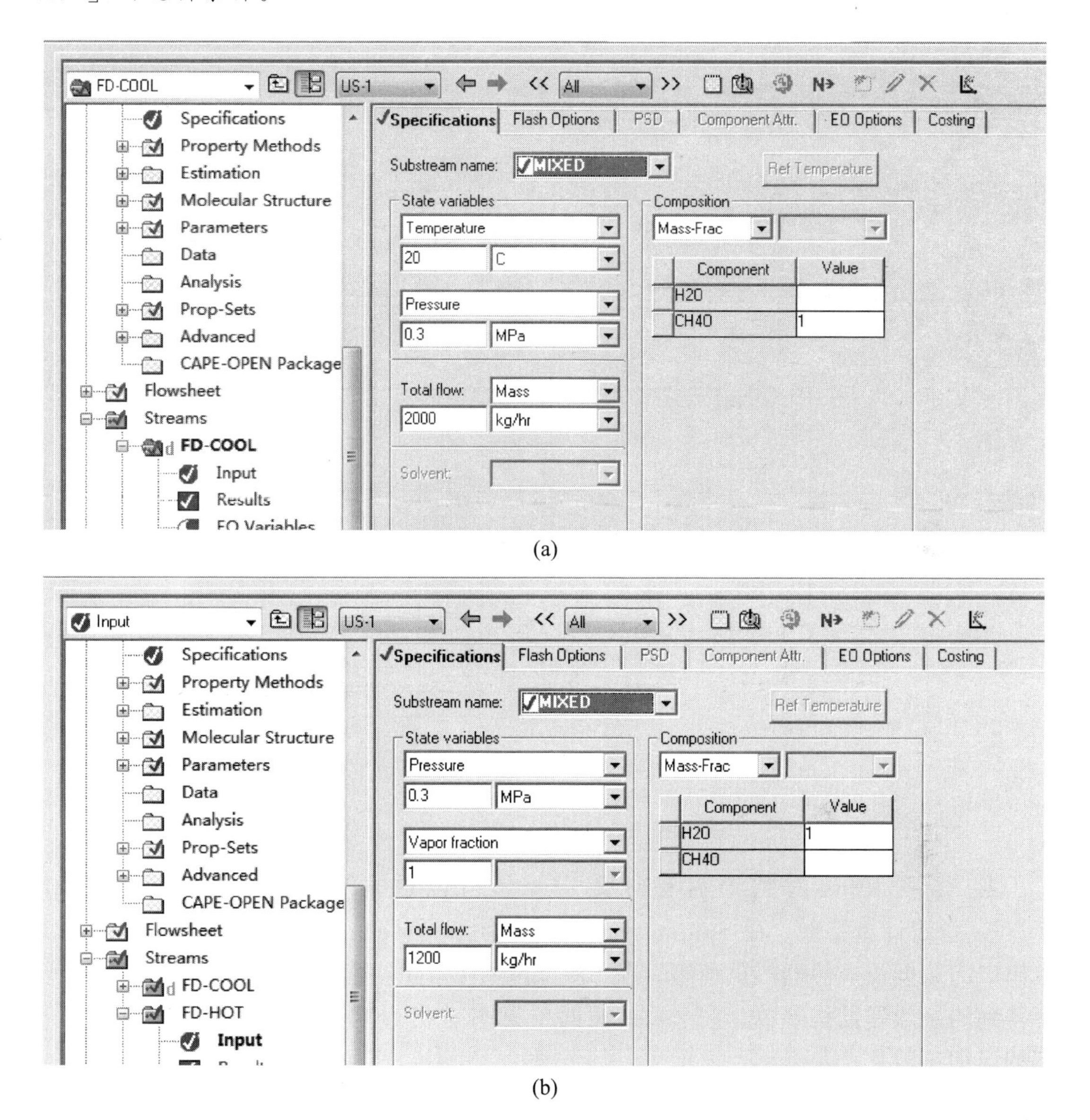

(a)

(b)

图 5.55　输入进料条件

进入 Blocks/HEATX/Input 页面，输入换热器的规定。在 Specifications 页面［见图 5.56(a)］，计算类型(Calculation) 选择简捷计算(Shortcut)；运算模式(Type) 选择设计(Design)；换热器设定(Exchanger specification) 选择热物流出口过冷度(Hot stream outlet degrees subcooling)，并输入 2℃。在 Pressure Drop 页面［见图 5.56(b)］，输入出口压力(Outlet pressure) 0.28 MPa。在 U Methods 页面［见图 5.56(c)］传热系数的计算方法，选择根据相态选择(Phase specific values)。

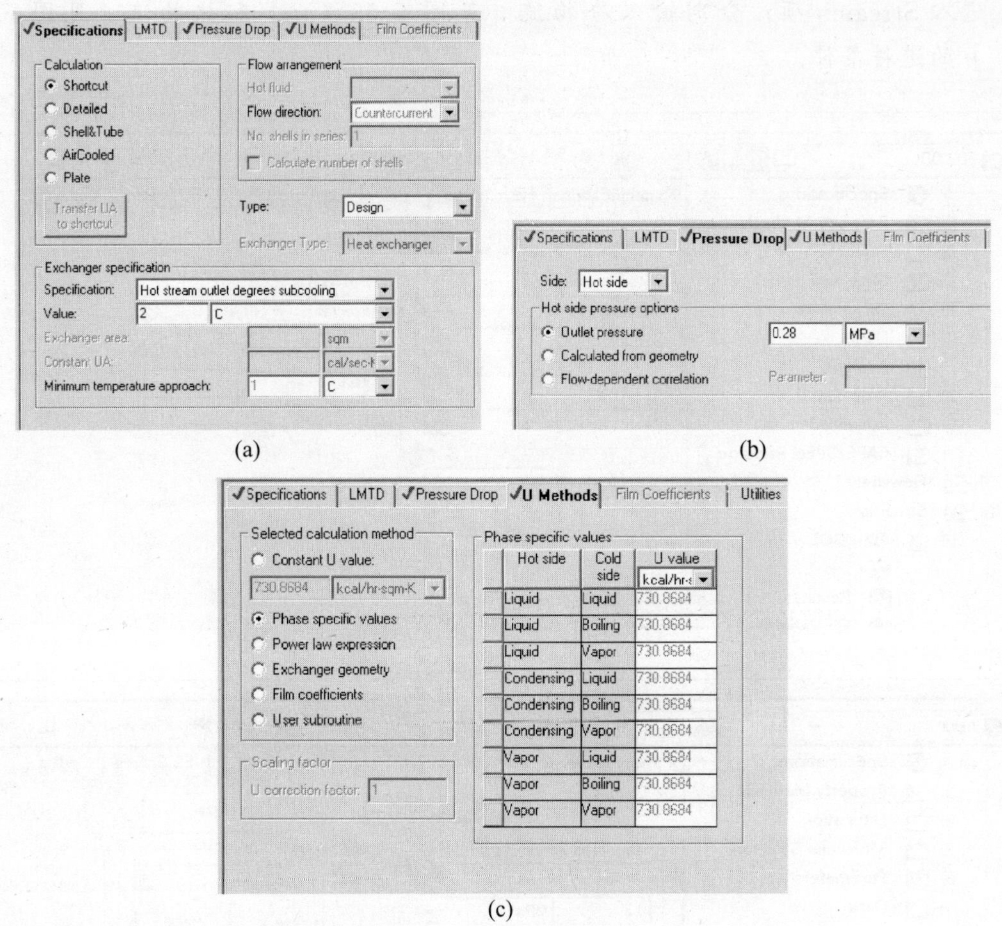

图 5.56　输入模块参数

当 Aspen Plus 对整个流程计算完毕，可以进入 Blocks/HEATX/Thermal Results 查看计算结果，在 Summary 页面［见图 5.57(a)］有计算得到冷、热物流进出口的数据及换热器热负荷等。在 Exchanger Details 页面［见图 5.57(b)］有计算得到的换热器结构参数。在 Zones 页面［见图 5.57(c)］有计算得到的换热器局部的详细参数。

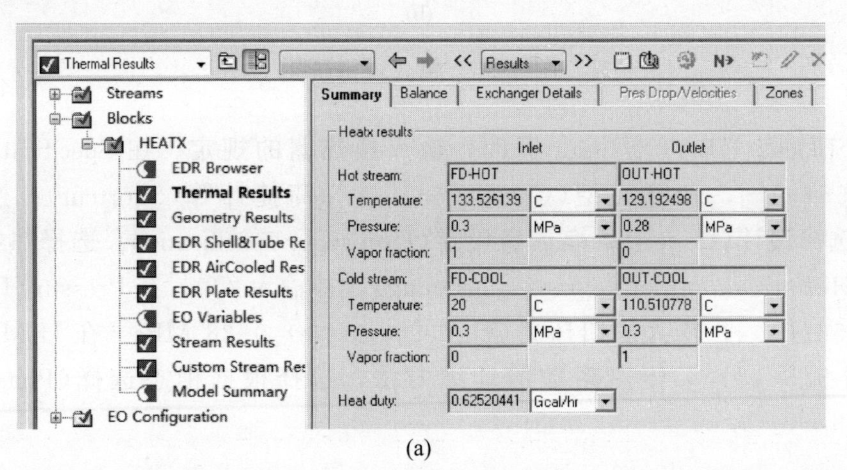

(a)

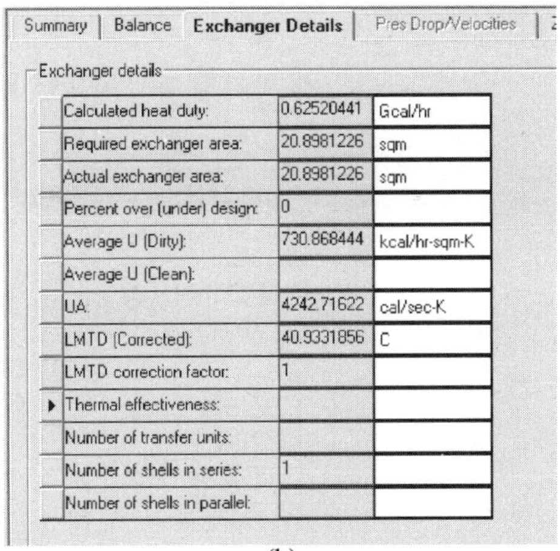

Summary | Balance | Exchanger Details | Pres Drop/Velocities

Exchanger details

Calculated heat duty:	0.62520441	Gcal/hr
Required exchanger area:	20.8981226	sqm
Actual exchanger area:	20.8981226	sqm
Percent over (under) design:	0	
Average U (Dirty):	730.868444	kcal/hr-sqm-K
Average U (Clean):		
UA:	4242.71622	cal/sec-K
LMTD (Corrected):	40.9331856	C
LMTD correction factor:	1	
Thermal effectiveness:		
Number of transfer units:		
Number of shells in series:	1	
Number of shells in parallel:		

(b)

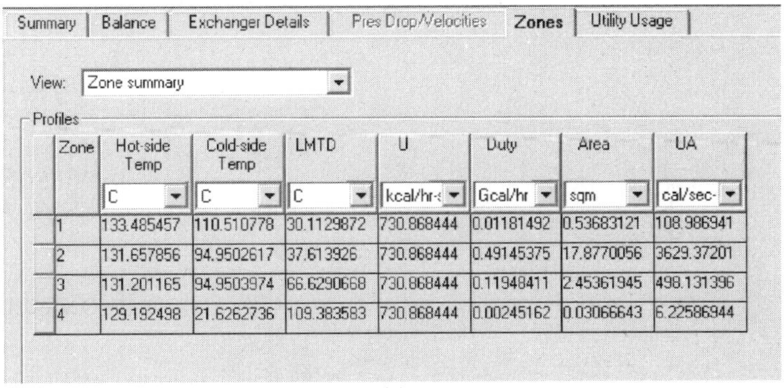

Summary | Balance | Exchanger Details | Pres Drop/Velocities | Zones | Utility Usage

View: Zone summary

Profiles

Zone	Hot-side Temp	Cold-side Temp	LMTD	U	Duty	Area	UA
	C	C	C	kcal/hr-:	Gcal/hr	sqm	cal/sec-
1	133.485457	110.510778	30.1129872	730.868444	0.01181492	0.53683121	108.986941
2	131.657856	94.9502617	37.613926	730.868444	0.49145375	17.8770056	3629.37201
3	131.201165	94.9503974	66.6290668	730.868444	0.11948411	2.45361945	498.131396
4	129.192498	21.6262736	109.383583	730.868444	0.00245162	0.03066643	6.22586944

(c)

图 5.57　查看结果

5.5 蒸馏

5.5.1 相平衡

相平衡及过程模拟计算需要选择合适的热力学模型。迄今为止，还没有任何一个热力学模型能适用于所有的物系和所有的过程。流程模拟中要用到多个热力学模型，热力学模型的恰当选择和正确使用决定着计算结果的准确性、可靠性和模拟成功与否。热力学模型的选取方法可由物系特点及操作温度、压力经验选取 。

物性方法的初步选择可采用 Aspen 所推荐的步骤(见图 5.58)，常见化工过程物性方法的选择也可参考表 5.4。

表 5.4　常见化工体系的物性方法推荐

化工体系	推荐的物性方法	化工体系	推荐的物性方法
空分	PR,SRK	石油化工中 LLE 体系	NRTL,UNIQUAC
气体加工	PR,SRK	化工过程	NRTL,UNIQUAC,PSRK
气体净化	Kent-Eisnberg,ENRTL	电解质体系	ENRTL,Zemaitis
石油炼制	BK10,Chao-Seader,Grayson-Streed,PR,SRK	低聚物	Polymer NRTL
		高聚物	Polymer NRTL,PC-SAFT
石油化工中 VLE 体系	PR,SRK,PSRK	环境	UNIFAC+Henry'sLaw

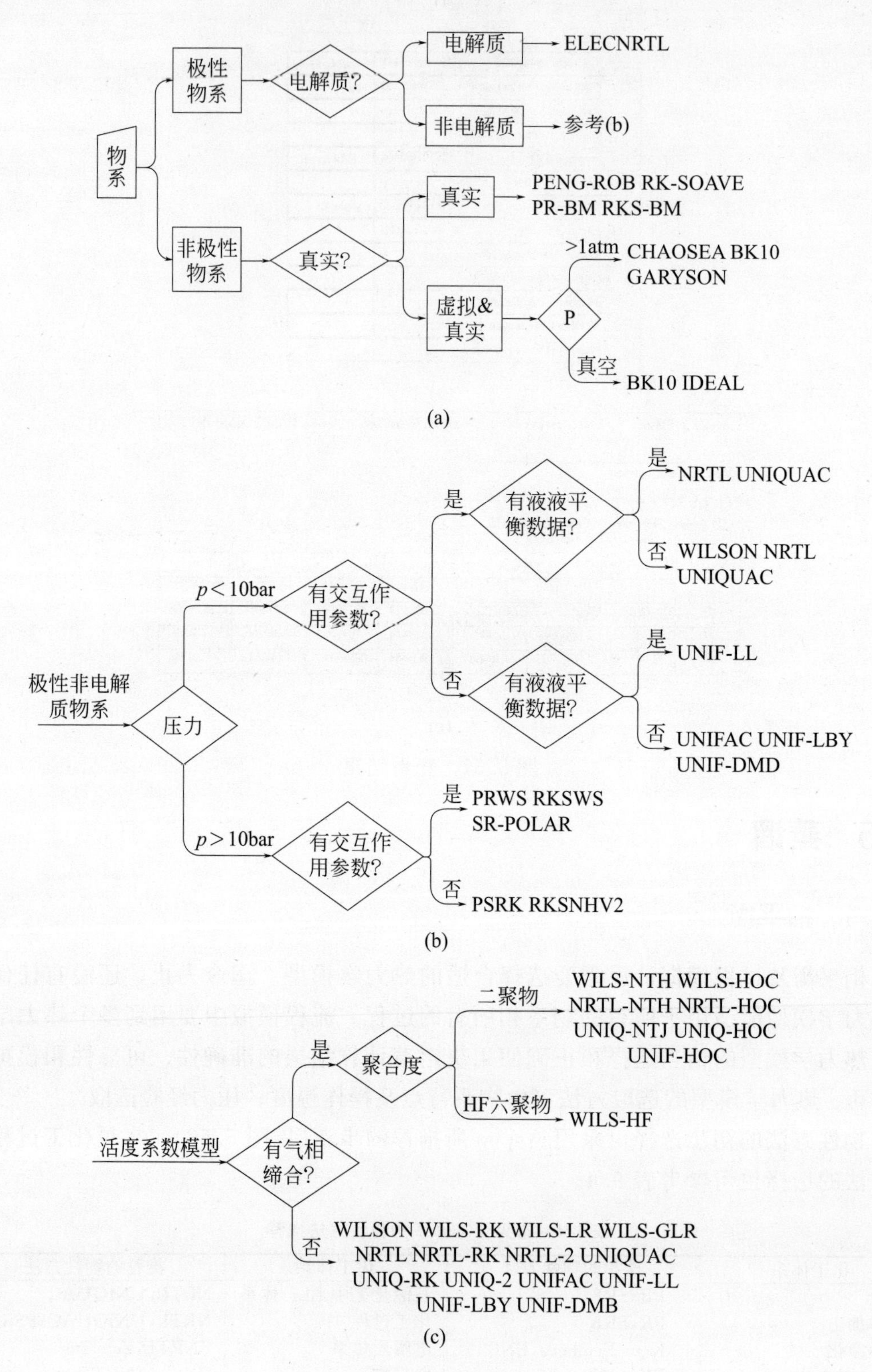

图 5.58 物性方法选择示意

5.5.2　平衡蒸馏（闪蒸）

Aspen Plus 中的闪蒸罐（Flash）又分为 Flash2（两股出口流的闪蒸罐）和 Flash3（三股出口流的闪蒸罐）两种模块。Flash2 用来模拟闪蒸罐、蒸发器、分液罐和其他单级分离器。Flash 可以模拟含有固体子物流或电解质化学性质计算。模拟中所有相态都处于热力学平衡状态，固体和流体相态相同保持相同的温度。

例 5.10　进料物流进入第一个闪蒸器 FLASH1 分离为汽液两相，液相再进入第二个闪蒸器 FLASH2 进行闪蒸分离。已知进料温度为 100℃，压力为 3.8MPa，进料中氢气、甲烷、苯、甲苯的流率分别为 185 kmol/hr、45kmol/hr、45kmol/hr、5kmol/hr。闪蒸器 FLASH1 的温度为 100℃，压降为 0，闪蒸器 FLASH2 绝热，压力为 0.1MPa，物性方法选用 PENG-ROB。求闪蒸器 FLASH2 的温度。

启动 Aspen Plus，选择系统模板（Template），采用默认的“General with Metric Units”。首先建立流程图，在界面主窗口的模型库 Model Library 中点击 Separators，选择 Flash2，放置于窗口的空白处，重复 2 次。点击模块库左侧 Material STREAMS 的下拉箭头，选择 Material 添加物流，如图 5.59 所示。

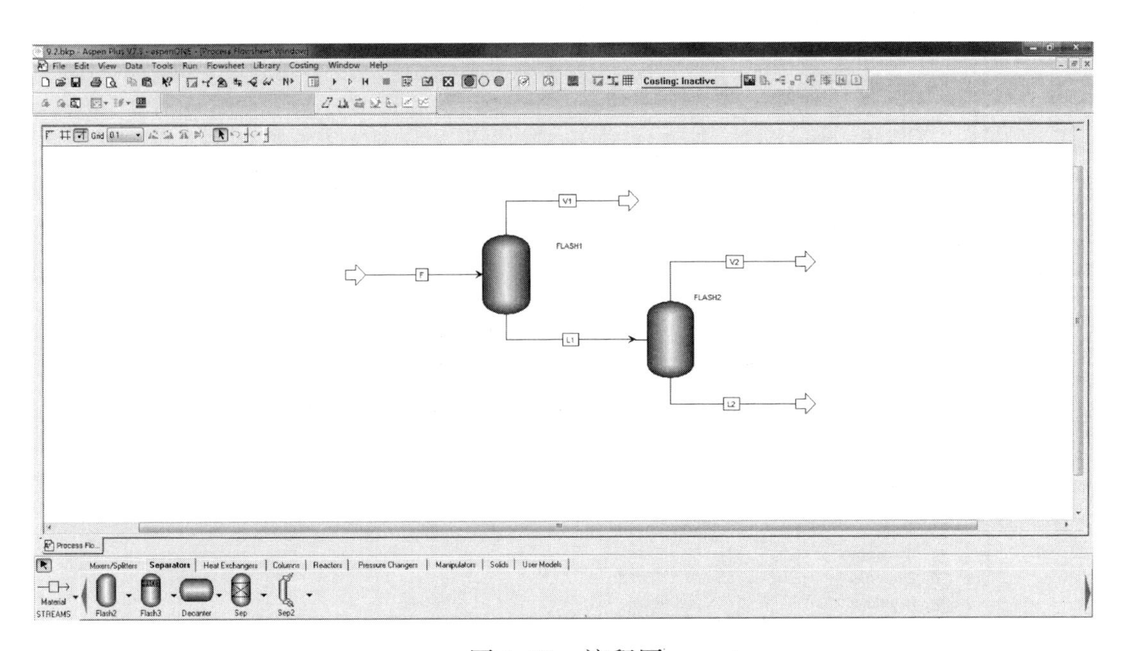

图 5.59　流程图

进入 Components/Specifications/Selection 页面（见图 5.60），输入组分，氢气、甲烷、苯、甲苯。进入 Properties/Specifications/Global 页面，输入物性方法，本例 Process type 选择 COMMON，Base method 选择物性方法 PENG-ROB，如图 5.61 所示。

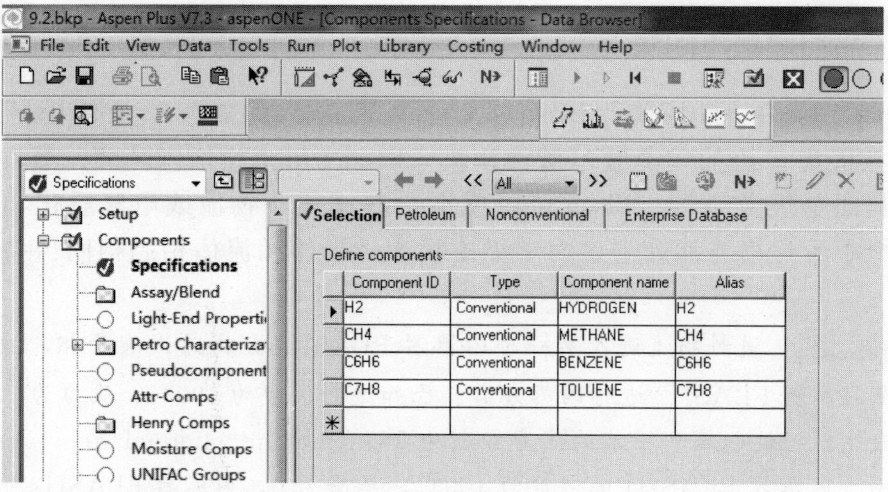

图 5.60　输入组分

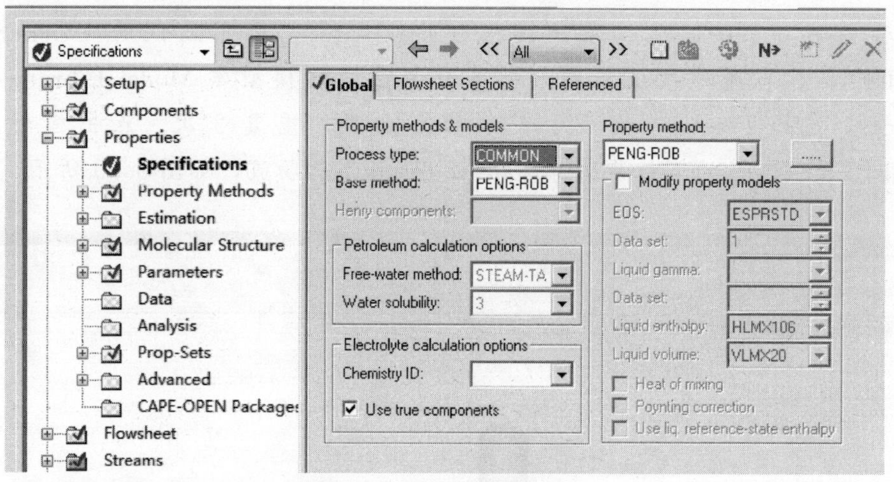

图 5.61　规定物性方法

进入 Streams/F/Input/Specifications 页面，输入进料流股的条件，温度、压力、各组分的摩尔流率，如图 5.62 所示。

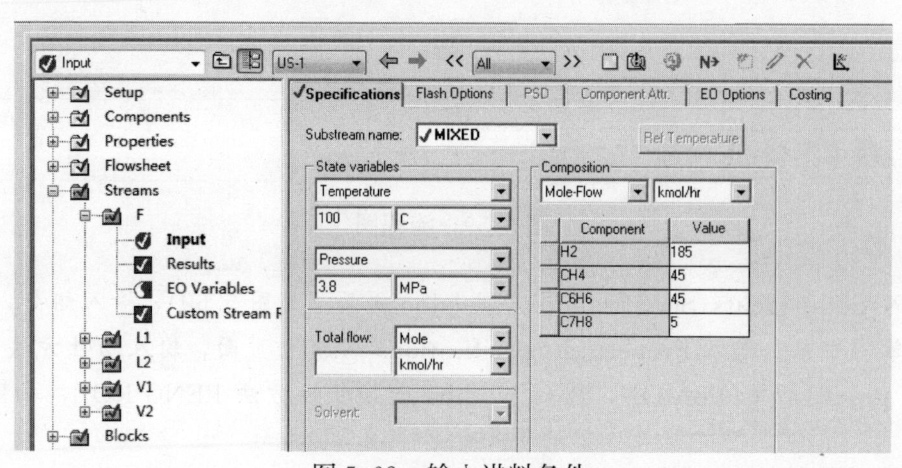

图 5.62　输入进料条件

进入 Blocks/FLASH1/Specifications 页面，输入第一个闪蒸器的条件温度为 100℃，压降为 0［见图 5.63（a）］。类似地，如图 5.63（b）输入第二个闪蒸器的条件，绝热，压力为 0.1MPa。

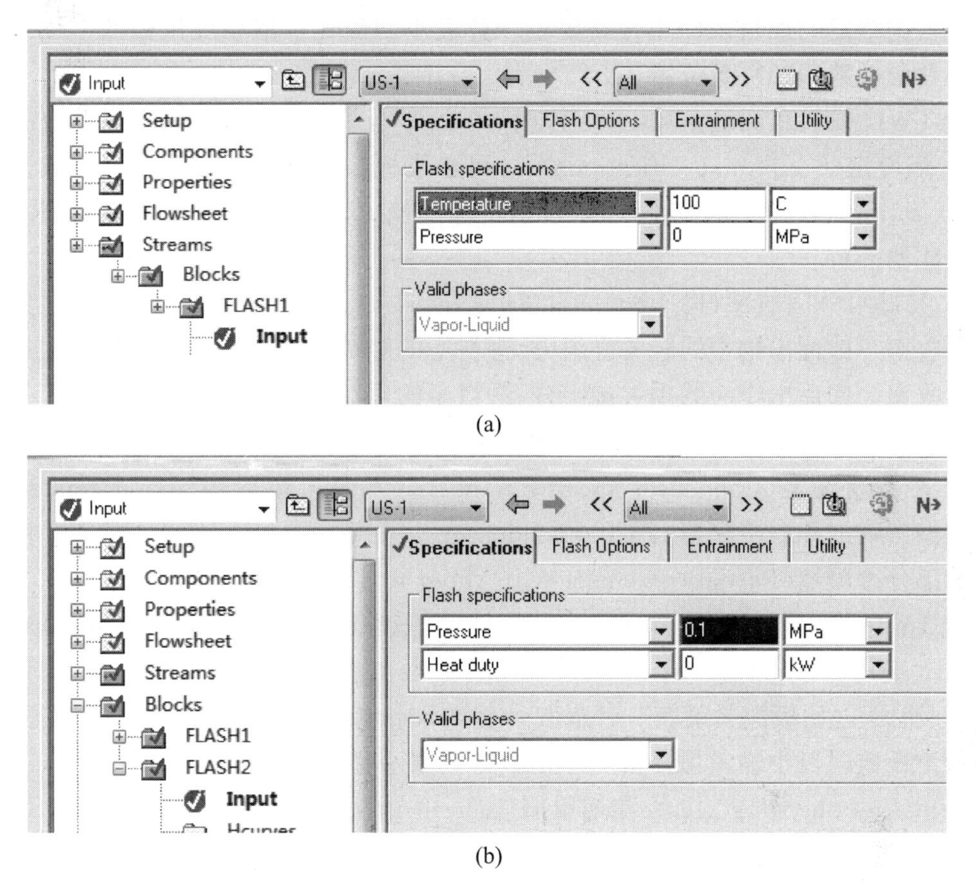

(a)

(b)

图 5.63　输入模块操作规定

当 Aspen Plus 对整个流程计算完毕，可以查看每个闪蒸器的计算结果（见图 5.64）。

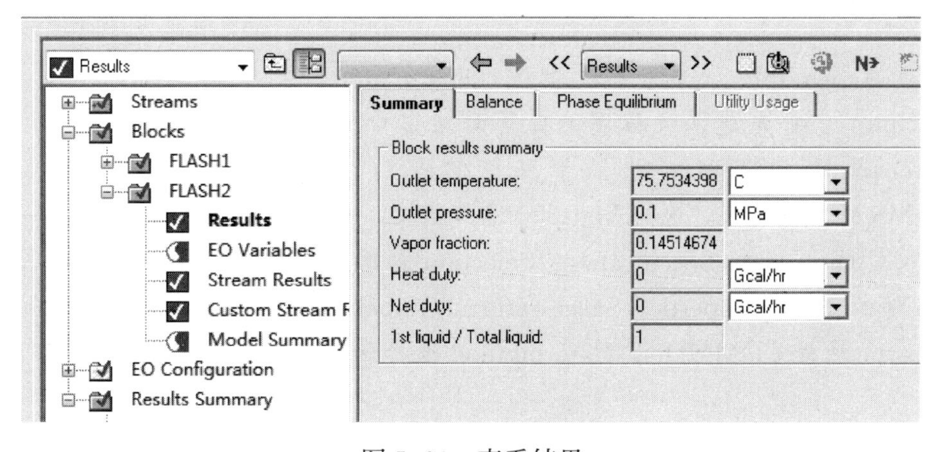

图 5.64　查看结果

5.5.3 精馏简捷计算

精馏的简捷计算采用 DSTWU 模块，它是基于 Winn-Underwood-Gilliland 简捷算法，根据给定的加料条件和分离要求计算最小回流比、最小理论板数、给定回流比下的理论板数和加料板位置。

DSTWU 模块有四组参数，分别如下。

① 塔设定(Column specifications)　可选塔板数(Number of stages) 或回流比(Reflux ratio)。注意：回流比>0，表示实际回流比；回流比<0，其绝对值表示最小回流比的倍数。

② 关键组分回收率(Key component recoveries)　包括：轻关键组分在馏出物中的回收率，即馏出物中的轻关键组分/进料中的轻关键组分；重关键组分在馏出物中的回收率，即馏出物中的重关键组分/进料中的重关键组分。

③ 压力(Pressure)　包括：冷凝器(Condenser) 和再沸器(Reboiler)。

④ 冷凝器设定(Condenser specifications)　可选：全凝器(Total condenser)、带汽相馏出物的部分冷凝器(Partial condenser with vapor distillate)、带汽、液相馏出物的部分冷凝器(Partial condenser with vapor and liquid distillate)。

DSTWU 模型有两个计算选项，即生成回流比-理论板数关系表(Generate table of reflux ratio vs. number of theoretical stages)、计算等板高度(Calculate HETP)。“生成回流比-理论板数关系表”对选取合理的理论板数很有参考价值。在实际回流比对理论板数栏目中输入想分析的理论板数的最小值(Initial number of stages)、最大值(Final number of stages) 和增量值(Increment size for number of stages)。计算完成后的结果中会包括回流比剖形(Reflux ratio profile)，据此可以绘制回流比-理论板数曲线。

例 5.11　含乙苯 30%w、苯乙烯 70%w 的混合物（$F=1000$kg/h、$P=0.12$MPa、$T=30$℃）用精馏塔（塔压 0.02MPa ）分离，要求 99.8%的乙苯从塔顶排出，99.9%的苯乙烯从塔底排出，采用全凝器。求：R_{min}、N_{Tmin}、$R=1.5$、R_{min} 时的 R、N_T 和 N_F。

启动 Aspen Plus，选择系统模板（Template)，采用默认的“General with Metric Units”。首先建立流程图，在界面主窗口的模型库 Model Library 中点击 Columns，选择 DSTWU，放置于窗口的空白处。点击模块库左侧 Material STREAMS 的下拉箭头，选择 Material 添加物流，如图 5.65 所示。

进入 Components/Specifications/Selection 页面（见图 5.66)，输入组分乙苯和苯乙烯。进入 Properties/Specifications/Global 页面，输入物性方法，本例 Process type 选择 COMMON，Base method 选择物性方法 CHAO-SEA，如图 5.67 所示。

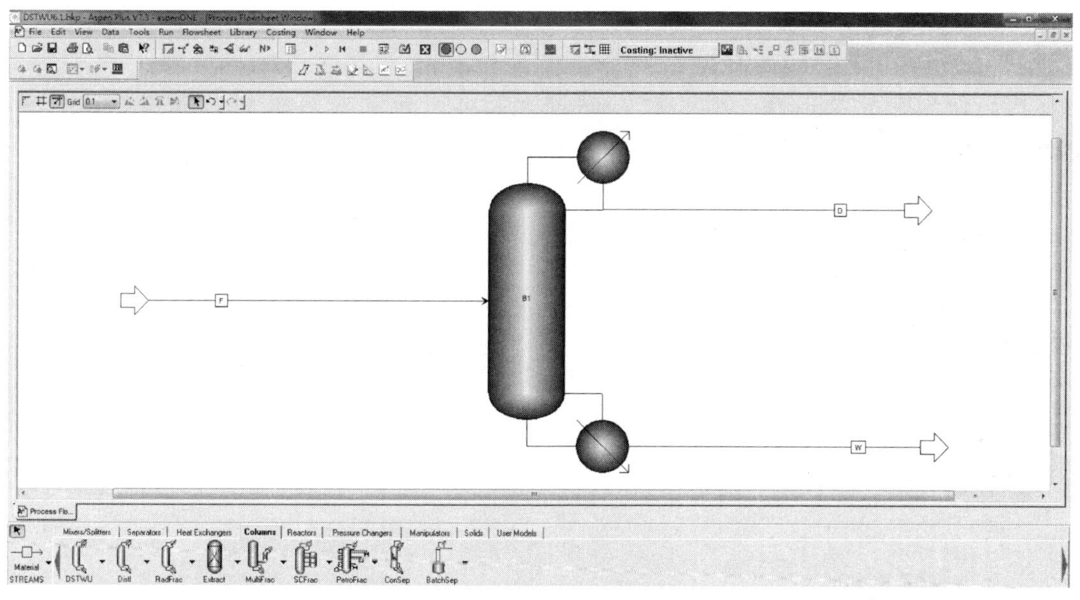

图 5.65　流程图

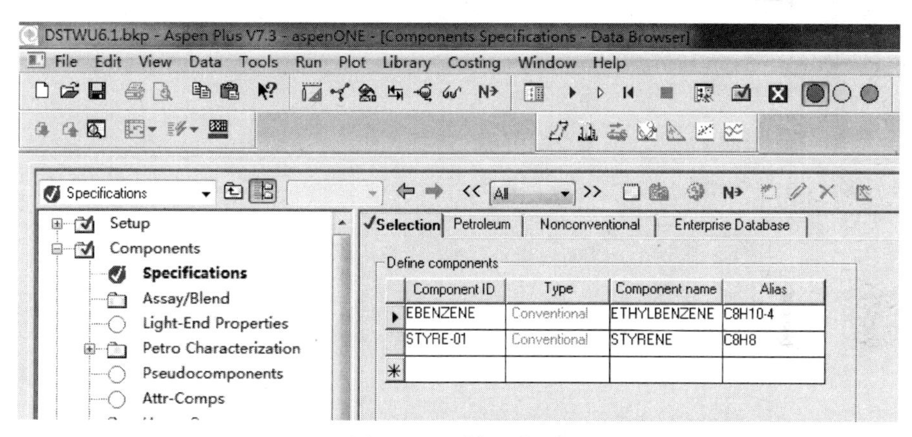

图 5.66　输入组分

图 5.67　选择物性方法

进入 Blocks/B1/Input/Specifications 页面［见图 5.68（a)］，输入 DSTWU 模块参数。回流比（Reflux ratio）输入“－1.5”，表示实际回流比是最小回流比的 1.5 倍；如果输入为正值，则表示实际的回流比。并输入两组分在塔顶的回收率、操作压力、冷凝器类型。在 Calculation Options 页面［见图 5.68（b）］，选中 Generate table of reflux ratio vs number of theoretical stages，计算回流比与理论板数的关系，输入塔板数范围及变化量。

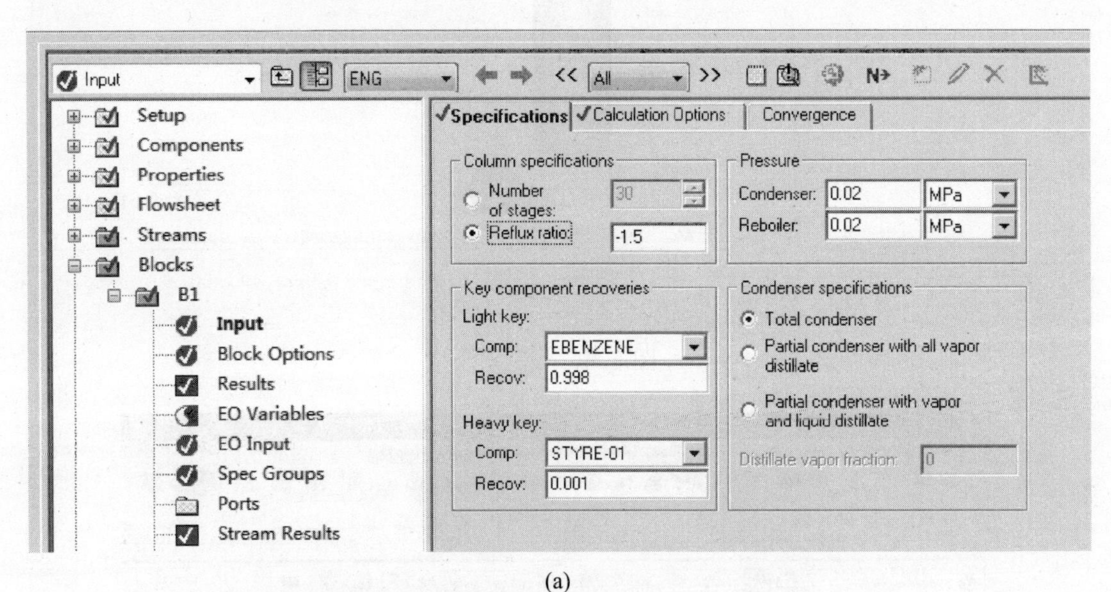

(a)

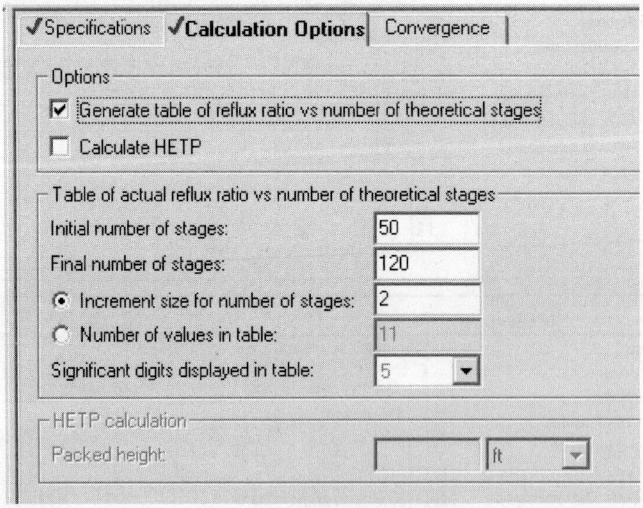

(b)

图 5.68　输入模块参数

当 Aspen Plus 对整个流程计算完毕，可以通过 Blocks/B1/Results/ Summary 页面［见图 5.69（a）］查看计算出的最小回流比、最小理论板、实际理论板、进料位置等。在 Reflux Ratio Profile 页面［见图 5.69（b)］，可看到回流比随理论板的变化关系。

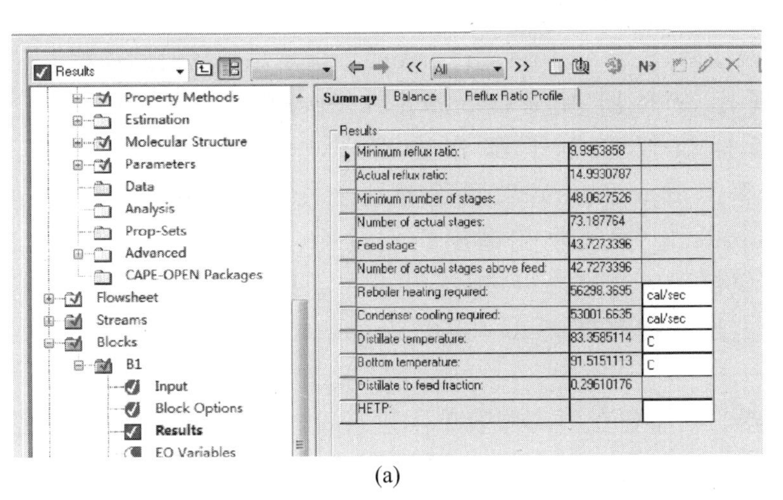

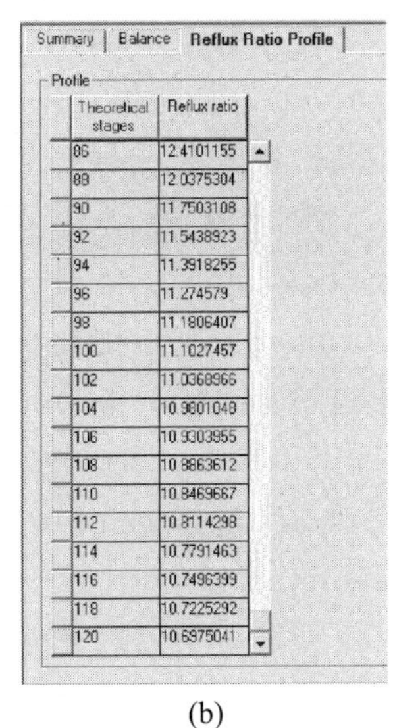

(a)　　　　(b)

图 5.69　查看结果

5.5.4　精馏严格计算

精馏的严格计算采用 RadFrac 模块，能计算板式塔或填料塔的分离能力和设备参数。RadFrac 模块设定包括：配置(Configuration)、流股(Streams)、压强(Pressure)、冷凝器(Condenser)、再沸器(Reboiler) 及三相(3-Phase)。

配置表包括：塔板数(Number of Stages)、冷凝器(Condenser)、再沸器(Reboiler)、有效相态(Valid Phase)、收敛方法(Convergence)、操作设定(Operation Specifications)。冷凝器可选择全凝器(Total)、部分冷凝-汽相馏出物(Partial-Vapor)、部分冷凝-汽相和液相馏出物(Partial-Vapor-Liquid)、无冷凝器(None) 的其中之一。再沸器可选择釜式再沸器(Kettle)、热虹吸式再沸器(Thermosyphon) 或无再沸器(None)。有效相态可选择汽-液(Vapor-Liquid)、汽-液-液(Vapor-Liquid -Liquid)、汽-液- 冷凝器游离水(Vapor-Liquid-Free Water Condensor)、汽-液-任意塔板游离水(Vapor-Liquid-Free Water Any Stage) 的其中之一。收敛方法从六个选项中选择一种：①标准方法(Standard)、②石油/宽沸程(Petroleum/Wide-Boiling)、③强非理想液相(Strongly Non-ideal Liquid)、④共沸体系(Azeotropic)、⑤深度冷冻体系(Cryogenic)、⑥用户定义(Custom)。操作规定可从下列十个选项中选择两个，分别为：回流比(Reflux Ratio)、回流速率(Reflux Rate)、馏出物速率(Distillate Rate)、塔底物速率(Bottoms Rate)、上升蒸汽速率(Boilup Rate)、上升蒸汽比(Boilup Ratio)、上升蒸汽/进料比(Boilup to Feed Ratio)、馏出物/进料比(Distillate to Feed Ratio)、冷凝器热负荷(Condenser Duty)、再沸器热负荷(Reboiler Duty)。

在流股表单中需设置一下参数：进料流股(Feed Streams)，指定每一股进料的加料板位置；产品流股(Product Streams)，指定每一股侧线产品的出料板位置及产量。

在压强表单中，可从三种压力规定方式中选择一种：①塔顶/塔底(Top/Bottom)，指定塔顶压力、冷凝器压降和塔压降；②压力剖形(Pressure Profile)，指定每一块塔板压力；③塔段压降(Section Pressure Drop)，指定每一塔段的压降。

冷凝器表单中可规定冷凝器指标(Condenser Specification)和过冷态(Subcooling)。冷凝器指标仅仅应用于部分冷凝器，只需指定冷凝温度(Temperature)和蒸汽分率(Vapor Fraction)两个参数之一即可。过冷态中包括：①过冷选项(Subcooling option)、回流物和馏出物都过冷(Both reflux and liquid distillate are subcooled)/仅仅回流物过冷(Only reflux is subcooled)；②过冷指标(Subcooling specification)、过冷物温度(Subcooled temperature)/过冷度(Degrees of subcooled)。

如选用了热虹吸再沸器，则需要在再沸器表单中进行设置：①指定再沸器流量(Specify reboiler flow rate)；②指定再沸器出口条件(Specify reboiler outlet condition)；③同时指定流量和出口条件(Specify both flow and outlet condition)。

RadFrac的计算结果从三部分查看：结果简汇(Results summary)、分布剖形(Profiles)及流股结果(Stream results)。结果简汇给出塔顶(冷凝器)和塔底(再沸器)的温度、热负荷、流量、回流比和上升蒸汽比等参数，以及每一组分在各出塔物流中的分配比率。分布剖形给出塔内各塔板上的温度、压力、热负荷、相平衡参数，以及每一相态的流量、组成和物性。据此可确定最佳加料板和侧线出料板的位置。

RadFrac模块可以设定实际塔板的板效率(Efficiencies)。可选用蒸发效率(Vaporization Efficiencies)或默弗里效率(Murphree Efficiencies)，并且可选择指定单块板的效率，单个组分的效率，或者指定塔段的效率。

蒸发效率定义如下

$$Eff_{i,j}^{\mathrm{v}}=\frac{y_{i,j}}{y_{i,j}^{*}}=\frac{y_{i,j}}{K_{i,j}x_{i,j}} \tag{5.6}$$

式中，下标 i 代表组分；j 代表塔板编号。

气相默弗里效率由式(5.7)计算

$$Eff_{i,j}^{\mathrm{M}}=\frac{y_{i,j}-y_{i,j+1}}{y_{i,j}^{*}-y_{i,j+1}}=\frac{y_{i,j}-y_{i,j+1}}{K_{i,j}x_{i,j}-y_{i,j+1}} \tag{5.7}$$

塔板设计(Tray sizing)计算给定板间距下的塔径。可将塔分成多个塔段分别设计合适的塔板。在Specification表单中输入该塔段(Trayed section)的起始塔板(Starting stage)和结束塔板(Ending stage)序号、塔板类型(Tray type)、塔板流型程数(Number of passes)以及板间距(Tray spacing)等几何结构(Geometry)参数。

塔板类型提供了五种塔板供选用：①泡罩塔板(Bubble Cap)、②筛板(Sieve)、③浮阀塔板(Glistch Ballast)、④弹性浮阀塔板(Koch Flexitray)、⑤条形浮阀塔板(Nutter Float Valve)。

结果(Results)表单中给出计算得到的塔内径(Column diameter)、对应最大塔内径的塔板序号(Stage with maximum diameter)、降液管截面积/塔截面积(Downcomer area / Column area)、侧降液管流速(Side downcomer velocity)、侧堰长(Side weir length)。剖形(Profiles)表单中给出每一块塔板对应的塔内径(Diameter)、塔板总面积(Total area)、塔板有效区面积(Active area)、侧降液管截面积(Side downcomer area)。

塔板核算(Tray rating)计算给定结构参数的塔板的负荷情况，可供选用的塔板类型与“塔板设计”中相同。“塔板设计”与“塔板核算”配合使用，可以完成塔板选型和工艺参数设计。

“塔板核算”的输入参数除了从“塔板设计”带来的之外，还应补充塔盘厚度(Deck thickness)和溢流堰高度(Weir heights)，多流型塔板应对每一种塔盘输入堰高。在塔板布置(Layout)表单中输入：浮阀的类型(Valve type)、材质(Material)、厚度(Thickness)、有效区浮阀数目(Number of valves to active area)；筛孔直径(Hole diameter)和开孔率(Sieve hole area to active area fraction)。在降液管(Downcomer)表单中输入：降液管底隙(Clearance)、顶部宽度(Width at top)、底部宽度(Width at bottom)、直段高度(Straight height)。塔板核算结果在结果(Results)表单中列出，有三个参数应重点关注：①最大液泛因子(Maximum flooding factor)，应该小于 0.8；②塔段压降(Section pressure drop)；③最大降液管液位/板间距(Maximum backup/Tray spacing)，应该在 0.25～0.5 之间。

填料设计(Pack sizing)计算选用某种填料时的塔内径。在 Specification 表单中输入填料类型(Type)、生产厂商(Vendor)、材料(Material)、板材厚度(Sheet thickness)、尺寸(Size)、等板高度(Height equivalent to a theoritical plate)等参数。填料类型共有 40 种填料供选用，常见的散堆填料有：拉西环(RASCHIG)、鲍尔环(PALL)、阶梯环(CMR)、矩鞍环(INTX)、超级环(SUPER RING)；规整填料有：带孔板波填料(MELLAPAK)、带孔网波填料(CY)、带缝板波填料(RALU-PAK)、陶瓷板波填料(KERAPAK)、格栅规整填料(FLEXIGRID)。结果(Results)表单中给出计算塔内径(Column diameter)、最大负荷分率(Maximum fractional capacity)、最大负荷因子(Maximum capacity factor)、塔段压降(Section pressure drop)、比表面积(Surface area)等参数。

填料塔的优点是：①规整填料压降小，为筛板塔的 1/4；②持液量小，为塔容积的 1%～6%；③分离效率较高；④空隙率大，通量大，综合处理能力强；⑤工业放大效应不明显。

例 5.12 含乙苯 30%w、苯乙烯 70%w 的混合物（$F=1000$kg/h、$P=0.12$MPa、$T=30$℃）用精馏塔（塔压 0.02MPa）分离，要求 99.8%的乙苯从塔顶排出，99.9%的苯乙烯从塔底排出。根据简捷计算的结果，用 RadFrac 严格计算并设计筛板塔（塔板默弗里效率为 70%，再沸器效率 90%）。

启动 Aspen Plus，选择系统模板（Template），采用默认的“General with Metric Units”。首先建立流程图，在界面主窗口的模型库 Model Library 中点击 Columns，选择 RadFrac。其他包括组分的输入、物性方法的选择与例 5.11 相同。

进入 Blocks/B1/Setup/Configuration 页面（见图 5.70），输入 RadFrac 模块参数，计算类型选择平衡级模型（Equilibrium），利用例 5.11 简捷计算的结果，塔板数输入 74，冷凝器选择全凝器（Total），再沸器选择釜式（Kettle），有效相态选择汽-液（Vapor-Liquid），收敛方法采用默认标准方法（Standard）。对于 RadFrac 模块属于操作型计算，需要先给出 2 个操作规定的初值，本例选择塔顶采出流率 300kg/h；回流比 15。

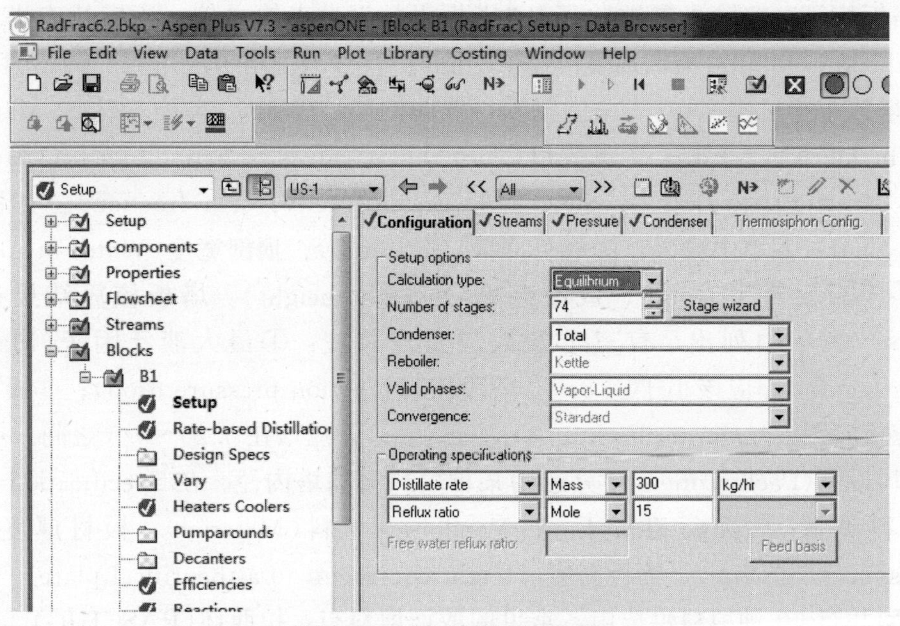

图 5.70 输入塔结构参数

在 Streams 页面（见图 5.71），规定进料位置和出料位置。在 Pressure 页面（见图 5.72），规定塔的操作压力和塔板压降。

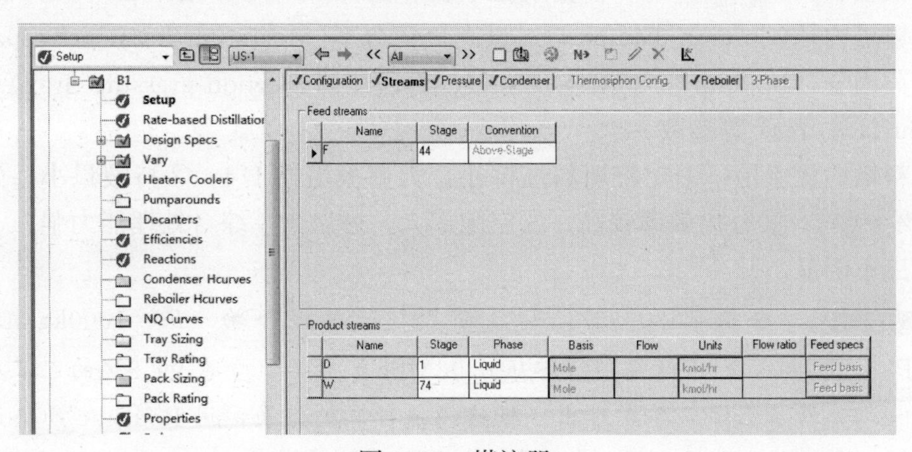

图 5.71 塔流股

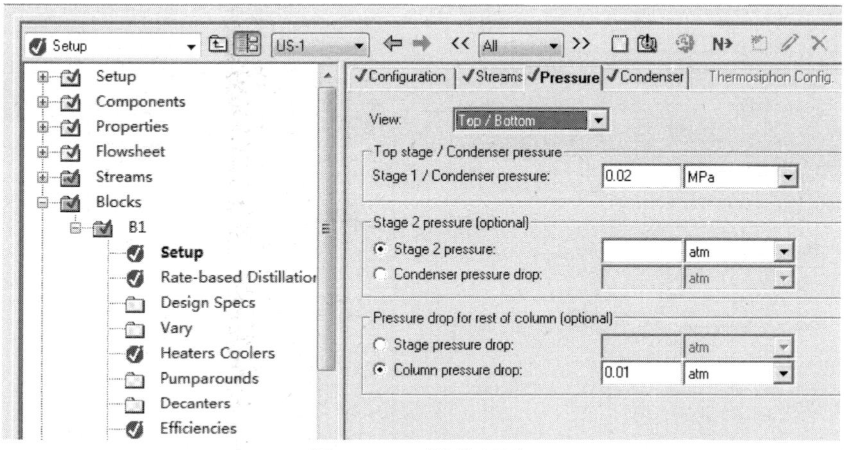

图 5.72　操作压力

输入完成进行运算，从 Blocks/B1/Results/Split Fraction 页面（见图 5.73）查看结果，发现没有达到分离要求，需要进行优化。

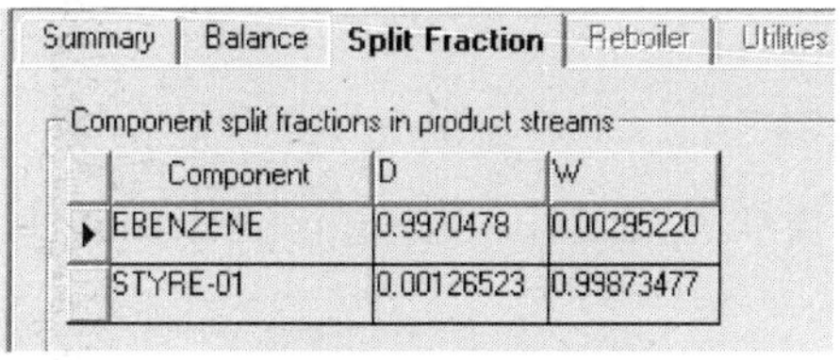

Summary | Balance | Split Fraction | Reboiler | Utilities

Component split fractions in product streams

Component	D	W
EBENZENE	0.9970478	0.00295220
STYRE-01	0.00126523	0.99873477

图 5.73　计算结果

RadFrac 模块可通过设计规定（Design Specs），达到分离要求。进入 Blocks/B1/Design Specs，点击新建（New）。在 Specifications 页面［见图 5.74（a）］，点击 Type 的下拉菜单，选择质量回收率（Mass recovery），目标（Target）输入 0.998。在 Components 页面［见图 5.74（b）］，组分选择乙苯。在 Feed/Product Streams 页面［见图 5.74（c）］，产物物流选择 D，进料物流选择 F。

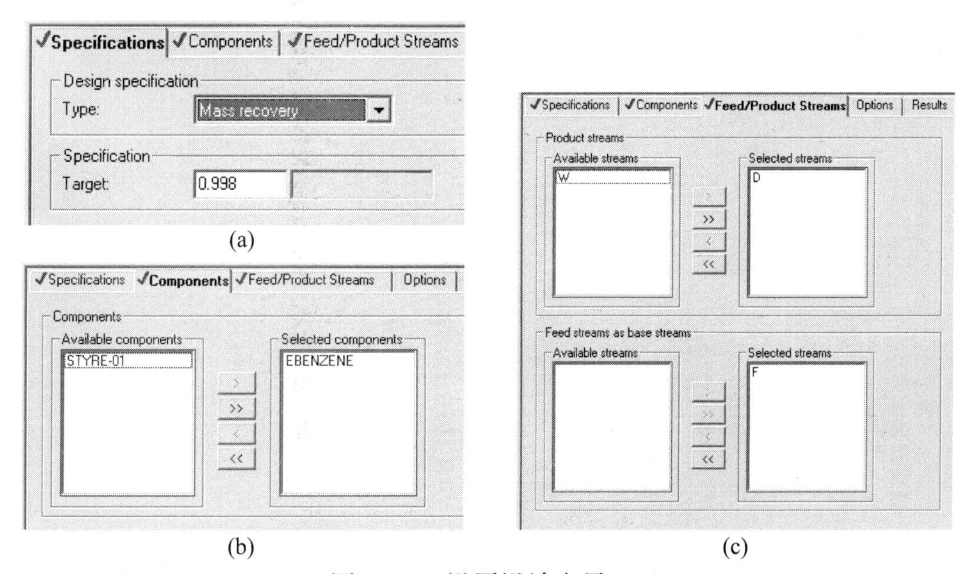

图 5.74　设置设计变量(1)

类似地，如图 5.75 设置另一个操作规定“苯乙烯在塔釜的回收率为 99.9%”。

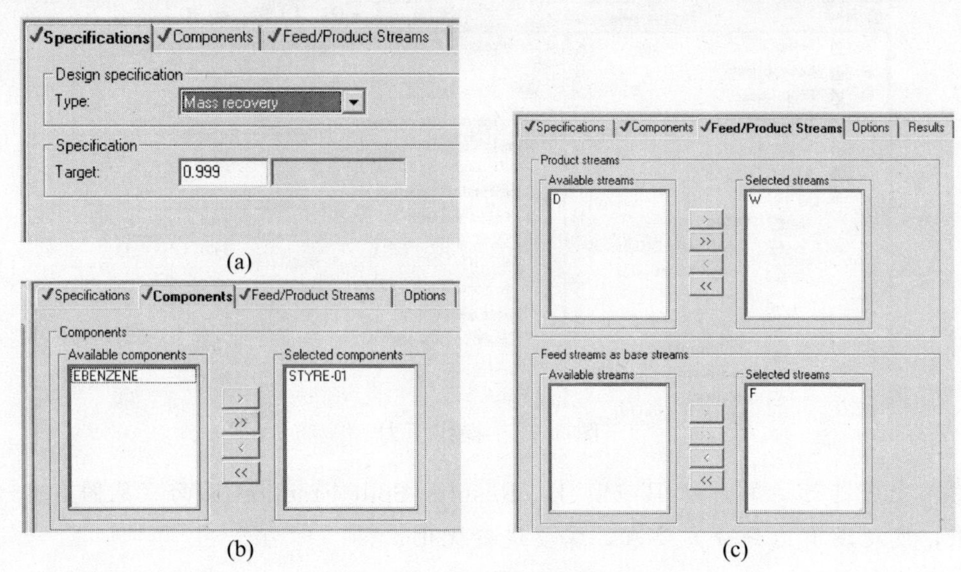

图 5.75 设置设计变量(2)

每一个设计规定还需要对应一个操作变量。本例分别选择回流比（变化范围 14～18）和塔顶采出率（变化范围 290～310kg/h)，如图 5.76 所示。

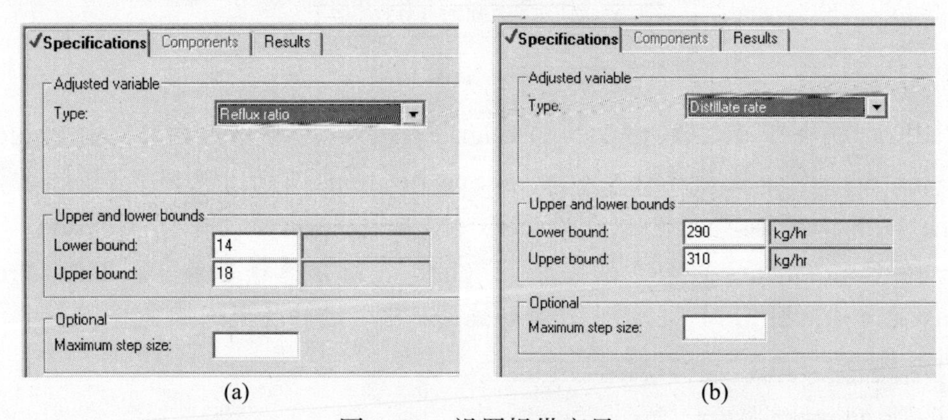

图 5.76 设置操纵变量

输入完成后，重新进行计算。从 Blocks/B1/Results/Split Fraction 页面［见图 5.77 (a)］看出分离达到要求。从 Blocks/B1/Vary/1/Results 页面［见图 5.77 (b)］，可以查看操纵变量的取值。

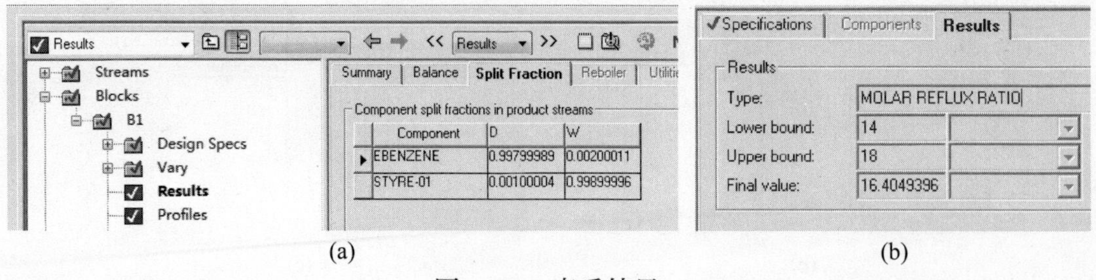

图 5.77 查看结果

RadFrac可以设计填料塔和板式塔。点击Blocks/B1/Pack Sizing，新建一个填料塔设计文件“1”。在Specifications页面（见图5.78），填料段从2块塔板到73块塔板（去除冷凝器和再沸器），填料类型选择带孔板波填料（MELLAPAK），并输入填料的厂家SULZER、型号250Y、材质STANDARD、等板高度0.5m等。经过计算，在Results页面（见图5.79）可查看结果。

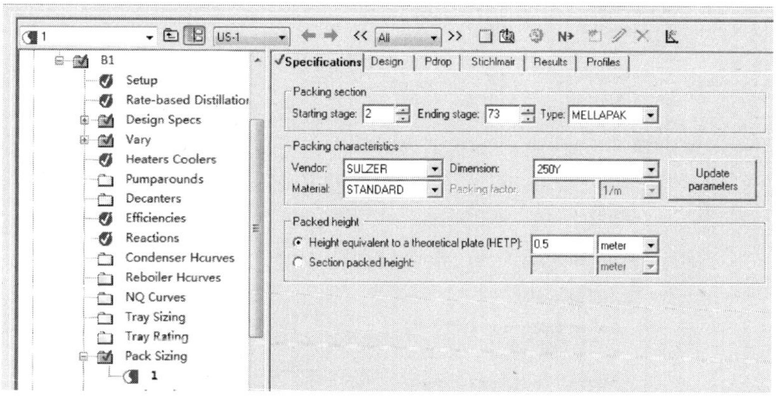

图5.78 填料塔设计

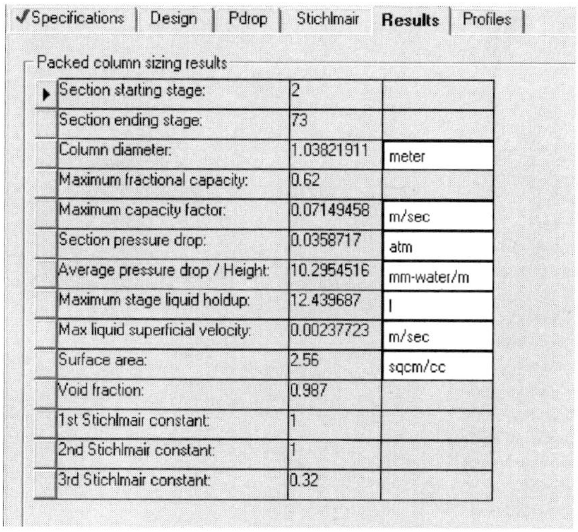

Specifications | Design | Pdrop | Stichlmair | Results | Profiles

Packed column sizing results

Section starting stage:	2	
Section ending stage:	73	
Column diameter:	1.03821911	meter
Maximum fractional capacity:	0.62	
Maximum capacity factor:	0.07149458	m/sec
Section pressure drop:	0.0358717	atm
Average pressure drop / Height:	10.2954516	mm-water/m
Maximum stage liquid holdup:	12.439687	l
Max liquid superficial velocity:	0.00237723	m/sec
Surface area:	2.56	sqcm/cc
Void fraction:	0.987	
1st Stichlmair constant:	1	
2nd Stichlmair constant:	1	
3rd Stichlmair constant:	0.32	

图5.79 填料塔设计结果

类似地，点击Blocks/B1/Tray Sizing，新建板式塔设计文件“1”。在Blocks/B1/Efficiencies页面，可设置板效率，根据板效率计算实际的塔板数。在Specifications页面（见图5.80），规定塔板类型为筛板（Sieve），塔板从第2块到104块，塔板间距0.6m。经过计算，在Results页面（见图5.80）可查看计算结果。

RadFrac也具有校核功能，可以校核设计的塔是否满足分离要求。根据图5.81的结果，在点击Blocks/B1/Tray Rating，新建一个板式塔核算文件“1”。在Specs页面［见图5.82（a）］，输入塔直径1.1m，板间距0.6m，堰高50mm。在Layout页面［见图5.82（b）］，输入筛孔直径0.008m。

1
US-1
All
B1
Setup
Rate-based Distillation
Design Specs
Vary
Heaters Coolers
Pumparounds
Decanters
Efficiencies
Reactions
Condenser Hcurves
Reboiler Hcurves
NQ Curves
Tray Sizing
1
Specifications
Design
Results
Profiles
Trayed section
Starting stage: 2
Ending stage: 104
Tray type: Sieve
Number of passes: 1
Tray geometry
Tray spacing: 0.6 meter
Minimum column diameter: 0.3048 meter
Cap slot area to active area ratio: 0.12
Sieve hole area to active area ratio: 0.12

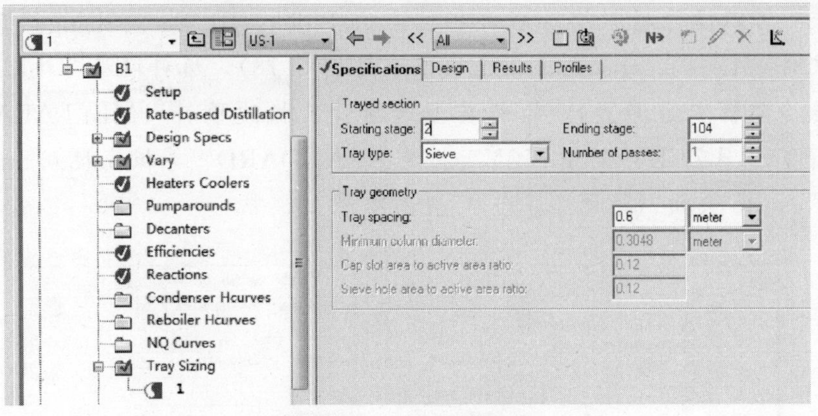

图 5.80　筛板塔设计

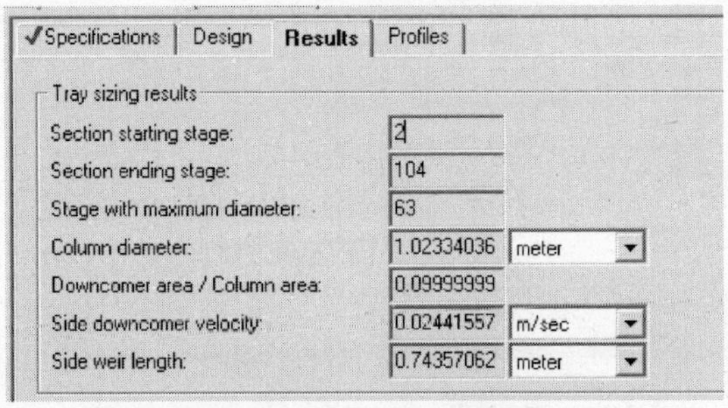

Specifications
Design
Results
Profiles
Tray sizing results
Section starting stage: 2
Section ending stage: 104
Stage with maximum diameter: 63
Column diameter: 1.02334036 meter
Downcomer area / Column area: 0.09999999
Side downcomer velocity: 0.02441557 m/sec
Side weir length: 0.74357062 meter

图 5.81　筛板塔计算结果

Setup
US-1
All
B1
Setup
Rate-based Distillation
Design Specs
Vary
Heaters Coolers
Pumparounds
Decanters
Efficiencies
Reactions
Condenser Hcurves
Reboiler Hcurves
NQ Curves
Tray Sizing
Tray Rating
1
Specs
Design / Pdrop
Layout
Downcomers
Trayed section
Starting stage: 2
Ending stage: 104
Tray type: Sieve
Number of passes: 1
Tray geometry
Diameter: 1.1 meter
Deck thickness: 10 GAUGE
Tray spacing: 0.6 meter
Weir heights
Panel A
Panel B
Panel C
Panel D
mm
meter
meter
meter
50

(a)

Specs
Design / Pdrop
Layout
Downcomers
Trayed section
Tray type: Sieve
Number of passes: 1
Sieve tray
Hole diameter: 0.008 meter
Hole pitch: meter
Sieve hole area to active area fraction: 0.12

(b)

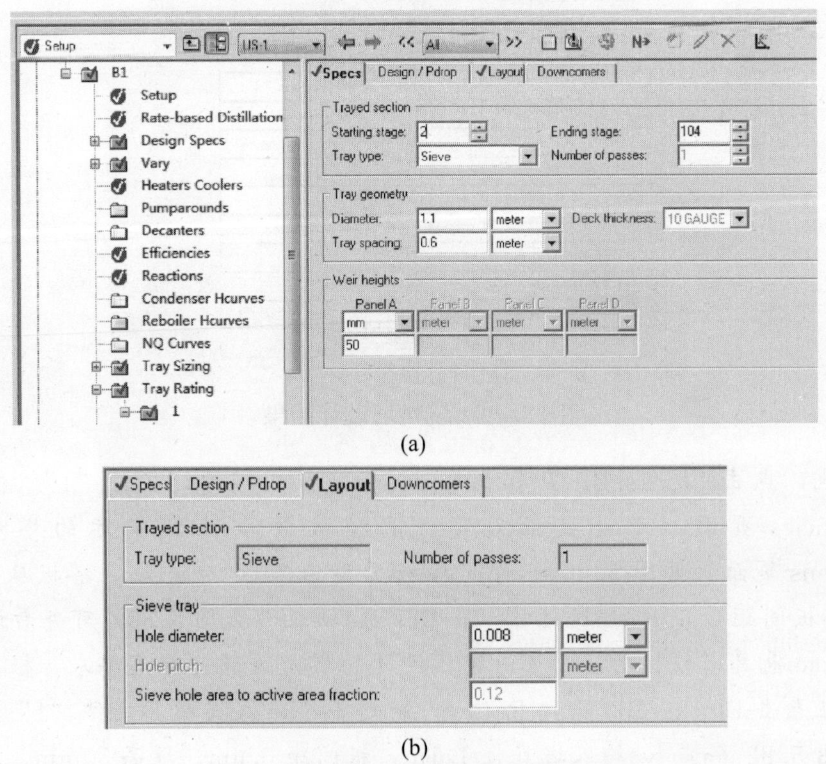

图 5.82　筛板塔校核

输入完成进行计算，在 Blocks/B1/Tray Rating/Results 面［见图 5.83（a）］可查看塔板校核结果，在 Blocks/B1/Tray Rating/Results/Profiles 页面［见图 5.83（b）］可查看每块塔板上的水力学数据。

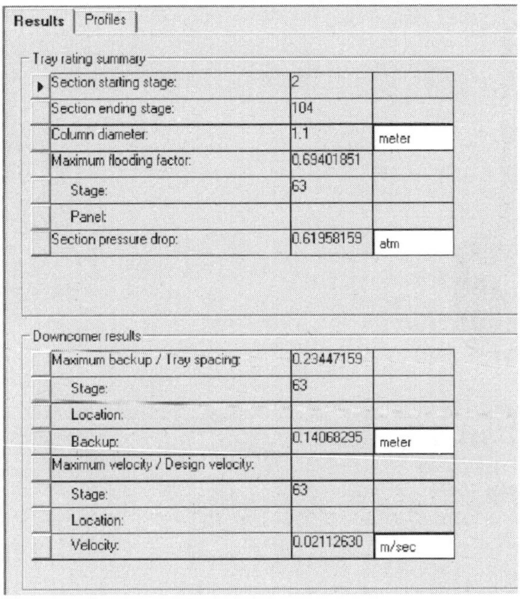

Results | Profiles

Tray rating summary

Section starting stage:	2	
Section ending stage:	104	
Column diameter:	1.1	meter
Maximum flooding factor:	0.69401851	
Stage:	63	
Panel:		
Section pressure drop:	0.61958159	atm

Downcomer results

Maximum backup / Tray spacing:	0.23447159	
Stage:	63	
Location:		
Backup:	0.14068295	meter
Maximum velocity / Design velocity:		
Stage:	63	
Location:		
Velocity:	0.02112630	m/sec

(a)

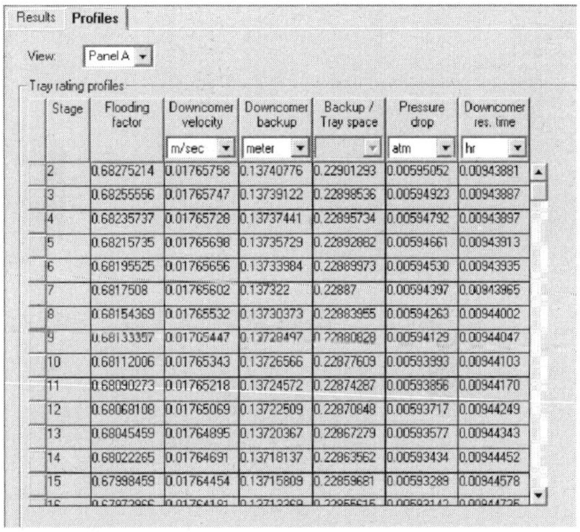

Results | Profiles

View: Panel A

Tray rating profiles

Stage	Flooding factor	Downcomer velocity	Downcomer backup	Backup / Tray space	Pressure drop	Downcomer res. time
		m/sec	meter		atm	hr
2	0.68275214	0.01765758	0.13740776	0.22901293	0.00595052	0.00943881
3	0.68255556	0.01765747	0.13739122	0.22898536	0.00594923	0.00943887
4	0.68235737	0.01765728	0.13737441	0.22895734	0.00594792	0.00943897
5	0.68215735	0.01765698	0.13735729	0.22892882	0.00594661	0.00943913
6	0.68195525	0.01765656	0.13733984	0.22889973	0.00594530	0.00943935
7	0.6817508	0.01765602	0.137322	0.22887	0.00594397	0.00943965
8	0.68154369	0.01765532	0.13730373	0.22883955	0.00594263	0.00944002
9	0.68133357	0.01765447	0.13728497	0.22880828	0.00594129	0.00944047
10	0.68112006	0.01765343	0.13726566	0.22877609	0.00593993	0.00944103
11	0.68090273	0.01765218	0.13724572	0.22874287	0.00593856	0.00944170
12	0.68068108	0.01765069	0.13722509	0.22870848	0.00593717	0.00944249
13	0.68045459	0.01764895	0.13720367	0.22867279	0.00593577	0.00944343
14	0.68022265	0.01764691	0.13718137	0.22863562	0.00593434	0.00944452
15	0.67998459	0.01764454	0.13715809	0.22859681	0.00593289	0.00944578

(b)

图 5.83　筛板塔校核结果

5.5.5　间歇精馏

间歇精馏属于动态模拟，适合高附加值、小批量、满足多种产品的精细化学品生产。除了可以采用 Aspen Plus/Columns/BatchSep 模块，更方便的是采用 Aspen 系列软件——Aspen Batch Distillation。

例 5.13　利用间歇精馏从苯、甲苯、对二甲苯三元混合物中分离苯，通过调整回流比保持恒定的馏出物组成。5 块理论板（包括冷凝器和再沸器）。再沸器尺寸：直径 3m，高 1m。控制器可调变量为回流比，设计变量为馏出物苯摩尔分数（设置为 0.95）。冷凝器压力 1.01325bar，全塔压降 0.1bar。回流罐持液量 10kmol，塔板持液量 1kmol。再沸器热负荷 5GJ/h，全凝器。全回流开车，初始原料量苯 50kmol、甲苯 25kmol、对二甲苯 50kmol。首先恒回流比操作，设定回流比 5，直至馏出物苯的摩尔分数小于 0.95。之后改为变回流比操作，回流比自动改变，直至馏出物中苯的摩尔分数小于 0.925。

打开 Aspen Batch Distillation，如图 5.84 所示。双击间歇精馏模块 B1，建立一个新的模拟，或从 File、快捷方式新建［见图 5.85（a）］。点击“Edit Using Aspen Properties…”，进入 Aspen Plus 输入组分［见图 5.85（b）］及物性方法，之后软件自动返回 Aspen Batch Distillation［见图 5.85（c）］。

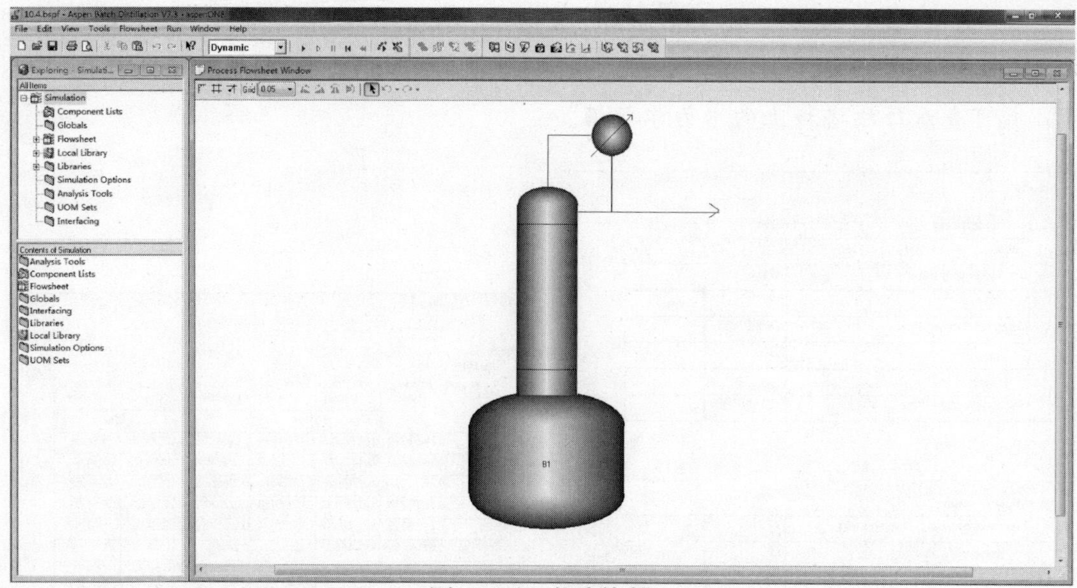
Process Flowsheet Window
Simulation
Component Lists
Globals
Flowsheet
Local Library
Libraries
Simulation Options
Analysis Tools
UOM Sets
Interfacing
Dynamic
B1

图 5.84 启动软件

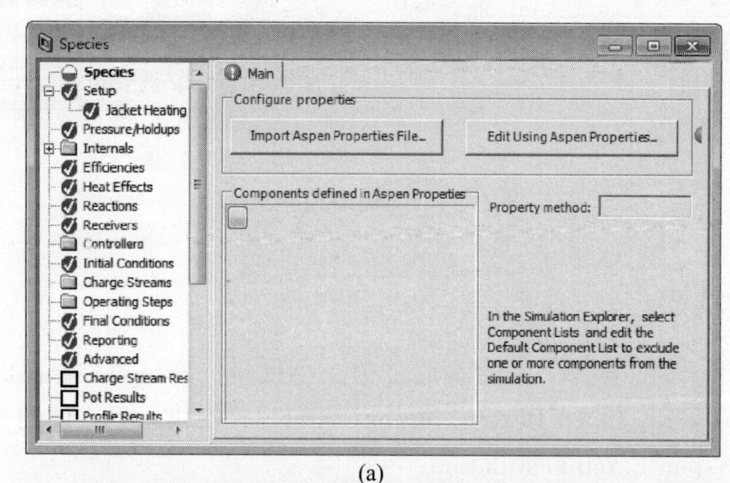
Species
Species
Setup
Jacket Heating
Pressure/Holdups
Internals
Efficiencies
Heat Effects
Reactions
Receivers
Controllers
Initial Conditions
Charge Streams
Operating Steps
Final Conditions
Reporting
Advanced
Charge Stream Res
Pot Results
Main
Configure properties
Import Aspen Properties File...
Edit Using Aspen Properties...
Components defined in Aspen Properties
Property method:
In the Simulation Explorer, select Component Lists and edit the Default Component List to exclude one or more components from the simulation.

(a)

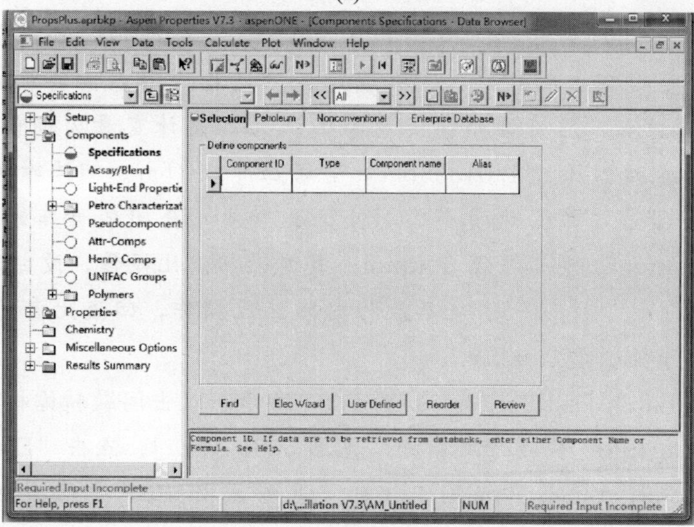
File Edit View Data Tools Calculate Plot Window Help
Specifications
Setup
Components
Specifications
Assay/Blend
Henry Comps
UNIFAC Groups
Polymers
Properties
Chemistry
Miscellaneous Options
Results Summary
Selection
Petroleum
Nonconventional
Enterprise Database
Define components
Component ID
Type
Component name
Alias
Find
Elec Wizard
User Defined
Reorder
Review
Required Input Incomplete
For Help, press F1
NUM

(b)

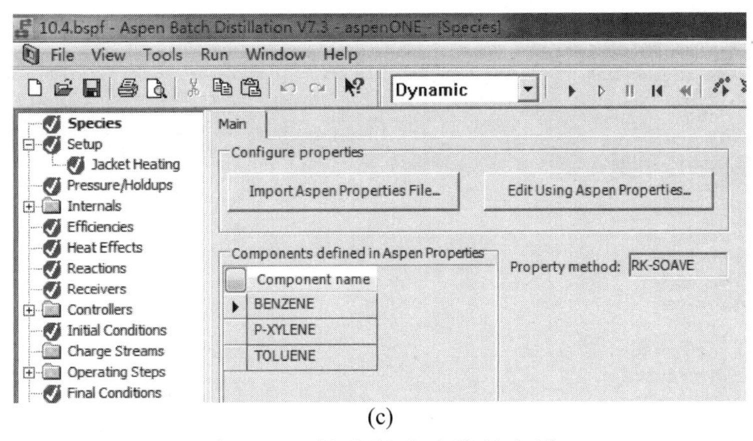

(c)

图 5.85　输入组分及物性方法

在 Setup/Configuration 页面（见图 5.86），输入塔板数 5。在 Setup/ Pot Geometry 页面（见图 5.87），输入塔釜再沸器尺寸直径 3m，高 1m。在 Setup/ Condenser 页面（见图 5.88），选择冷凝器类型为全凝器。在 Setup/Reflux 页面（见图 5.89），规定回流比为 5。

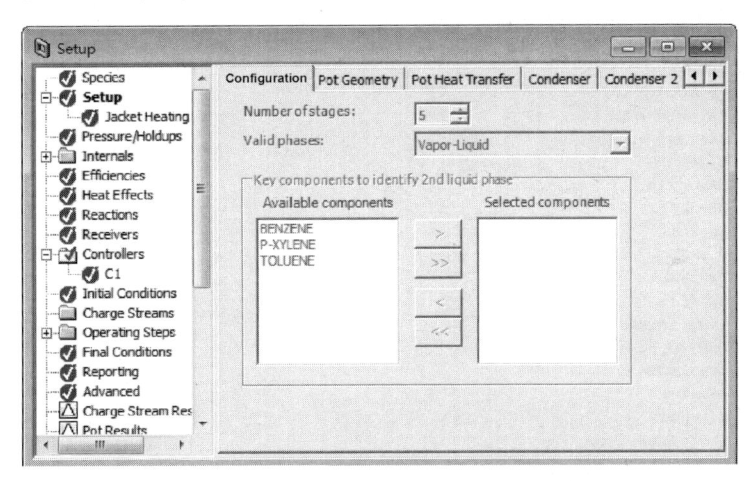

图 5.86　输入塔板数

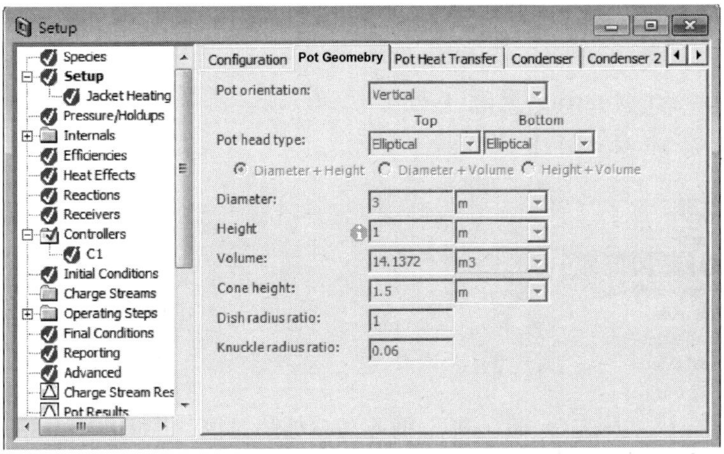

图 5.87　输入塔釜尺寸

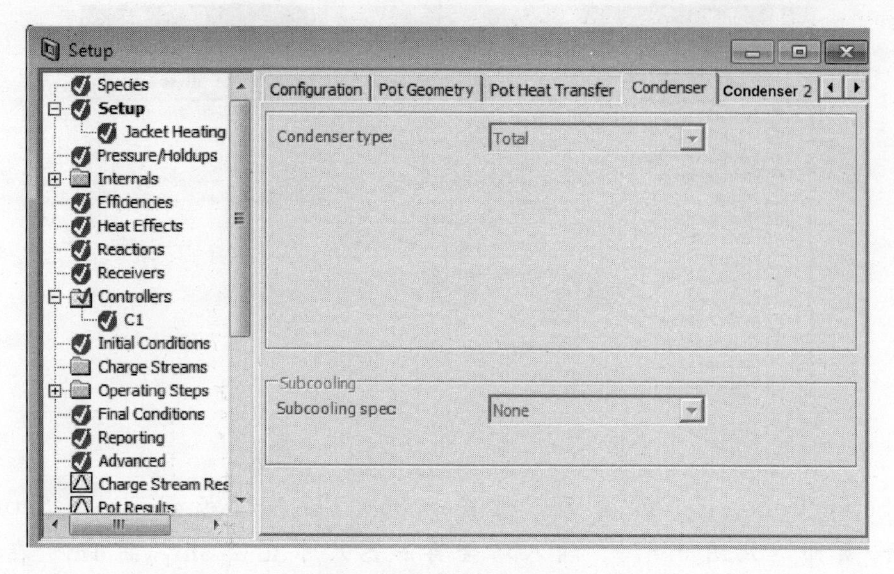

图 5.88　规定冷凝器

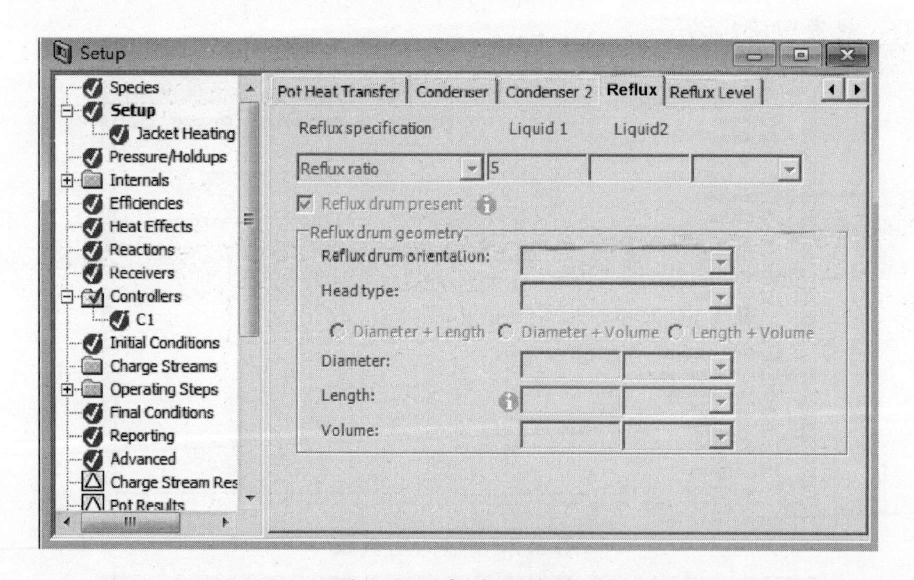

图 5.89　规定回流比

在 Setup/Jacket Heating 页面（见图 5.90），夹套加热参数，选择规定热负荷(Specified duty)，输入 5GJ/h。

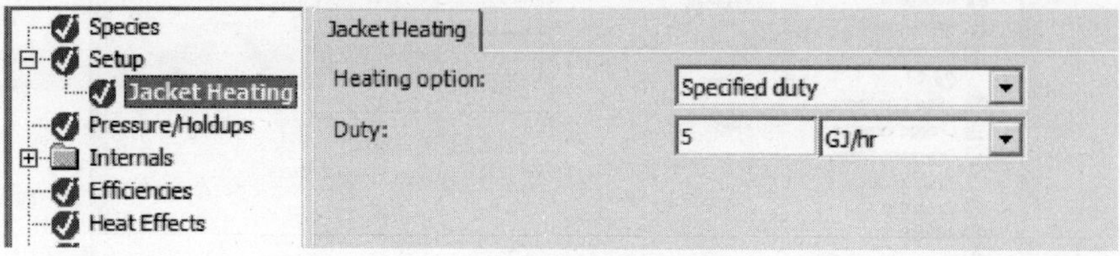

图 5.90　输入夹套加热参数

点击 Pressure/Holdups，在 Pressure 页面（见图 5.91），输入操作压力，冷凝器压力 1.01325bar，全塔压降 0.1bar。在 Holdups 页面（见图 5.92），输入持液量，回流罐持液量 10kmol，塔板持液量 1kmol。

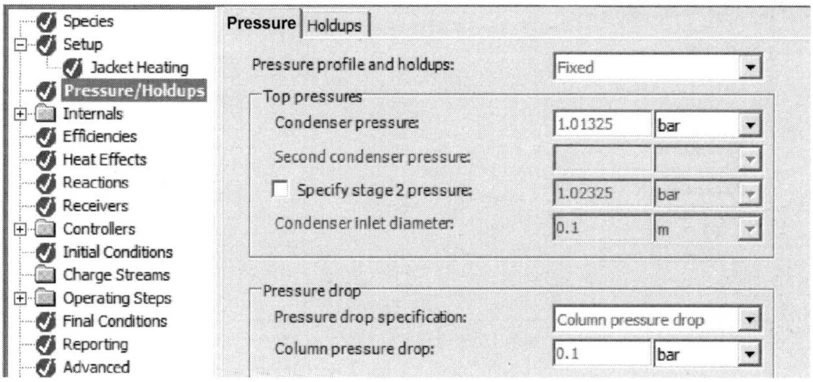

图 5.91　规定操作压力

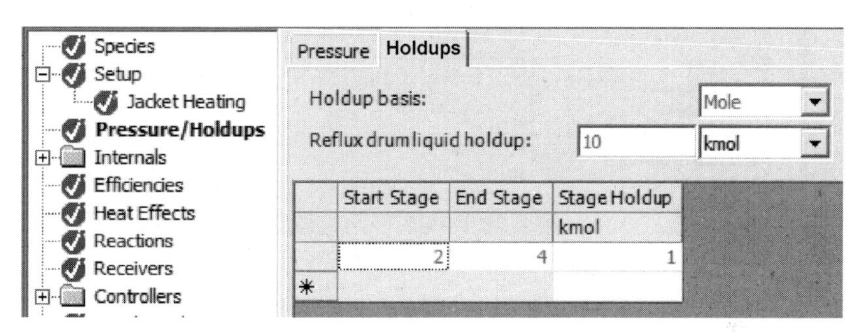

图 5.92　输入持液量

点击 Controllers，创建控制方案“C1”。在 Connections 页面（见图 5.93），控制变量类型选择馏出液摩尔分数（Distillate mole fraction），控制点设为 0.95，组分选择苯。操作变量选择回流比（Reflux ratio）。

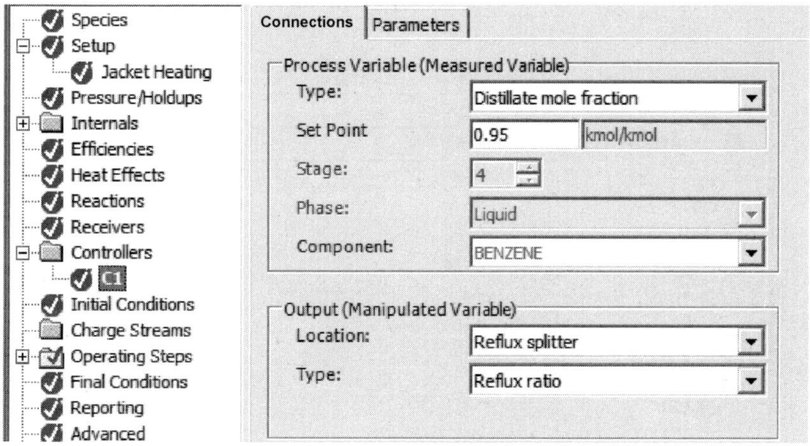

图 5.93　设置控制方案

点击 Initial conditions，定义开车初始条件。在 Main 页面［见图 5.94（a）］，选择全回流操作，初始温度 20℃，压力 1atm。在 Intial Charge 页面［见图 5.94（b）］，输入加料条件，原料量苯 50kmol，甲苯 25kmol，对二甲苯 25kmol。

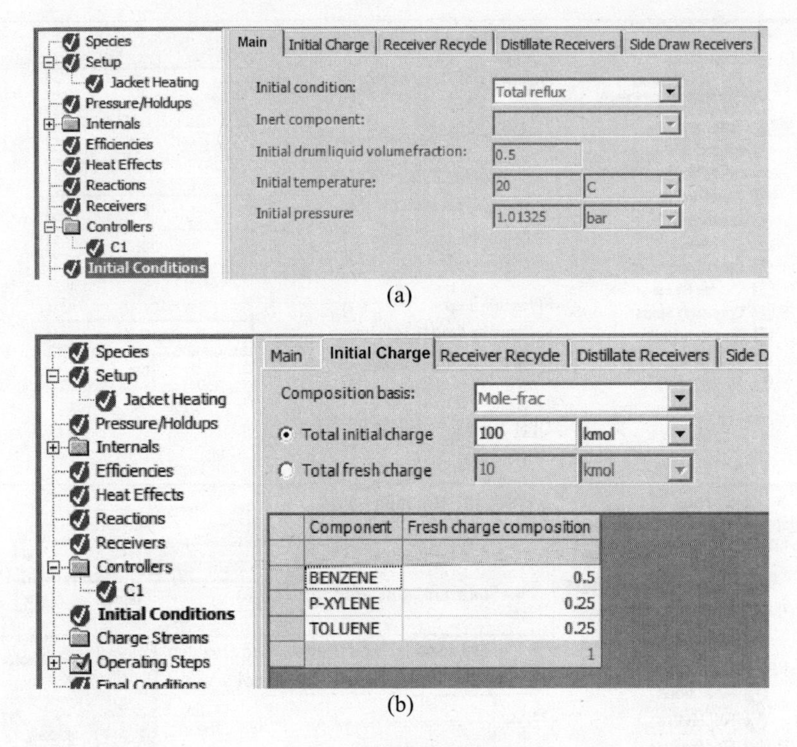

(a)

(b)

图 5.94 设置初始操作条件

点击 Operation Steps，新建操作步骤。本例分两步，首先恒回流比操作，定义为“Distill”，之后变回流比操作，定义为“VaryReflux”。在 Distill/ Changed Parameters 页面［见图 5.95（a）］，控制参数选择夹套热负荷，5GJ/hr。在 End Condition 页面［见图 5.95（b）］，终止条件规定为在冷凝器中苯的摩尔分数小于 0.95。

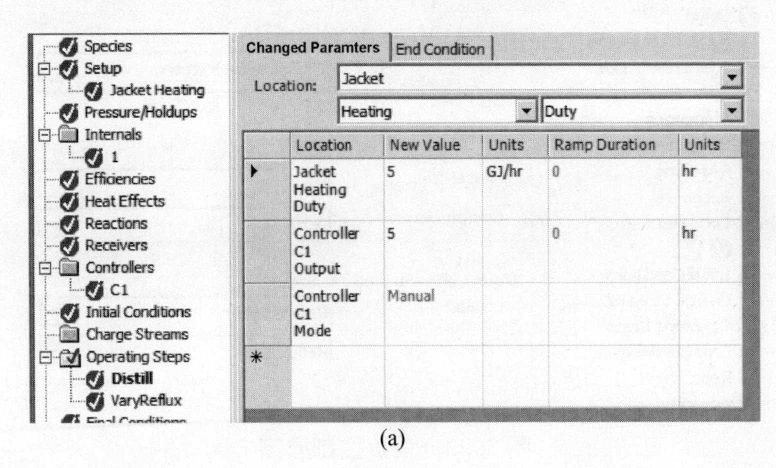

(a)

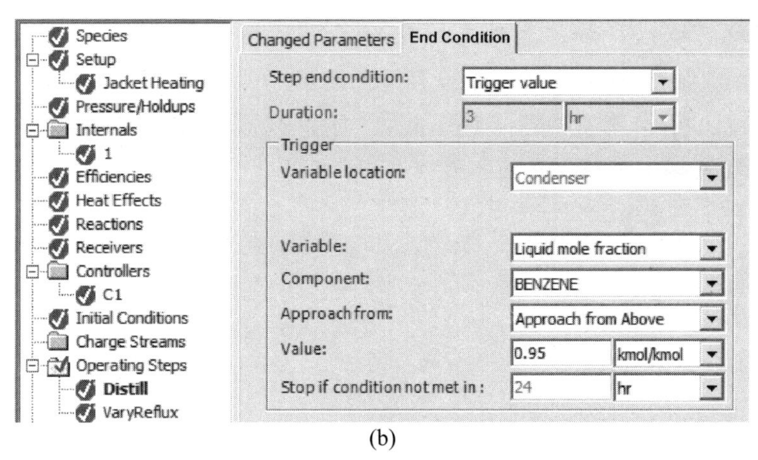

(b)

图 5.95　恒回流比过程设置

在 VaryReflux/ Changed Parameters 页面［见图 5.96（a）］，控制参数选择控制器的控制方案 C1。在 End Condition 页面［见图 5.96（b）］，终止条件规定为在冷凝器中苯的摩尔分数小于 0.925。

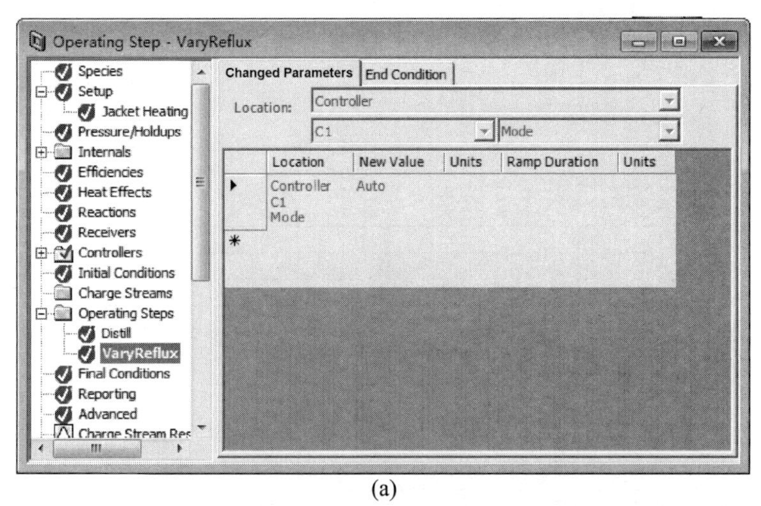

(a)

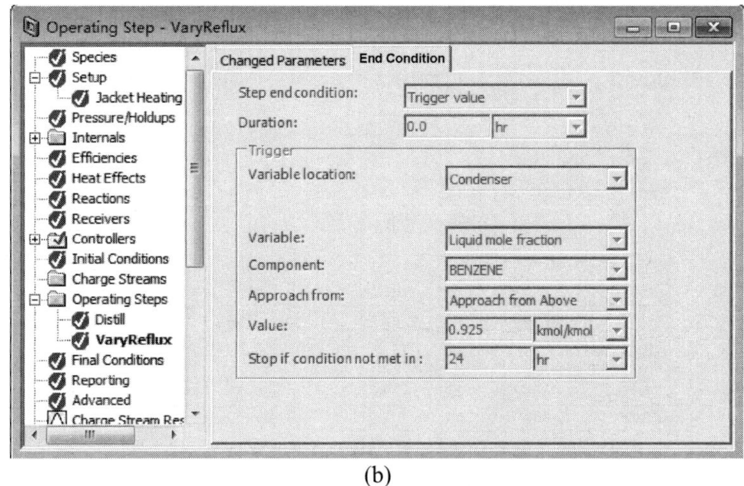

(b)

图 5.96　变回流比过程设置

输入完成就可以进行计算。动态模拟除了得到终态各部分的操作数据，也可获得过程中的数据。在 Multiple Batches Results/Main 页面（见图 5.97），可得到间歇操作时间，约 3.19h。点击 Time Profiles，可得到不同时间，各部分温度、组成、持液量等数据（见图 5.98）。

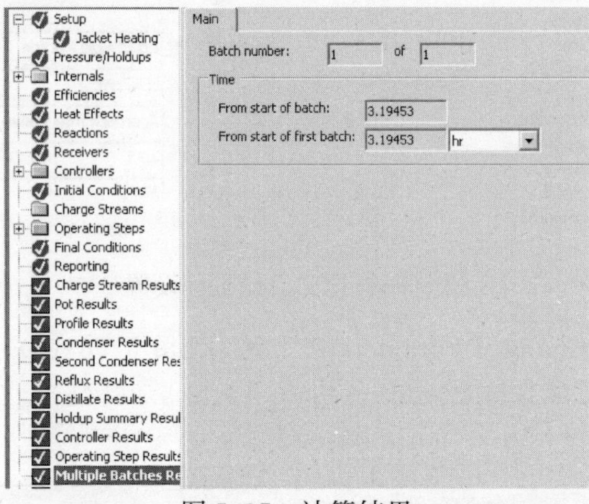

图 5.97 计算结果

TPFQ | Composition | Holdup | Flooding

Location: Pot　5

Number of profile points: 10

Time	Temperature	Pressure	Heat duty	Liquid flow	Vapor flow
hr	C	bar	GJ/hr	kmol/hr	kmol/hr
0	102.135	1.11325	5	0	138.933
0.354948	104.873	1.11325	5	0	146.549
0.709896	108.612	1.11325	5	0	145.025
1.06484	111.48	1.11325	5	0	143.058
1.41979	112.988	1.11325	5	0	142.598
1.77474	113.78	1.11325	5	0	142.271
2.12969	114.534	1.11325	5	0	141.896
2.48464	115.314	1.11325	5	0	141.511
2.83958	116.122	1.11325	5	0	141.145
3.19453	116.955	1.11325	5	0	140.789

(a)

TPFQ | Composition | Holdup | Flooding

Location: Pot　5

Number of profile points: 10

Time(hr)	BENZENE	P-XYLENE	TOLUENE
0	0.432177	0.285992	0.281831
0.354948	0.37177	0.319552	0.308677
0.709896	0.296235	0.362092	0.341673
1.06484	0.242853	0.391769	0.365378
1.41979	0.2163	0.406634	0.377066
1.77474	0.202826	0.414384	0.382792
2.12969	0.190306	0.42191	0.387784
2.48464	0.177639	0.429684	0.392677
2.83958	0.164824	0.437714	0.397461
3.19453	0.151911	0.446008	0.402084

(b)

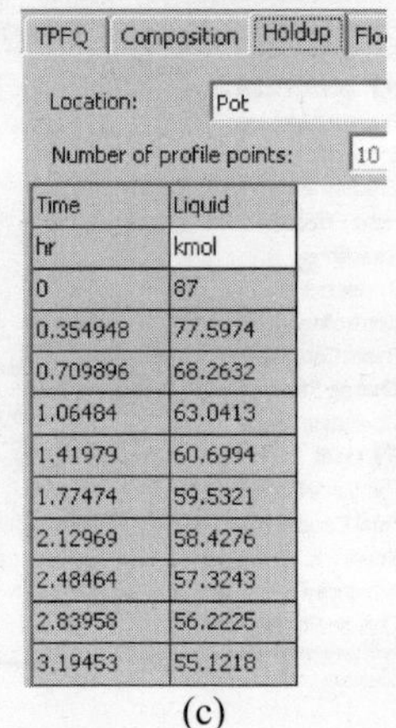
TPFQ | Composition | Holdup | Flo

Location: Pot

Number of profile points: 10

Time	Liquid
hr	kmol
0	87
0.354948	77.5974
0.709896	68.2632
1.06484	63.0413
1.41979	60.6994
1.77474	59.5321
2.12969	58.4276
2.48464	57.3243
2.83958	56.2225
3.19453	55.1218

(c)

图 5.98 动态过程数据

5.6　吸收

利用 Aspen Plus 模拟吸收过程，与精馏一样采用相同的塔模型，如 RadFrac。区别有以下几点：

① 在 Configuration 表单中将冷凝器和再沸器类型选为“None”；

② 在 Streams 表单中将塔底气体进料板位置设为塔板总数加 1，并将加料规则（Convention）设为“Above-Stage”；

③ 在收敛（Convergence）中基本（Basic）表单里的算法（algorithm）设置为“Standard”，并将最大迭代次数（maximum iterations）设置为 200；

④ 将高级（Advance）表单里的第一栏吸收器（Absorber）设置为“Yes”。

例 5.14　摩尔组成为 CO_2（12%）、N_2（23%）和 H_2（65%）的混合气体（$F=1000$kg/h、$P=2.9$ MPa、$T=20$℃）。用甲醇（$F=30$t/h、$P=2.9$MPa、$T=-40$℃）吸收脱除 CO_2。吸收塔有 30 块理论板，在 2.8MPa 下操作。求出塔气体中的 CO_2 浓度。

启动 Aspen Plus，选择系统模板（Template），采用默认的“General with Metric Units”。首先建立流程图，在界面主窗口的模型库 Model Library 中点击 Columns，选择 RadFrac，选择一个既没冷凝器又没再沸器的图标，放置于窗口的空白处。点击模块库左侧 Material STREAMS 的下拉箭头，选择 Material 添加物流，如图 5.99 所示。

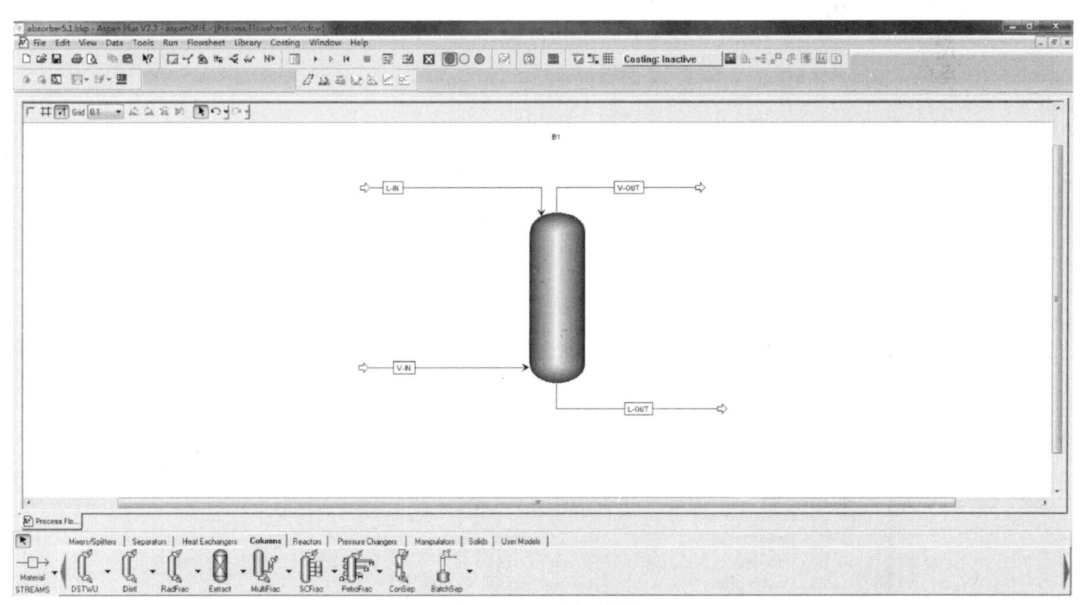

图 5.99　流程图

进入 Components/Specifications/Selection 页面（见图 5.100），输入组分二氧化碳、氮气、氢气和甲醇。点击 Components/Henry Comps，建立亨利组分集“HC-

1”，对于难溶组分的汽液平衡用亨利定律计算。在 Selection 页面（见图 5.101），选择亨利组分二氧化碳、氮气、氢气。进入 Properties/Specifications/ Global 页面，输入物性方法，本例 Process type 选择 COMMON，Base method 选择物性方法 NRTL-RK，并注意 Henry components 选择 HC-1，如图 5.102 所示。

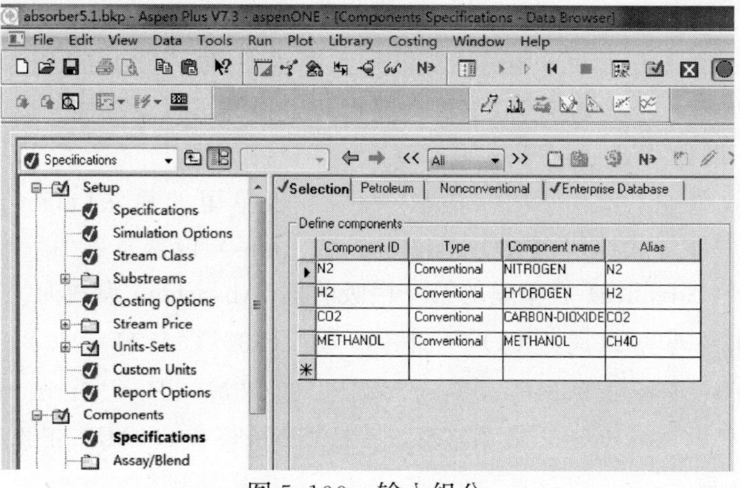

图 5.100　输入组分

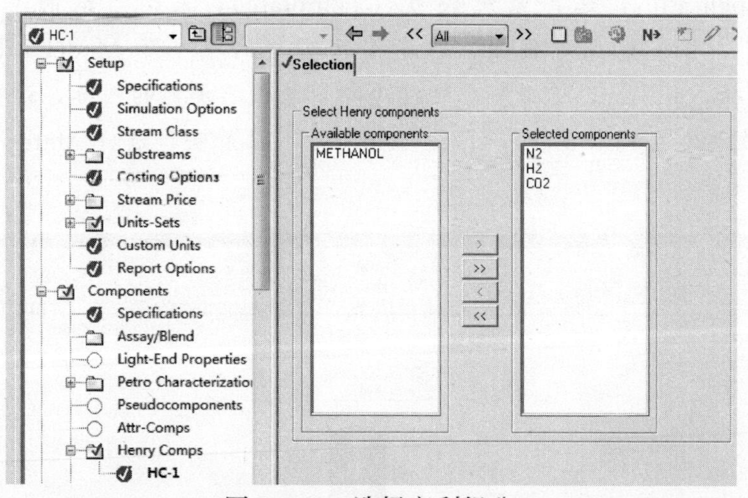

图 5.101　选择亨利组分

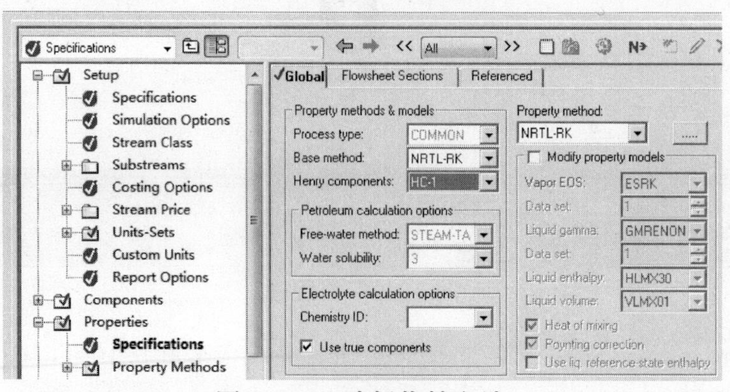

图 5.102　选择物性方法

点击 Streams，分别输入气相和液相的进料条件。液相为纯甲醇，流率 30 t/h，压力 2.9MPa，温度 −40℃，如图 5.103 (a) 所示。混合气体流率 1000kg/h，压力 2.9MPa，温度 20℃，摩尔组成 CO_2 (12%)、N_2 (23%) 和 H_2 (65%)，如图 5.103 (b) 所示。

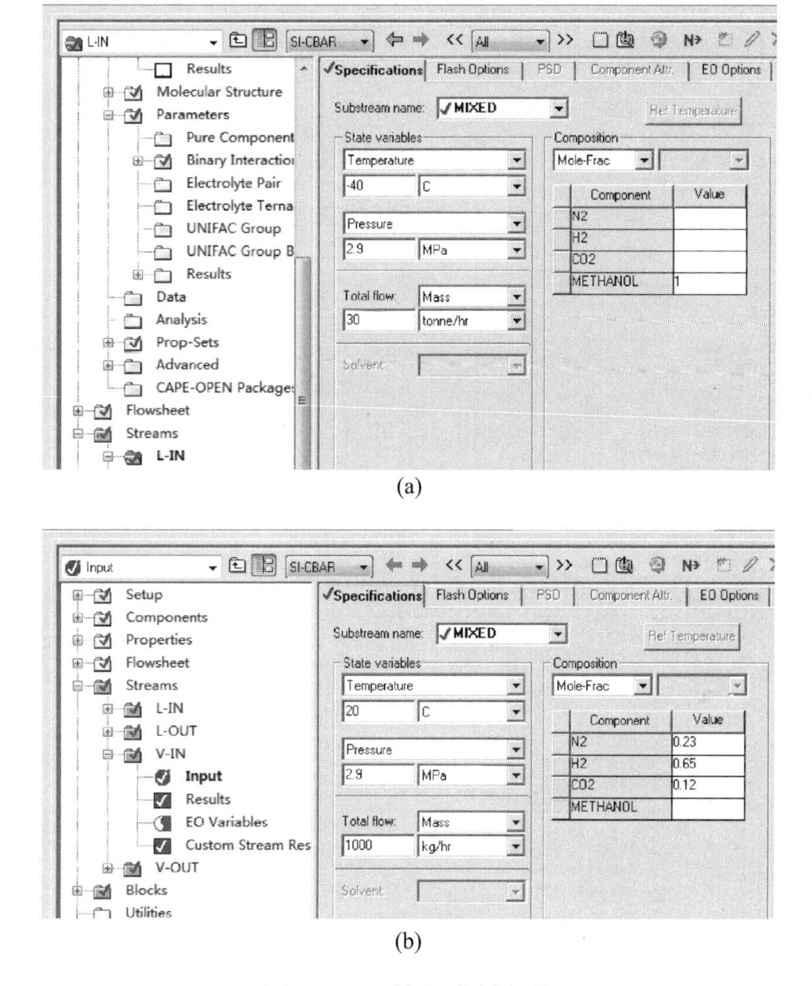

图 5.103 输入进料条件

进入 Blocks/B1/Setup/Configuration 页面（见图 5.104），输入 RadFrac 模块参数，计算类型选择平衡级模型（Equilibrium），塔板数输入 30，冷凝器选择无（None），再沸器选择无（None），有效相态选择汽-液（Vapor-Liquid），收敛方法采用默认标准方法（Standard）。

在 Blocks/B1/Setup/Streams 页面（见图 5.105），规定进料位置和出料位置，塔底气体进料板位置设为塔板总数加 1。在 Blocks/B1/Setup/Pressure 页面（见图 5.106），规定塔的操作压力和塔板压降。

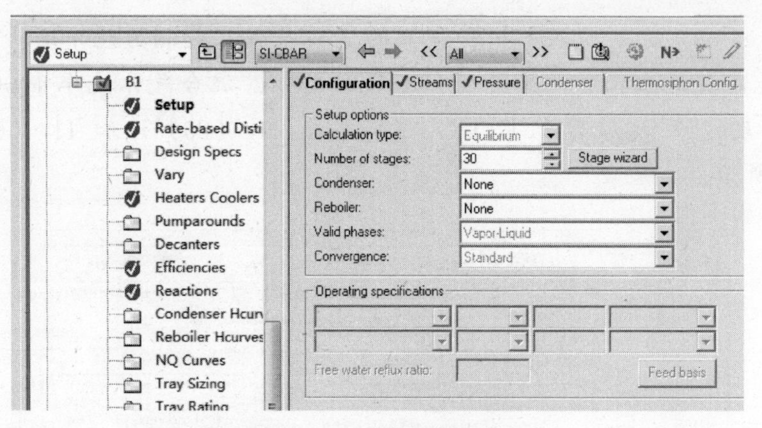

图 5.104 规定塔参数

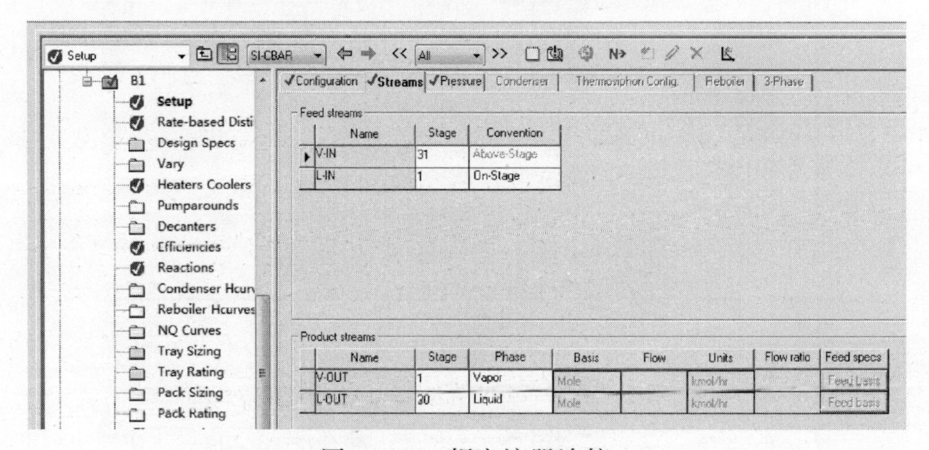

图 5.105 规定流股连接

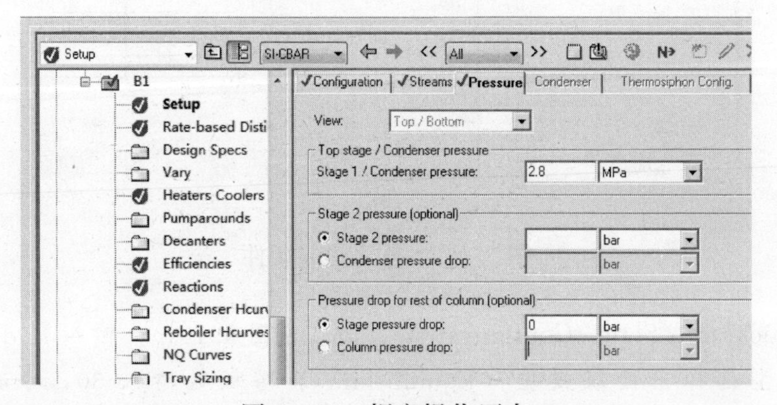

图 5.106 规定操作压力

在 Blocks/B1/Convergence/Basic 页面［见图 5.107（a）］，将 algorithm 设置为“Standard”，并将 Maximum iterations 设置为 200。在 Advance 页面［见图 5.107（b）］，将第一栏 Absorber 设置为“Yes”。

输入完成进行计算，在 Blocks/B1/ Results 页面，可查看吸收塔的计算结果；在 Results Summary/Streams 页面（见图 5.108），可查看每个流股的计算结果。

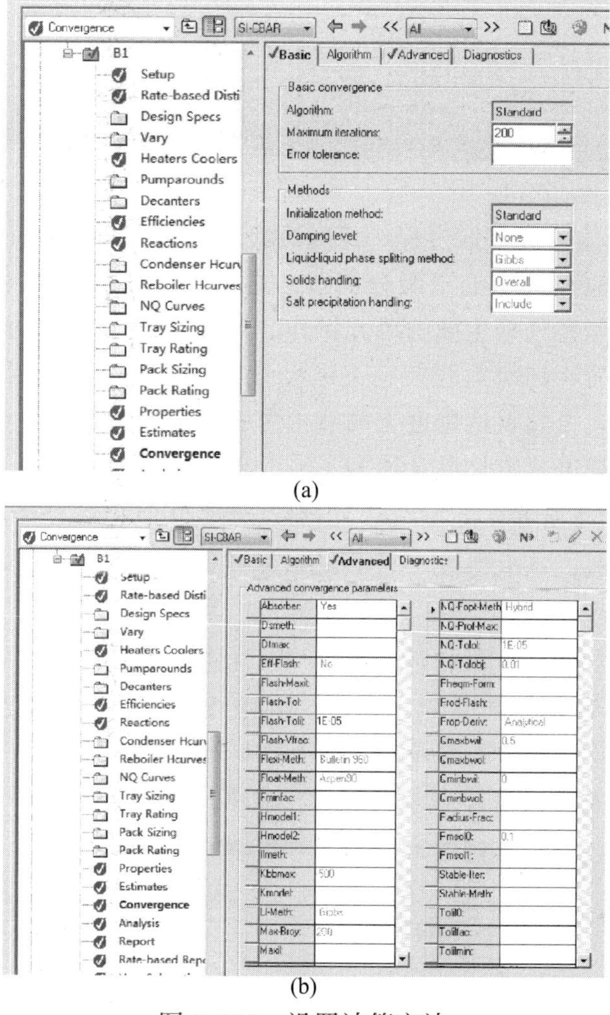

(a)

(b)

图 5.107　设置计算方法

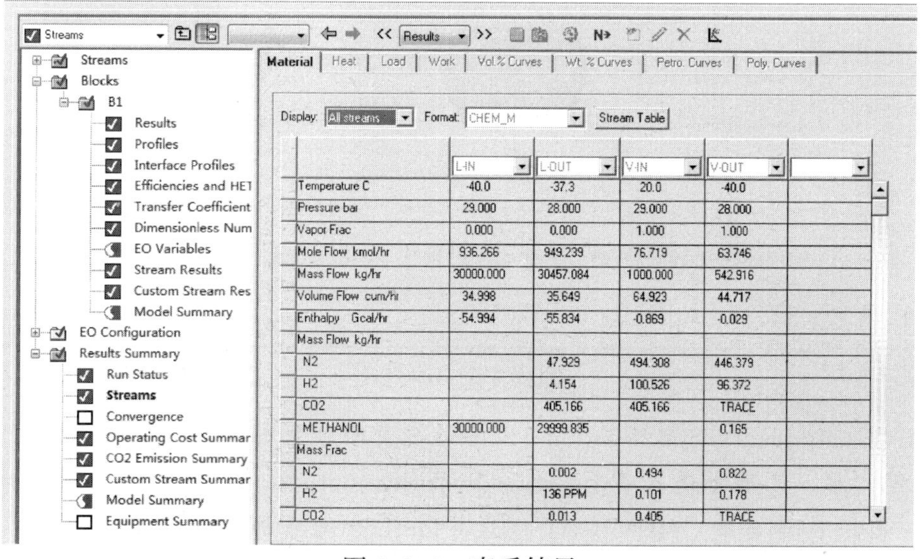

图 5.108　查看结果

5.7 萃取

5.7.1 单级萃取

对于液-液平衡的单级萃取过程，可用液液分相模块 Decanter 模拟。Decanter 用于模拟倾析器和其他无气相的单级分离器。它可以完成液-液平衡计算和液-游离水计算，但是不能处理有气相生成的单元操作。用 Decanter 模拟时，首先需要规定压力和温度或者热负荷；其次需要指定关键组分，指定关键组分后，含关键组分多的液相作为第二液相，否则默认密度大的液相为第二液相。该模块可以定义分离效率，即偏离平衡组成的程度，软件默认值为 1。

例 5.15 以甲基异丁基酮（$C_6H_{12}O$）为萃取剂，从含醋酸质量分数为 0.08 的水溶液中萃取醋酸。萃取温度 25℃，进料量 13000kg/h。萃取剂用量 16000 kg/h，求萃余相中醋酸的浓度。

启动 Aspen Plus，选择系统模板（Template），采用默认的“General with Metric Units”。首先建立流程图，在界面主窗口的模型库 Model Library 中点击 Separators，选择 Decanter，放置于窗口的空白处。点击模块库左侧 Material STREAMS 的下拉箭头，选择 Material 添加物流，如图 5.109 所示。

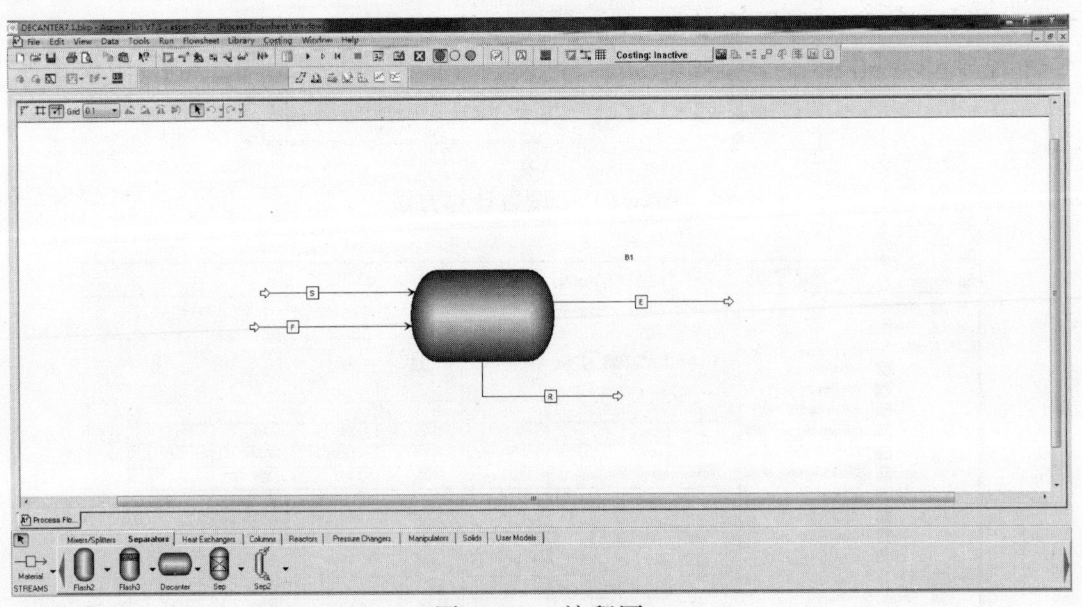

图 5.109 流程图

进入 Components/Specifications/Selection 页面（见图 5.110），输入组分，甲基异丁基酮、水、乙酸。进入 Properties/Specifications/Global 页面，输入物性方法，本例 Process type 选择 CHEMICAL，Base method 选择物性方法 UNIQUAC，如图 5.111 所示。

✓Selection | Petroleum | Nonconventional | ✓Enterprise Database

Define components

Component ID	Type	Component name	Alias
C6H12-01	Conventional	METHYL-ISOBUTY	C6H12O-2
H2O	Conventional	WATER	H2O
C2H4O-01	Conventional	ACETIC-ACID	C2H4O2-1
*			

图 5.110　输入组分

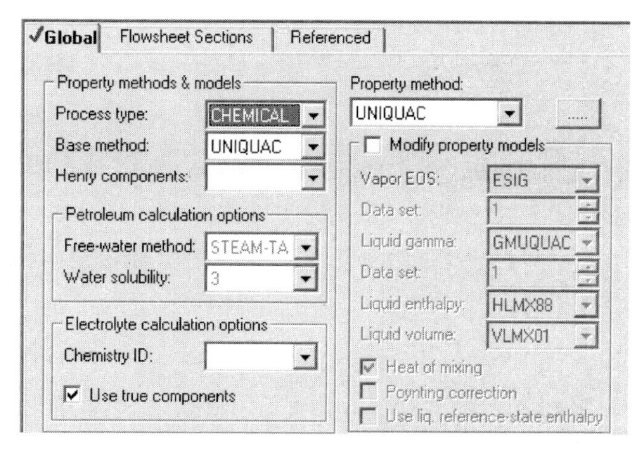

图 5.111　输入物性方法

点击 Blocks/B1/Streams/F/Specifications，分别输入原料和萃取剂的进料条件。原料进料量 13000kg/h，温度 25℃，压力 1bar，乙酸质量分数 0.08，水质量分数 0.92，如图 5.112（a）所示。萃取剂为甲基异丁基酮，流率 16000 kg/h，其他条件与原料相同，如图 5.112（b）所示。

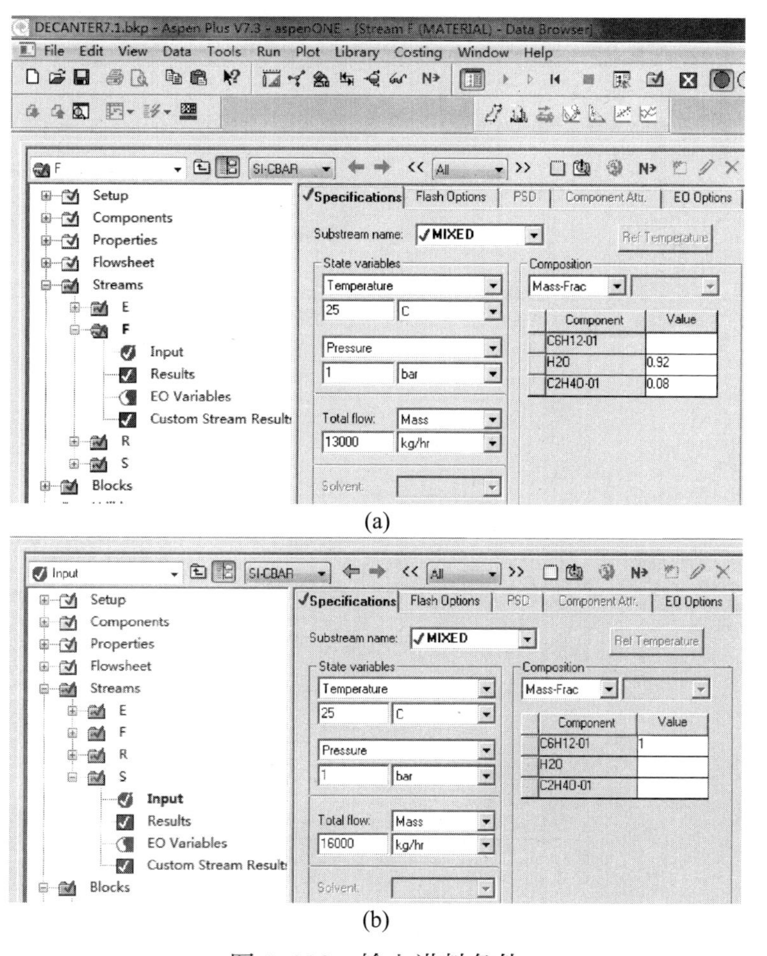

图 5.112　输入进料条件

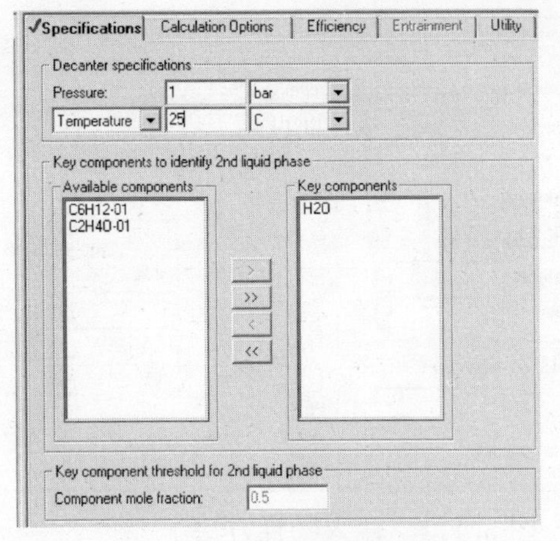

图 5.113 输入模块参数

进入 Specifications 页面，输入操作温度为 25℃，压力为 1bar，第二液相水关键组分（见图 5.113）。

输入完成进行计算，在 Blocks/B1/Results/Phase Equilibrium 页面［见图 5.114（a)］可查看液-液平衡的计算结果，在 Results Summary/Streams 页面［见图 5.114（b）］可查看萃取相、萃余相等流股的计算结果。

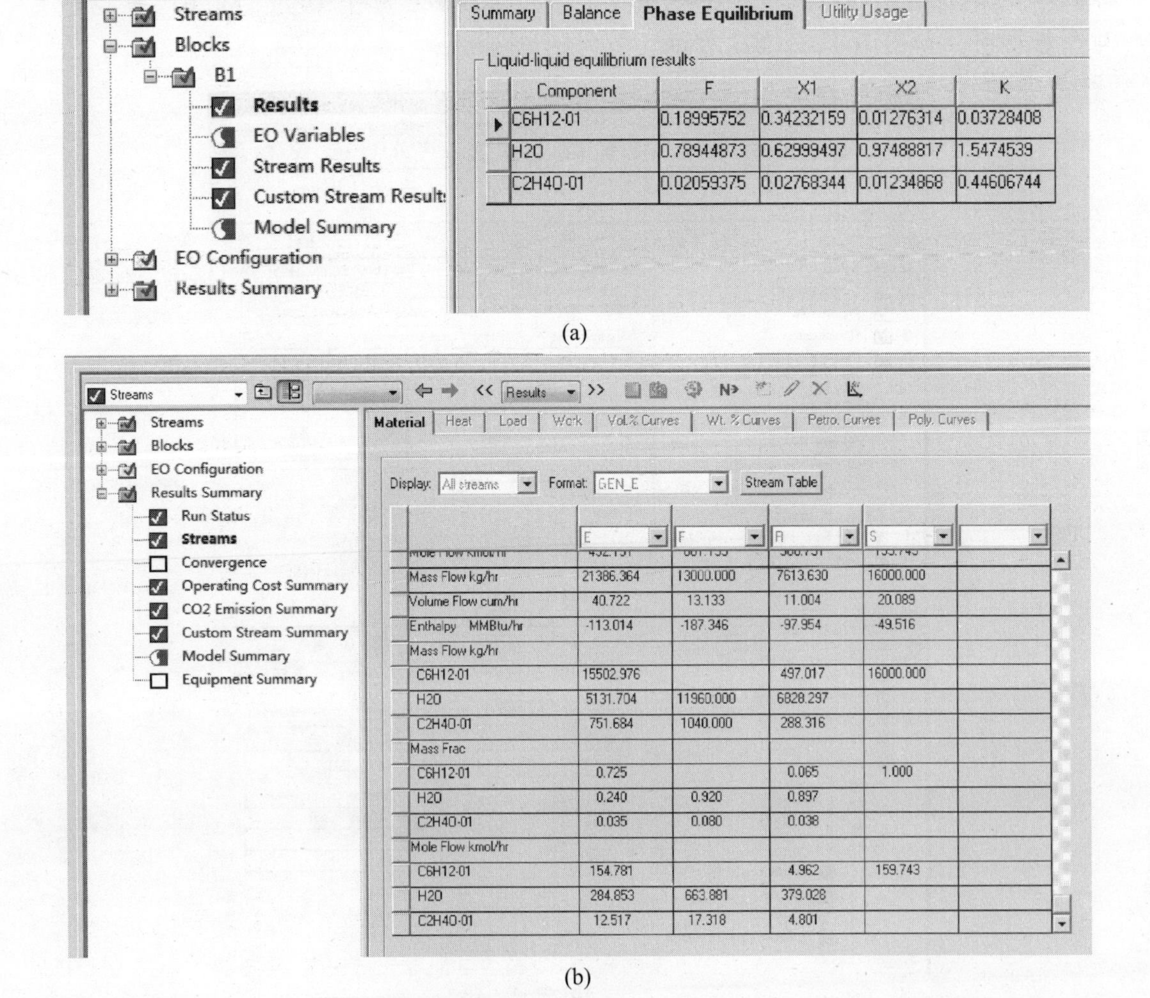

图 5.114 查看计算结果

5.7.2　多级萃取

Extract(液-液萃取塔）是用于模拟液-液逆流萃取塔的严格模型，模型可以有多个进料、加热器(冷凝器)、侧线物流。Extract 模块有四组基本模型参数：①塔设定(Specs)，包括塔板数(Number of stages）和热状态选项(Thermal options)；②关键组分(Key components)，包括第一液相(1st liquid phase)，即从塔顶流向塔底的液相，和第二液相(2nd liquid phase)，即从塔底流向塔顶的液相；③物流(Streams)，塔顶和塔底必须各有一股进料和出料物流；如果还有侧线物流，则在此表单中设置侧线进料物流的加料板位置和侧线出料物流的出料板位置和流量；④压力(Pressure)，设置塔内的压强剖形，至少指定一块板的压强，未指定板的压强通过内插或外推决定。

Extract 模块提供三类方法求取液-液平衡分配系数：选择的物性方法(Property method)、KLL 温度关联式(KLL correlation）和用户子程序(User KLL subroutine)。

例 5.16　用水（30℃，110kPa）从含异丙醇 50%（w）的苯溶液中萃取回收异丙醇，处理量为 500kg/h（30℃，110kPa），采用逆流连续萃取塔，在 101.325kPa 下操作，取 4 块理论板，塔底压力为 108kPa，使用 NRTL 物性方法，求用水量为 150kg/h 时异丙醇的回收率？

启动 Aspen Plus，选择系统模板（Template），采用默认的“General with Metric Units”。首先建立流程图，在界面主窗口的模型库 Model Library 中点击 Columns，选择 Extract，放置于窗口的空白处。点击模块库左侧 Material STREAMS 的下拉箭头，选择 Material 添加物流，如图 5.115 所示。

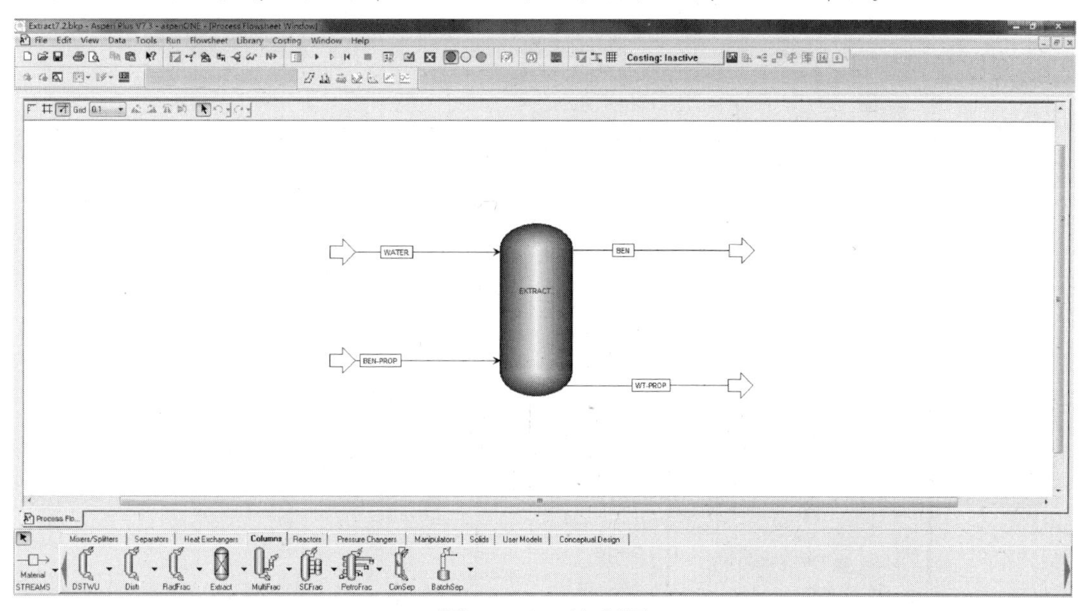

图 5.115　流程图

进入 Components/Specifications/Selection 页面（见图 5.116），输入组分苯、异丙醇和水。进入 Properties/Specifications/ Global 页面，输入物性方法，本例 Process type 选择 COMMON，Base method 选择物性方法 NRTL，如图 5.117 所示。

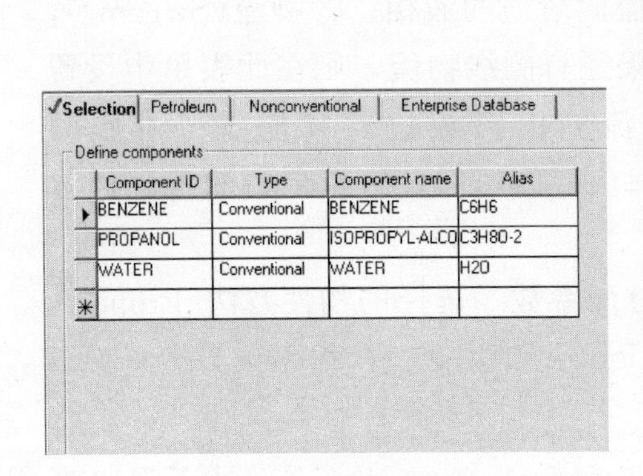

图 5.116　输入组分

Global | Flowsheet Sections | Referenced

Property methods & models
Process type: COMMON
Base method: NRTL
Henry components:
Petroleum calculation options
Free-water method: STEAM-TA
Water solubility: 3
Electrolyte calculation options
Chemistry ID:
Use true components
Property method: NRTL
Modify property models
Vapor EOS: ESIG
Data set: 1
Liquid gamma: GMRENON
Data set: 1
Liquid enthalpy: HLMX86
Liquid volume: VLMX01
Heat of mixing
Poynting correction
Use liq. reference-state enthalpy

图 5.117　规定物性方法

点击 Streams/BEN-PROP/Input/Specifications，分别输入塔底和塔顶的进料条件。原料从塔底进料，温度 30℃，压力 110kPa，进料量 500kg/h，原料组分质量分数各为 0.5，如图 5.118（a）所示。水从塔顶进料温度 30℃，压力 110kPa，进料量 150kg/h，如图5.118（b）。

进入 Blocks/EXTRACT/Setup/Specs 页面（见图 5.119），输入塔板数 4，选择绝热操作（Adiabatic）。在 Key Components 页面（见图 5.120），选择第一液相关键

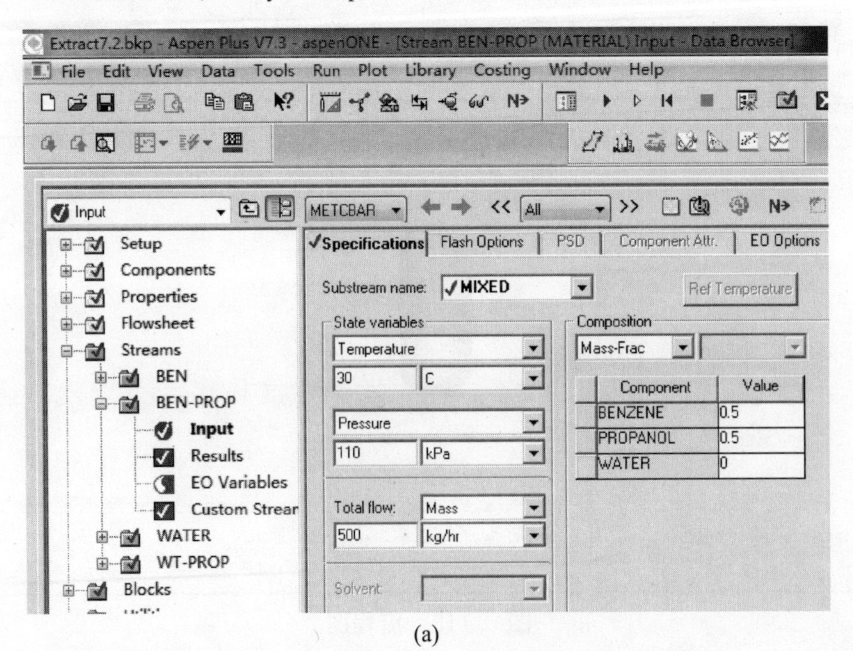

(a)

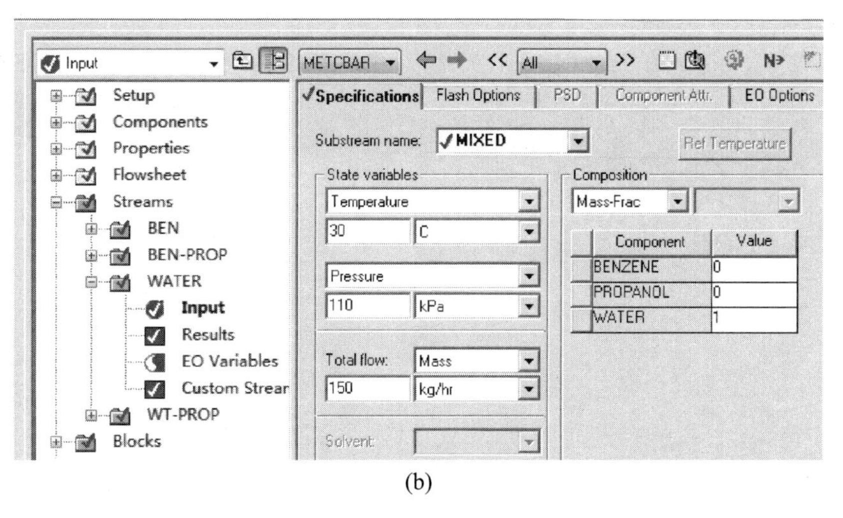

(b)

图 5.118　输入进料条件

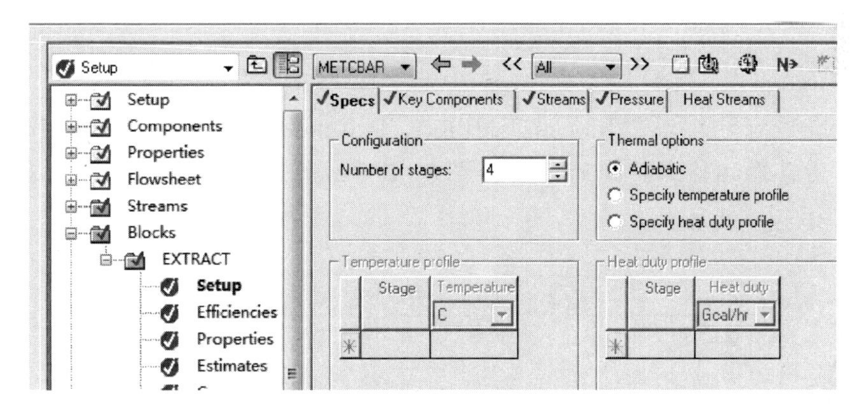

图 5.119　输入模块参数

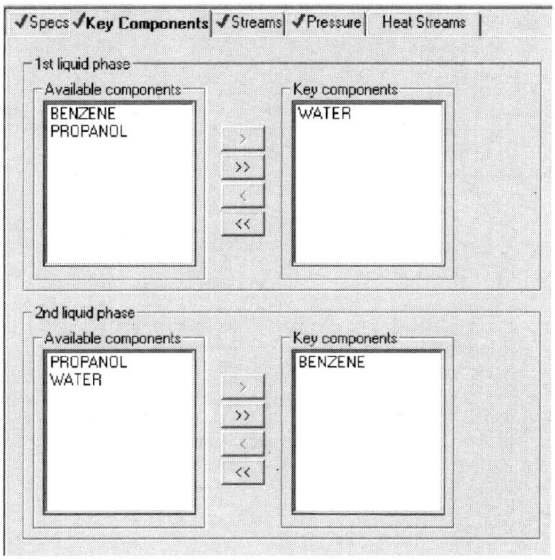

图 5.120　确定关键组分

组分为水，第二液相关键组分为苯。在 Streams 页面（见图 5.121），确定流股所连接的塔板。在 Pressure 页面（见图 5.122），规定操作压力，塔顶 101.325kPa，塔底压力为 108kPa。

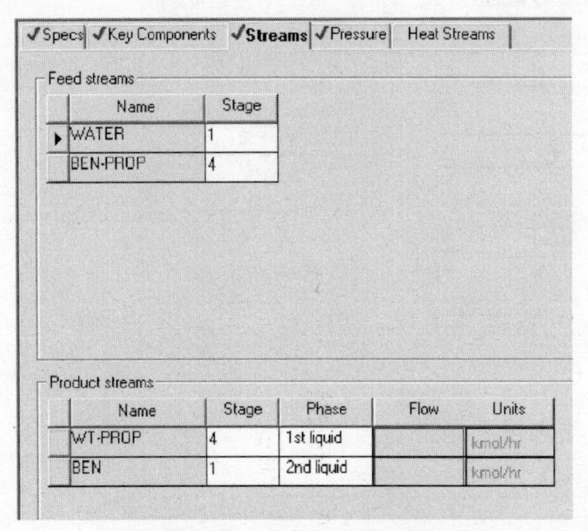

图 5.121　确定流股连接

Stage	Pressure (kPa)
1	101.325
4	108

图 5.122　规定操作压力

输入完成进行计算，在 Blocks/EXTRACT/Results/Summary 页面［见图 5.123（a）］可查看萃取塔计算得到的参数，在 Split Fraction 页面［见图 5.123（b）］可查看萃取塔分离的效果。

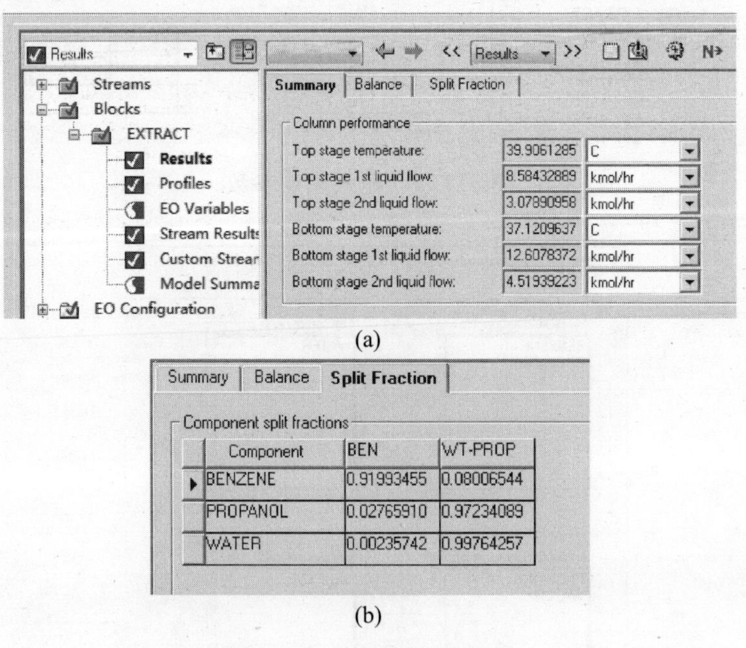

(a)

Component	BEN	WT-PROP
BENZENE	0.91993455	0.08006544
PROPANOL	0.02765910	0.97234089
WATER	0.00235742	0.99764257

(b)

图 5.123　查看计算结果

5.8 干燥

干燥属于气-固平衡问题，但也可以通过气液模块求解。用气液模块求解时，软件把液固合并为一相处理。计算单位模板注意选择含固体过程的模板。

例 5.17　用 100℃的热空气干燥含水的质量分数 0.01 的二氧化硅粉末 1000kg/h，湿粉末温度 25℃。要求粉末中的含水量降到质量分数为 0.001，求热空气的用量。

启动 Aspen Plus，选择系统模板（Template），采用含固体过程公制计量单位模板的“Solids with Metric Units”（见图 5.124）。首先建立流程图，在界面主窗口的模型库 Model Library 中点击 Separators，选择 Flash2，放置于窗口的空白处，并改名“DRYER”。点击模块库左侧 Material STREAMS 的下拉箭头，选择 Material 添加物流，如图 5.125 所示。

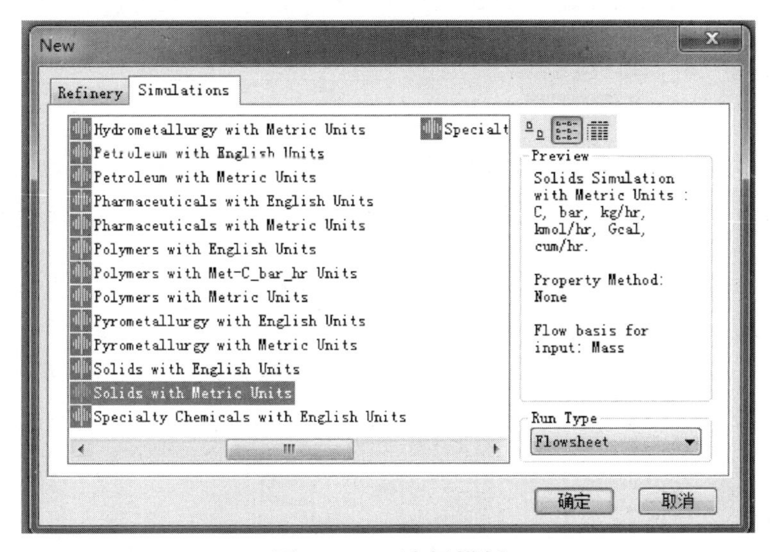

图 5.124　选择模板

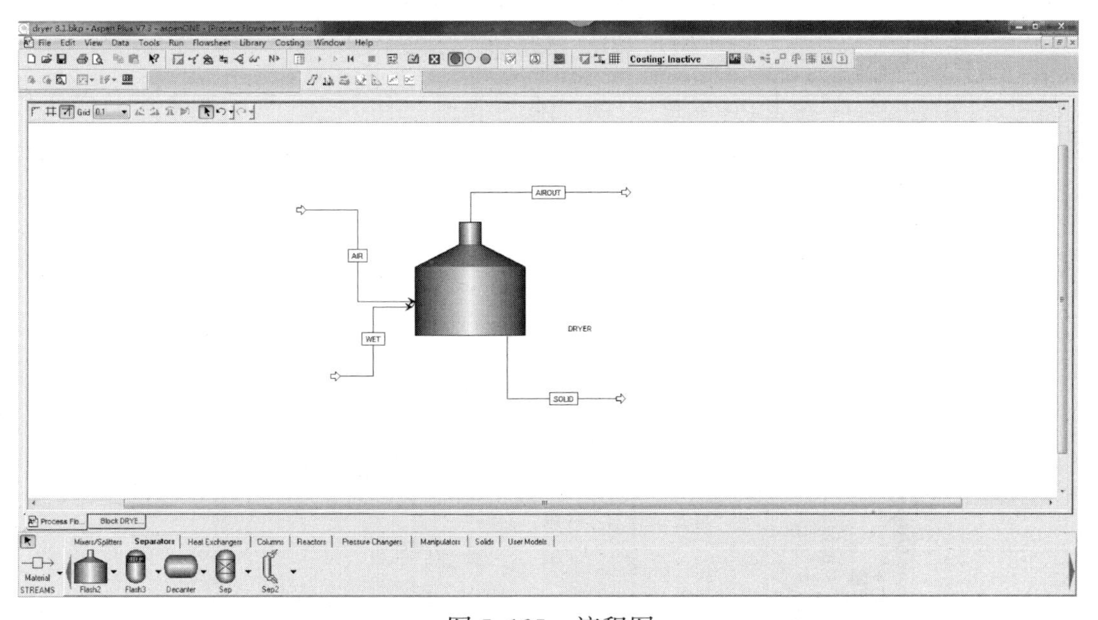

图 5.125　流程图

进入 Components/Specifications/Selection 页面（见图 5.126），输入组分，空气、水、二氧化硅。特别注意，把二氧化硅相应的 Type 项改为“Solid”。进入 Properties/Specifications/Global 页面，输入物性方法，本例 Process type 选择 COMMON，Base method 选择物性方法 IDEAL，如图 5.127 所示。

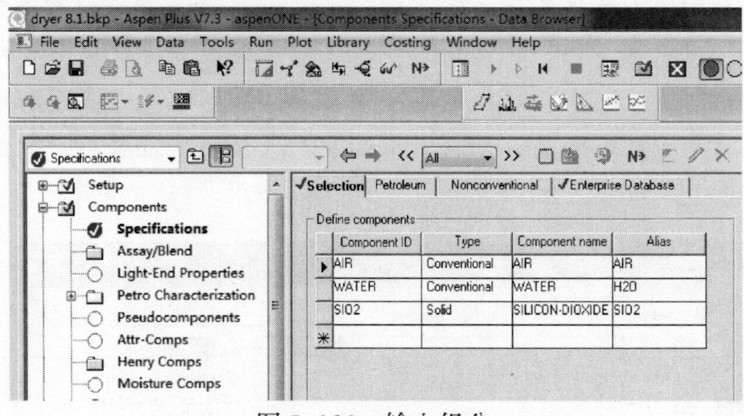

图 5.126　输入组分

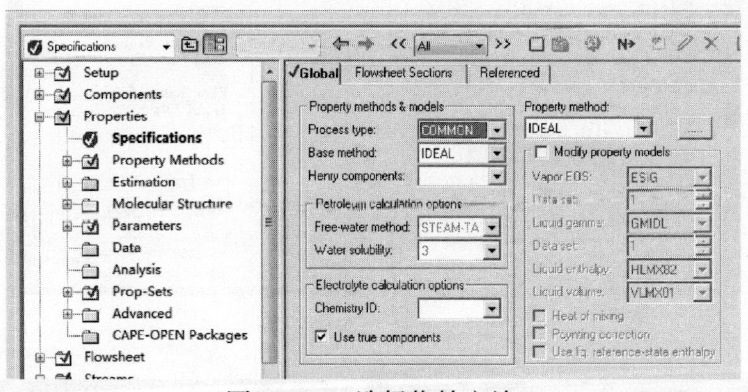

图 5.127　选择物性方法

进入 Streams/AIR/Input/Specifications 页面，如图 5.128 所示，输入热空气的温度、压力。对于含固体物流需要输入两个页面，在 Streams/WET/Input/Specifications 页面，Substream name 选择 MIXED，输入温度、压力和水的流率

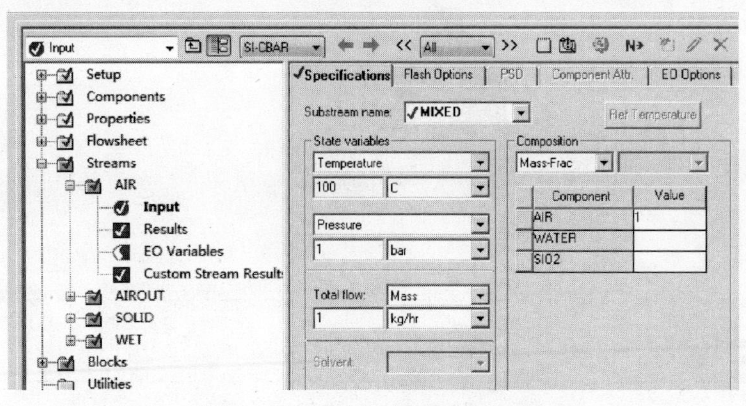

图 5.128　输入空气进料条件

[见图 5.129（a）]；在另一个 Specification 页面，Substream name 选择 CIPSD，输入固体物流温度、压力和二氧化硅的流率[见图 5.129（b）]。

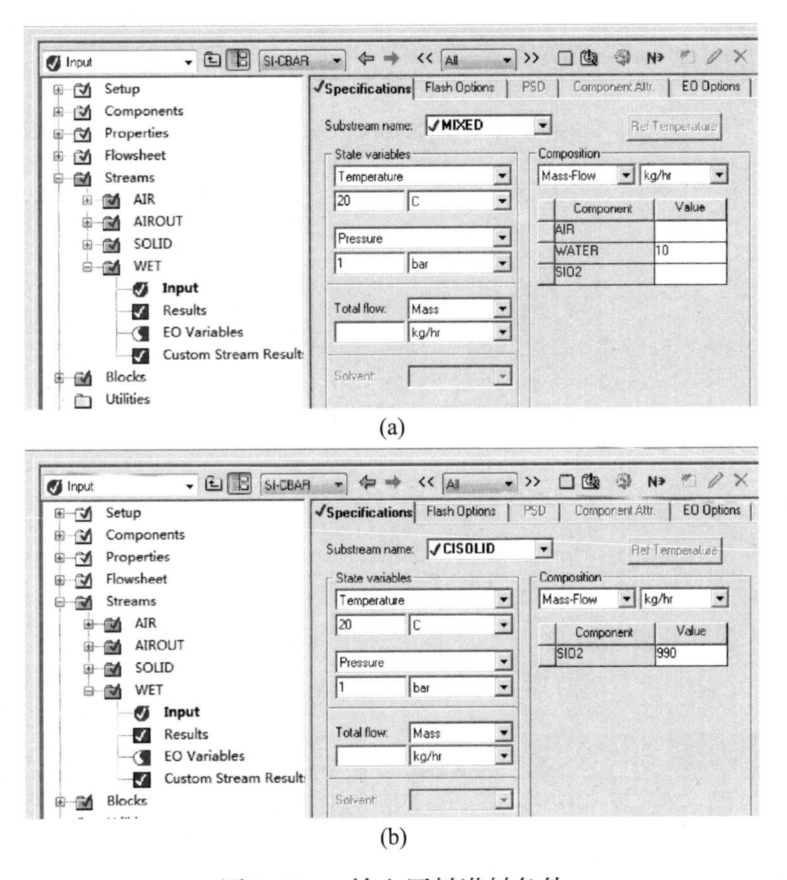

图 5.129 输入原料进料条件

进入 Blocks/DRYER/Input/Specifications 页面（见图 5.130），输入操作条件压力为 1bar，热负荷为 0。

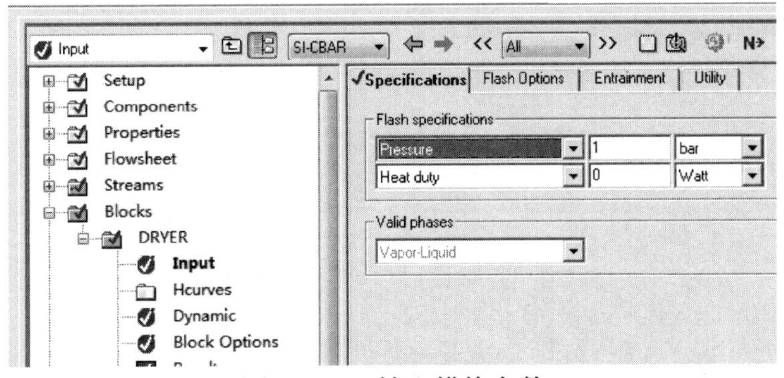

图 5.130 输入模块参数

输入完成进行计算，在 Results Summary/Streams/Material 页面（见图 5.131）可查看 SOLID 流股的组成，发现含水量依然高，没有达到要求，需要进一步优化。

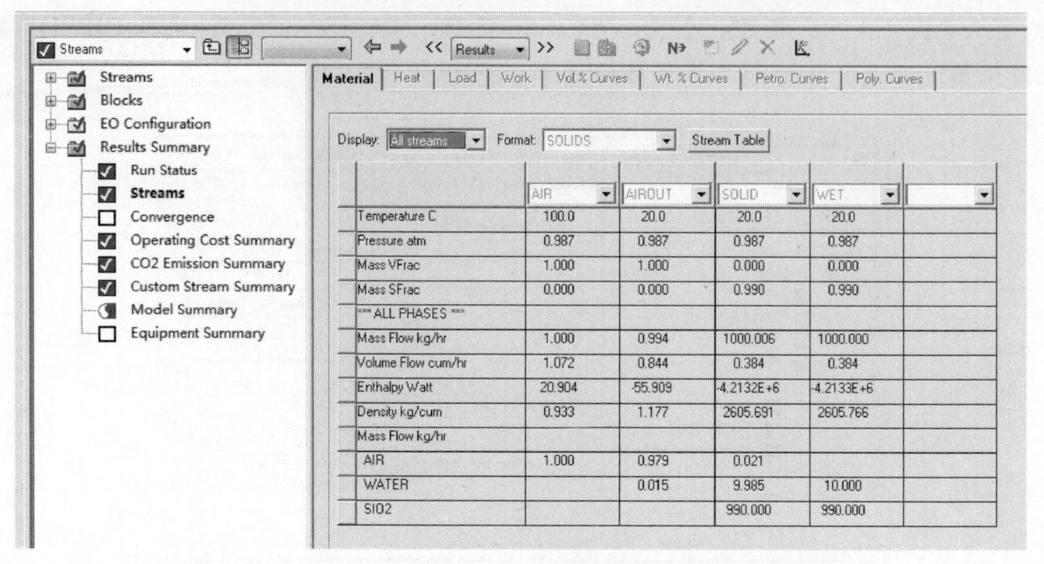

图 5.131 查看结果

优化采用 Aspen Plus 的设计规定（Design Specifications）功能。点击 Flowsheeting Options/Design Spec，建立新的设计规定“DS-1”。定义变量，变量“W”表示干燥器出口固相的水分［见图 5.132 (a)］；变量“SIO2”表示干燥器出口固相中的二氧化硅量［见图 5.132 (b)］。

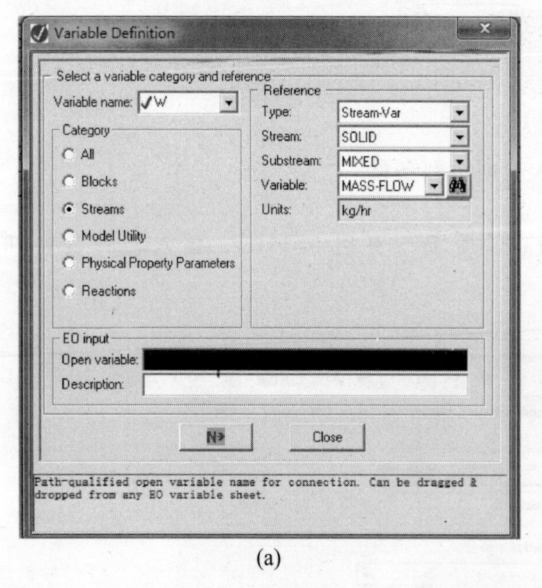

(a)

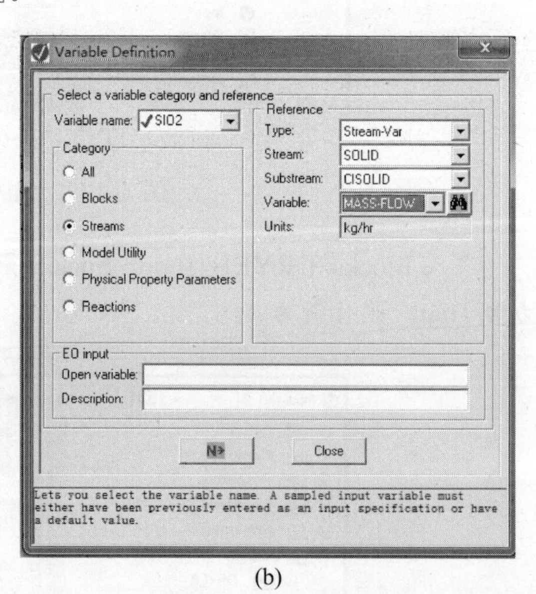

(b)

图 5.132 定义变量

在 Flowsheeting Options/Design Spec/DS-1/Input/Spec 页面（见图 5.133），输入优化目标，在干燥器出口固体相中二氧化硅的质量含量达 99.9%。在 Vary 页面（见图 5.134）规定操纵变量为热空气流率，变化范围为 11～600kg/h。

输入完成，重新计算。在 Flowsheeting Options/Design Spec/DS-1/Results 页面（见图 5.135），查看优化结果。

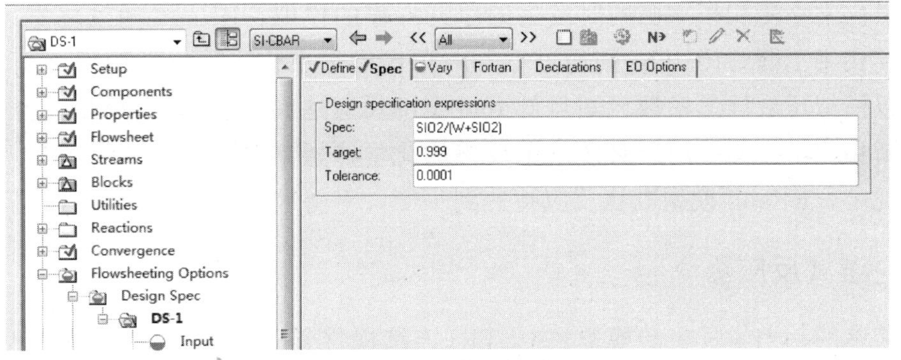

图 5.133　设置目标

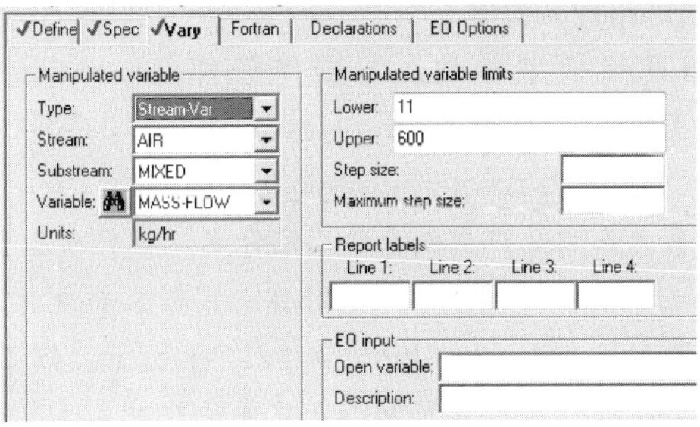

图 5.134　规定操纵变量

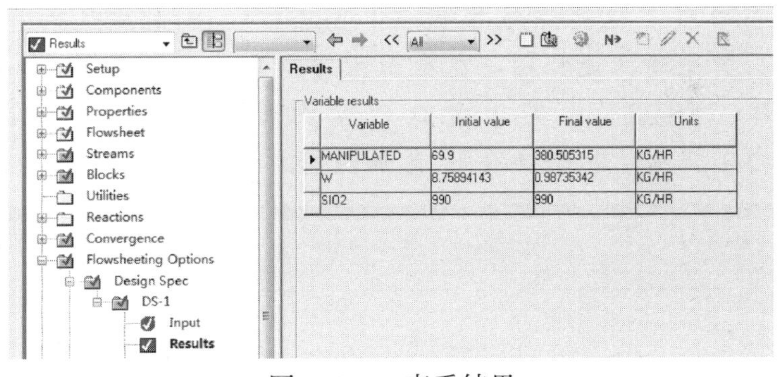

图 5.135　查看结果

5.9　反应器

化工生产中的反应器主要有两大类：釜式(全混流）反应器和管式(活塞流）反应器。Aspen Plus 提供了 7 种反应器计算模块，分别是化学计量反应器(RStoic)、产率反应器(RYield)、平衡反应器(REquil)、吉布斯反应器(RGibbs)、全混流反应器(RCSTR)、活塞流反应器(RPlug）及间歇式反应器(Rbatch)。Rstoic 和 RYield 模型适用于反应动力学不知道或不重要的情况下，Rstoic 用于化学计量数和反应程度是已知的反应器；RYield 则用于收率分布已知的反应器。REquil 和 RGibbs 模块可以用于化学平衡和相平衡同时发生的单元操作的模拟；REquil 通过化学计量计算实现化学和相平衡；RGibbs 则通过 Gibbs 自由能最小化实现化学和相平衡；REqui 模型可以模拟反应计量系数已知且部分或全部反应达到平衡的反应器。它能同时计算相平衡和化学平衡。用户必须规定反应的化学计量系数和反应器的条件，如果没有其他规定，REquil 模型默认反应将达到平衡，平衡常数由 Gibbs 自由能计算。

5.9.1 釜式反应器

最简单的动力学反应器模型是 CSTR（连续搅拌釜式反应器），在该模型中反应器内物料假定为理想混合。于是，假定整个反应器体积的组成和温度是均匀的，并等于反应器出口物流的组成和温度。

RCSTR 模块有两组模型参数：① 操作条件（Operation Conditions），压力（Pressure）和温度/热负荷（Temperature/Heat Duty）；②持料状态（Holdup），有效相态（Valid Phases）和设定方式（Specification Type）。

例 5.18 乙醇与乙酸反应生成乙酸乙酯和水，该反应基于摩尔浓度的反应平衡常数为 K，$\ln K = 1.335$。进料为 0.1013MPa 下的饱和液体，其中，水、乙醇、乙酸的流率分别为 700kmol/h、200 kmol/h、220kmol/h，全混釜反应器的体积为 19000L，温度为 60℃，压力为 0.1013MPa，化学反应对象选用指数型。求产品乙酸乙酯的流率为多少？

启动 Aspen Plus，选择系统模板（Template），采用默认的“General with Metric Units”。首先建立流程图，在界面主窗口的模型库 Model Library 中点击 Reactors，选择 RCSTR，放置于窗口的空白处。点击模块库左侧 Material STREAMS 的下拉箭头，选择 Material 添加物流，如图 5.136 所示。

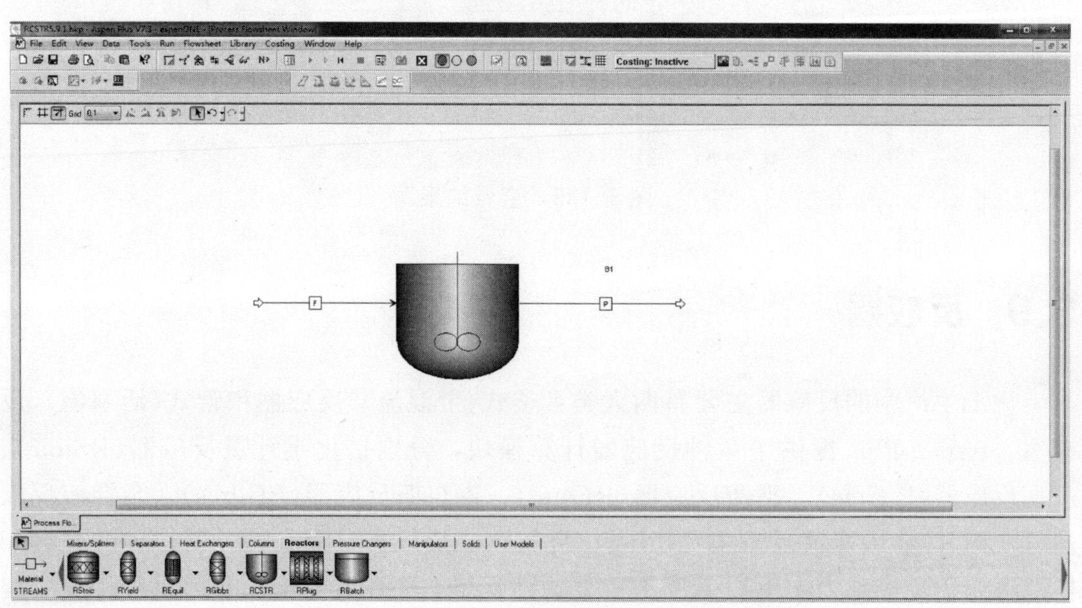

图 5.136 流程图

进入 Components/Specifications/Selection 页面（见图 5.137），输入组分乙醇、乙酸、水和乙酸乙酯。进入 Properties/Specifications/ Global 页面，输入物性方法，本例 Process type 选择 COMMON，Base method 选择物性方法 NRTL-HOC，如图 5.138 所示。

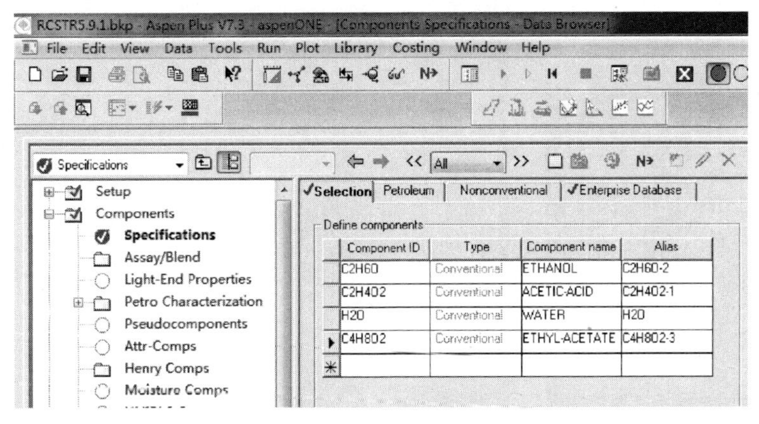

图 5.137　输入组分

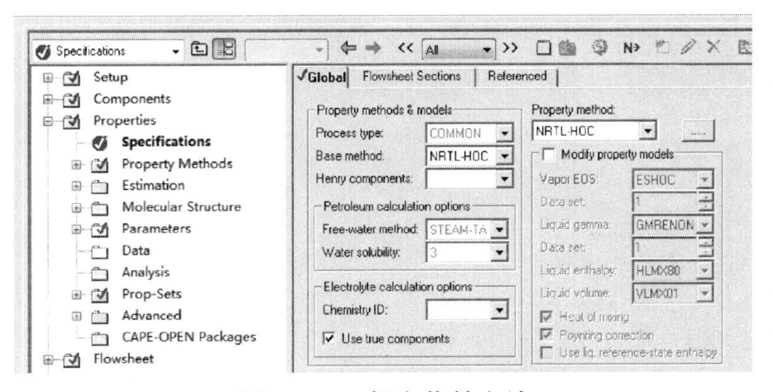

图 5.138　规定物性方法

进入 Streams/F/Input/Specifications 页面，输入进料流股的条件，进料为 0.1013MPa 下的饱和液体，其中，水、乙醇、乙酸的流率分别为 700kmol/h、200kmol/h、220kmol/h，如图 5.139 所示。

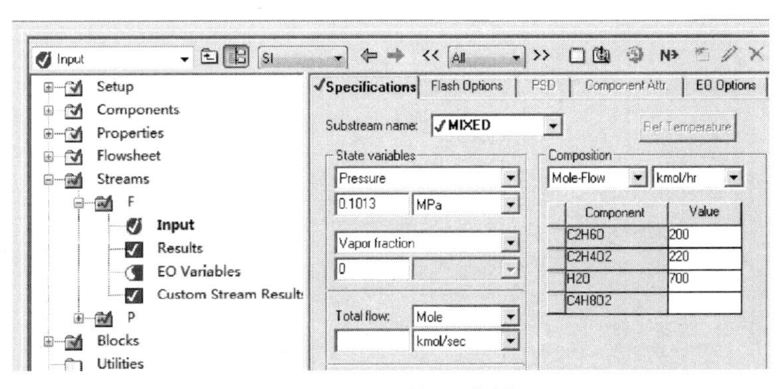

图 5.139　输入进料

点击 Reactions/Reactions，创建一个新反应“R-1”，动力学类型选择指数型(POWERLAW)，如图 5.140 (a) 所示。在图 5.140 (b) 中，定义化学计量方程，反应物系数为负值，产物系数为正值，反应类型选择平衡参数 (Equilibrium)。在 Reactions/Reactions/R-1/Input/Equilibrium 页面 [见图 5.140 (c)]，输入平衡常数。

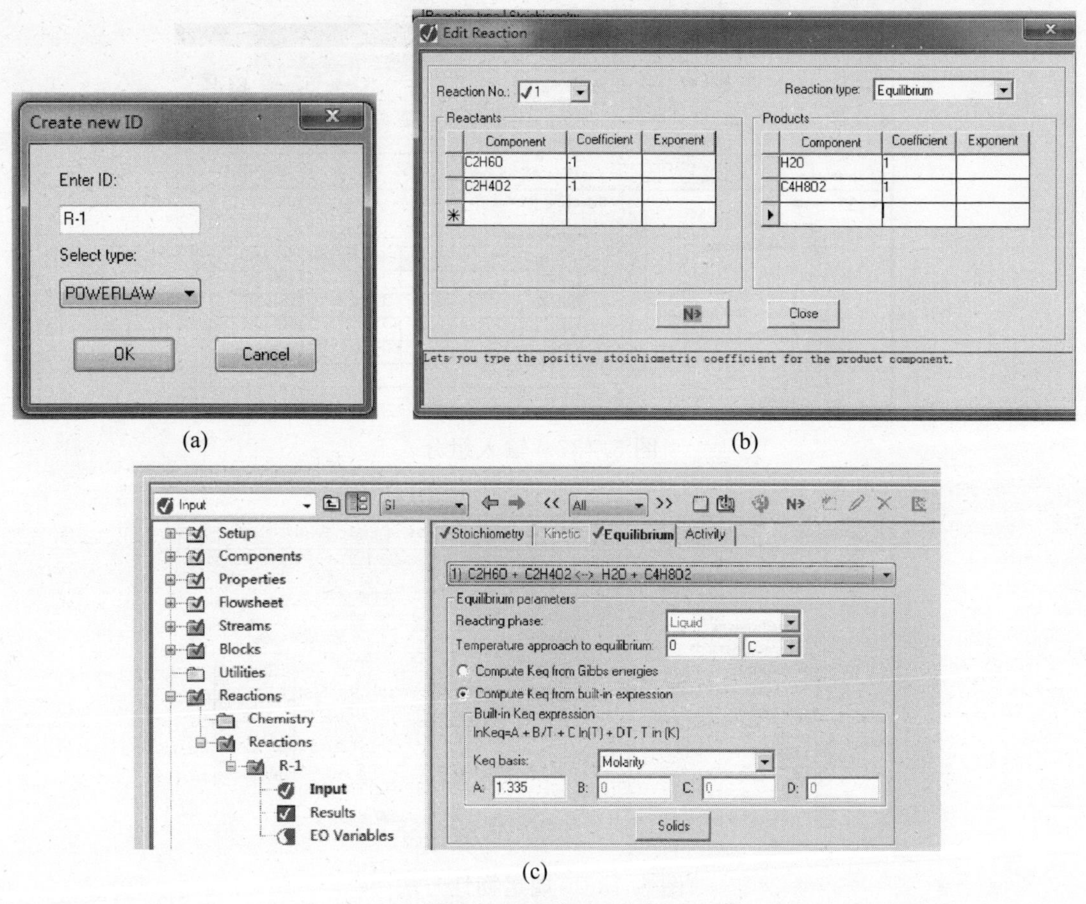

(a) (b)

(c)

图 5.140 定义反应

进入 Blocks/B1/Setup/Specifications 页面(见图 5.141)，输入反应器参数，反应器体积为 19000L，温度为 60℃，压力为 0.1013MPa。在 Reactions 页面(见图 5.142)，选择反应 R-1。

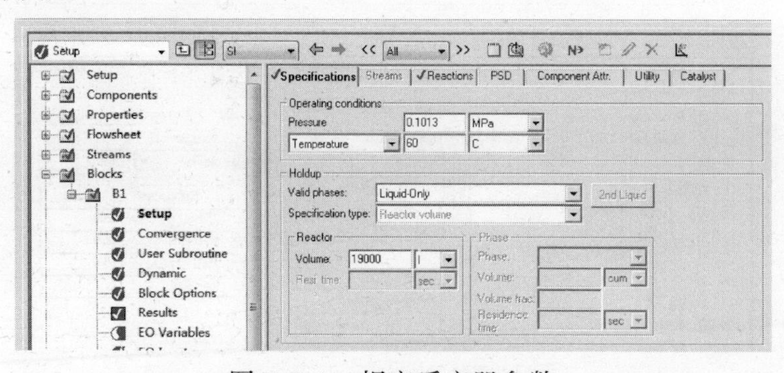

图 5.141 规定反应器参数

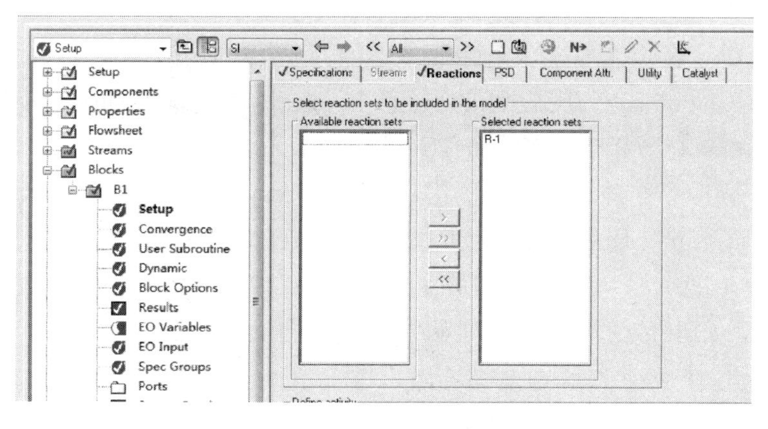

图 5.142 选择反应

输入完成进行计算，在 Results Summary/Streams/Material 页面(见图 5.143)可查看流股的计算结果。

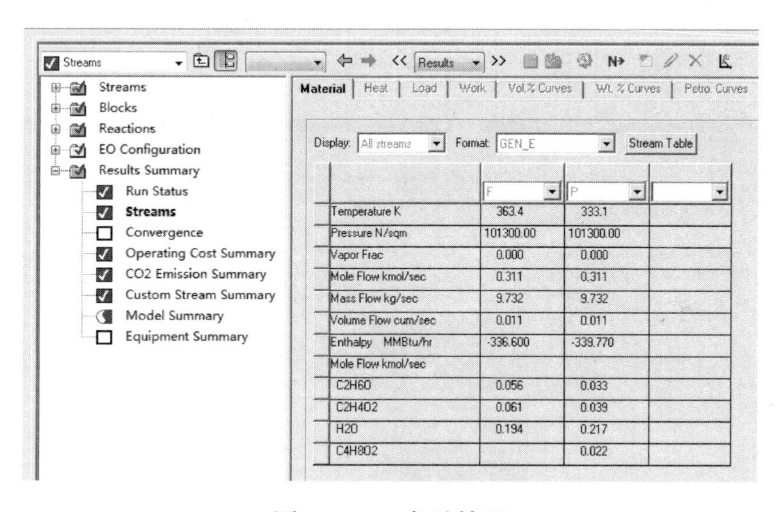

图 5.143 查看结果

5.9.2 管式反应器

在管式反应器中流体如活塞流动，流体的组成沿反应器长度逐渐变化，不存在径向组成或浓度梯度。管式反应器中流体完全不混合，所有流体微元在反应器中具有相同的停留时间。

RPlug 模块有四组模型参数，除了化学反应(Reactions)外，还有模型设定(Specifications)、反应器构型(Configuration)和压力(Pressure)。

Specifications 表中设定反应器类型共有五种：指定温度的反应器(Reactor with specified temperature)、绝热反应器(Adiabatic Reactor)、恒定冷却剂温度的反应器(Reactor with constant coolant temperature)、与冷却剂并流换热的反应器(Reactor with co-current coolant)、与冷却剂逆流换热的反应器(Reactor with counter-current coolant)。

Configuration 表中需要输入：单管或多管反应器(Multitube reactor)、反应管的根数(Number of tubes)、反应管的长度(Length)和直径(Diameter)、反应物料(Process stream)有效相态、冷却剂(Coolant stream)有效相态。

Pressure 表中需要输入：反应器进口压强(Pressure at reactor inlet)，包括反应物料(Process stream)压强和冷却剂(Coolant stream)压强；反应器压降(Pressure drop through reactor)，包括反应物料(Process stream)压降和冷却剂(Coolant stream)压降。RPlug 模块只能处理动力学类型的反应。

例 5.19 上例中乙酸乙酯的生产（例 5.18）若采用管式反应器，反应器长 1m，直径 0.3m。动力学参数，正反应 $k=1.9\times10^{8}$，$E=5.95\times10^{7}$J/kmol，逆反应 $k=5\times10^{7}$，$E=5.95\times10^{7}$J/kmol。产物中乙酸乙酯的流率为多少？

启动 Aspen Plus，选择系统模板（Template），采用默认的“General with Metric Units”。首先建立流程图，在界面主窗口的模型库 Model Library 中点击 Reactors，选择 RPlug，放置于窗口的空白处。点击模块库左侧 Material STREAMS 的下拉箭头，选择 Material 添加物流，如图 5.144 所示。

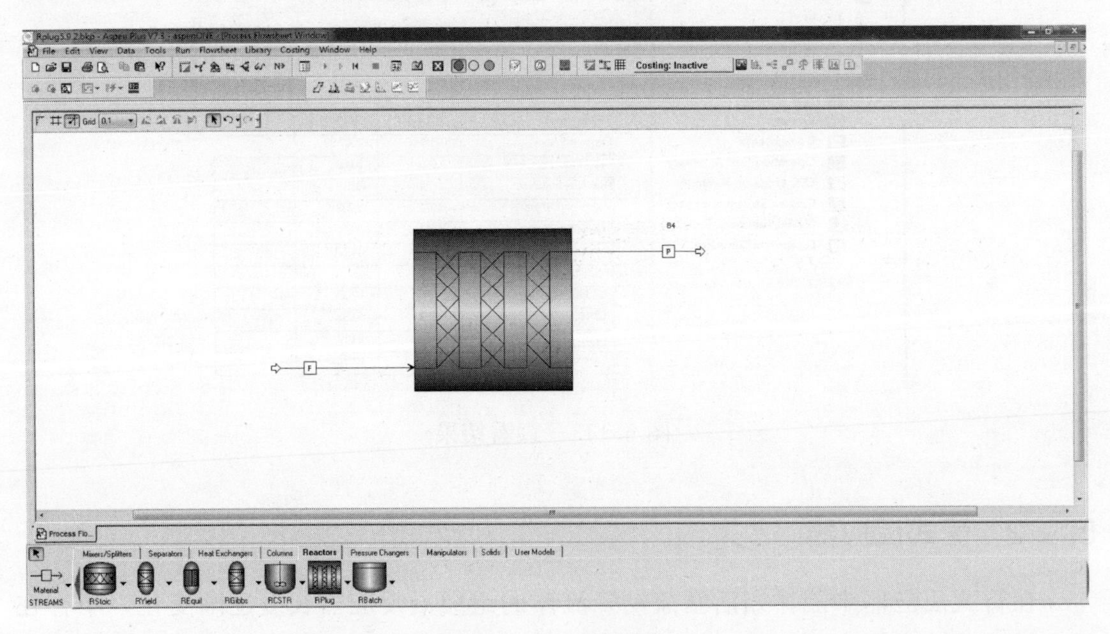

图 5.144 流程图

组分、物性方法、进料条件的输入参考例 5.18。点击 Reactions/ Reactions，创建正反应“R-1”，动力学类型选择指数型（POWERLAW）。在图 5.145（a）中，定义化学计量方程，反应类型选择动力学参数（Kinetic）。在 Reactions/Reactions/R-1/Input/Kinetic 页面［见图 5.145（b）］，输入动力学参数。类似地，规定负反应“R-2”，如图 5.146 所示。

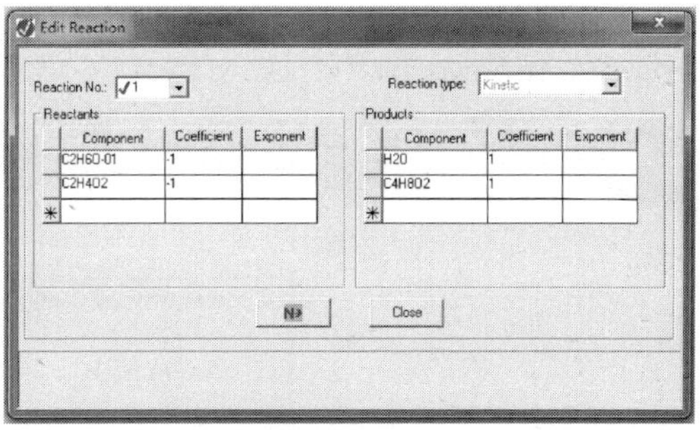

(a)

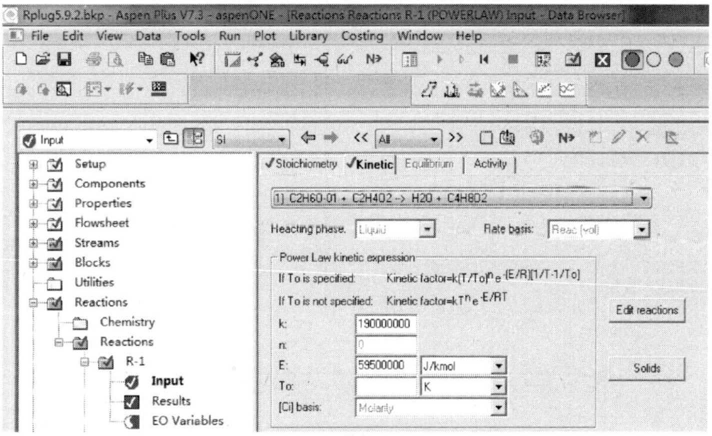

(b)

图 5.145　规定正反应

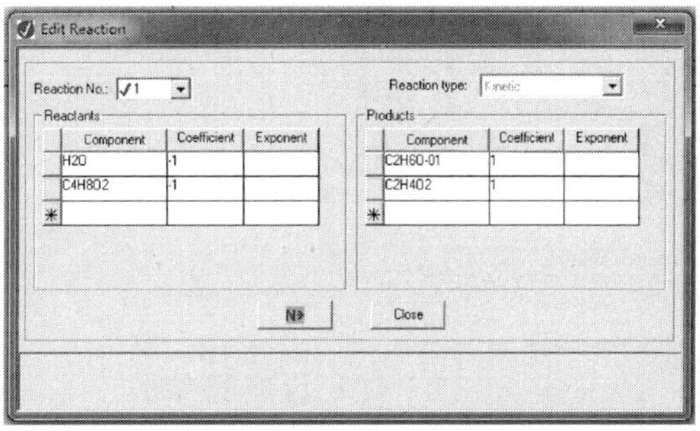

(a)

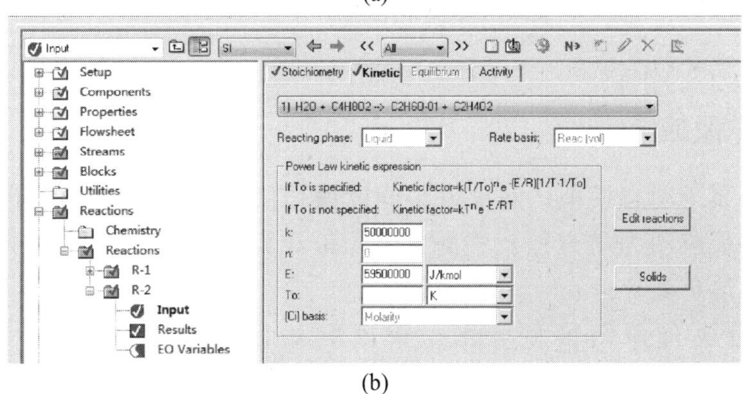

(b)

图 5.146　规定负反应

进入 Blocks/B1/Setup/Specifications 页面［见图 5.147（a）］，反应器类型选择“Reactor with specified temperature”，输入恒定 60℃。在 Configuration 页面［见图 5.147（b）］，输入反应器长 1m，直径 0.3m。在 Reactions 页面［见图 5.147（c）］，选择反应 R-1 和 R-2。

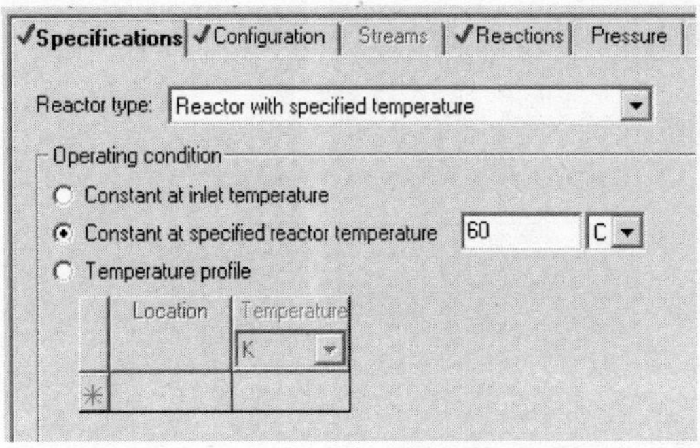

(a)

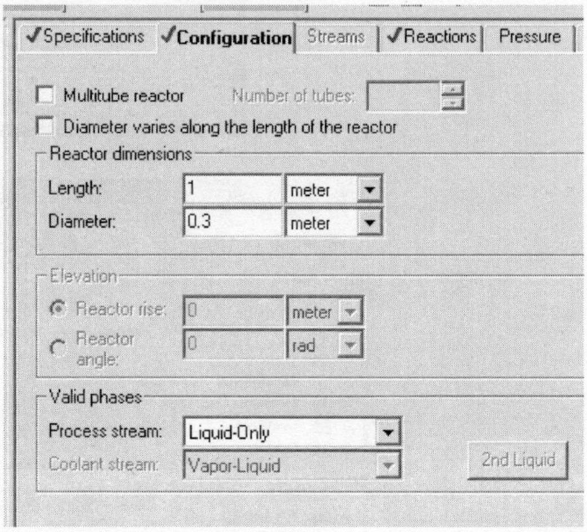

(b)

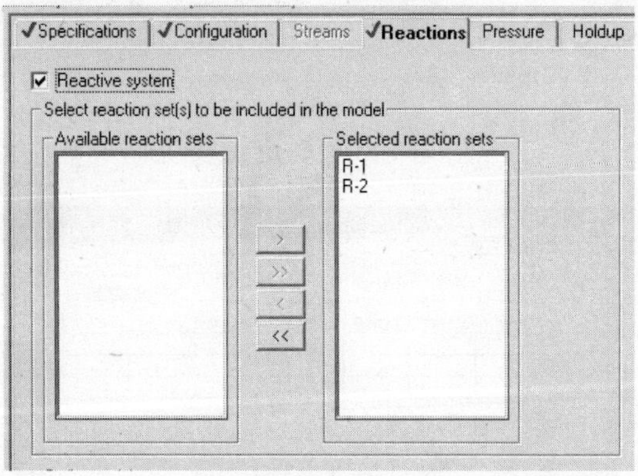

(c)

图 5.147 规定反应器参数

输入完成进行计算，在 Results Summary/Streams/Material 页面（见图 5.148）可查看流股的计算结果。

5.9.3 间歇反应

间歇反应属于动态模拟，间歇或半间歇操作的釜式反应器可用 RBatch 模块模拟，根据化学反应动力学方程及平衡关系，可计算所需的反应器体积和反应时间，以及反应器的热负荷等。

RBatch 模块有六组模型参数，有反应器设定(Specifications)、化学反应(Reactions)、反应停止判据(Stop Criteria)、操作时间(Operation Timeshare)、连续进料物流(Continuous Feeds) 和控制参数(Controllers)。

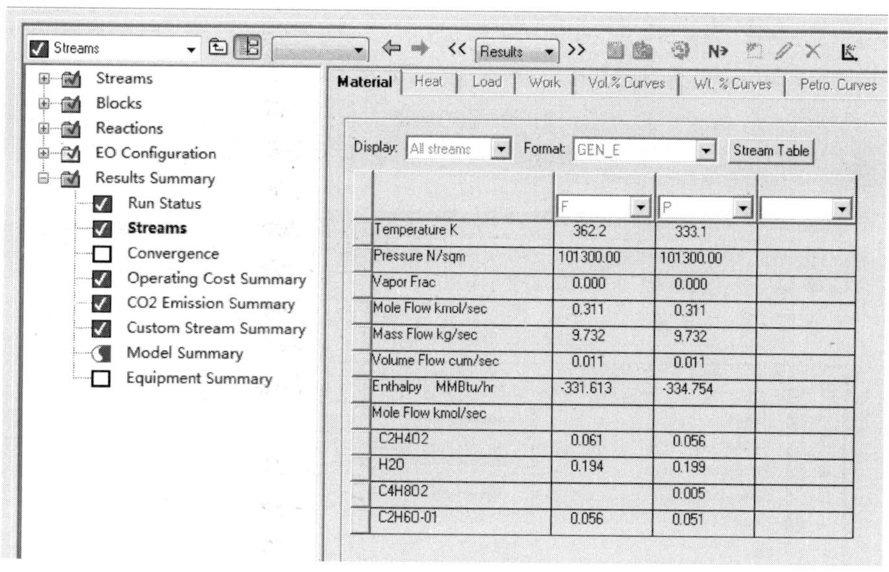

	F	P	
Temperature K	362.2	333.1	
Pressure N/sqm	101300.00	101300.00	
Vapor Frac	0.000	0.000	
Mole Flow kmol/sec	0.311	0.311	
Mass Flow kg/sec	9.732	9.732	
Volume Flow cum/sec	0.011	0.011	
Enthalpy MMBtu/hr	-331.613	-334.754	
Mole Flow kmol/sec			
C2H4O2	0.061	0.056	
H2O	0.194	0.199	
C4H8O2		0.005	
C2H6O-01	0.056	0.051	

图 5.148 查看结果

例 5.20 乙醇与乙酸反应生成乙酸乙酯和水，进料为 0.1013MPa 下的饱和液体，其中，水、乙醇、乙酸的体积流率分别为 700L/min、200L/min、220L/min，全混釜反应器的有效体积为 11200L，温度为 50℃，压力为 0.1013MPa，反应动力学方程采用例 5.19，计算乙醇转化 90%所需的时间。

启动 Aspen Plus，选择系统模板（Template），采用默认的“General with Metric Units”。首先建立流程图，在界面主窗口的模型库 Model Library 中点击 Reactors，选择 RBatch，放置于窗口的空白处。点击模块库左侧 Material STREAMS 的下拉箭头，选择 Material 添加物流，如图 5.149 所示。

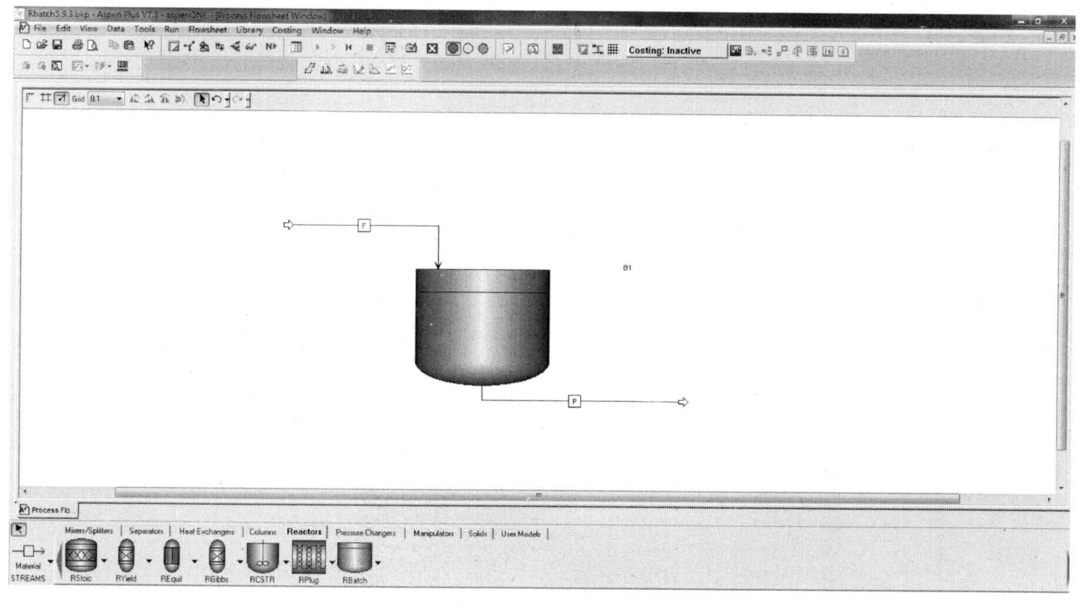

图 5.149 流程图

组分、物性方法、进料条件的输入参考例 5.18。进入 Streams/F/Input/Specifications 页面，输入进料流股的条件，进料为 0.1013MPa 下的饱和液体，其中，水、乙醇、乙酸的流率分别为 700kmol/h、200kmol/h、220kmol/h，如图 5.150 所示。

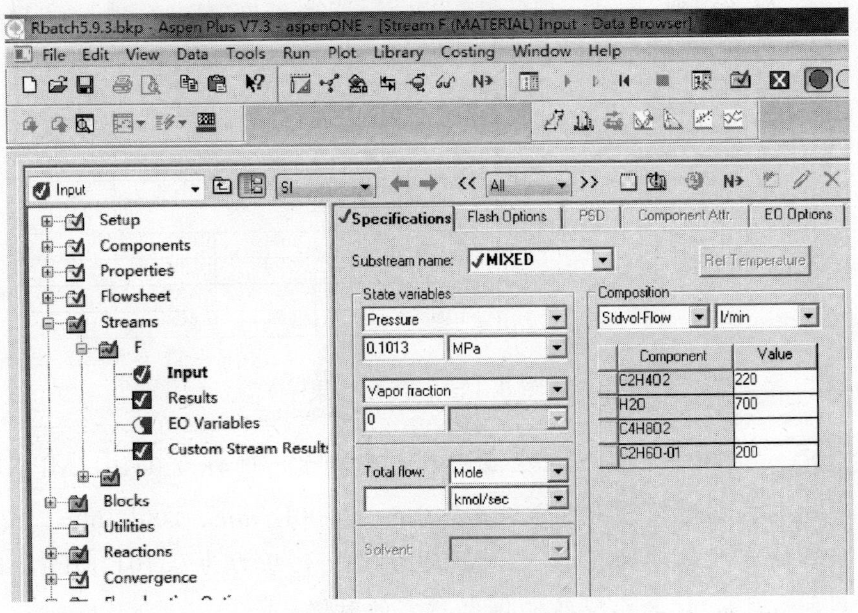

图 5.150 输入进料条件

反应规定参考例 5.19。进入 Blocks/B1/Setup/Specifications 页面［见图 5.151（a）］，反应器操作规定选择“Constant temperature”，输入恒定 50℃。在 Reactions 页面［见图 5.151（b）］，选择反应 R-1 和 R-2。在 Stop Criteria 页面［见图 5.151（c）］，输入停止判据，乙醇转化率达 90%。在 Operation Times 页面［见图 5.151（d）］，设置加料时间 10min，最大计算时间 20min，时间间隔 10s。

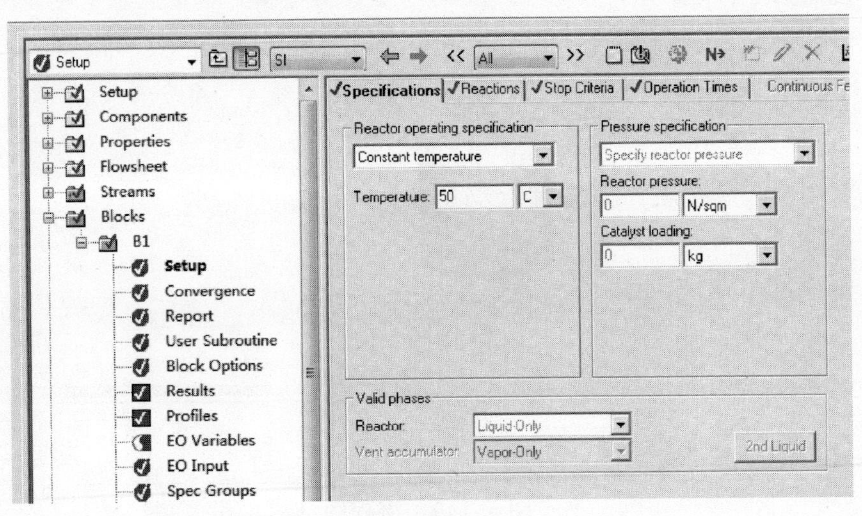

(a)

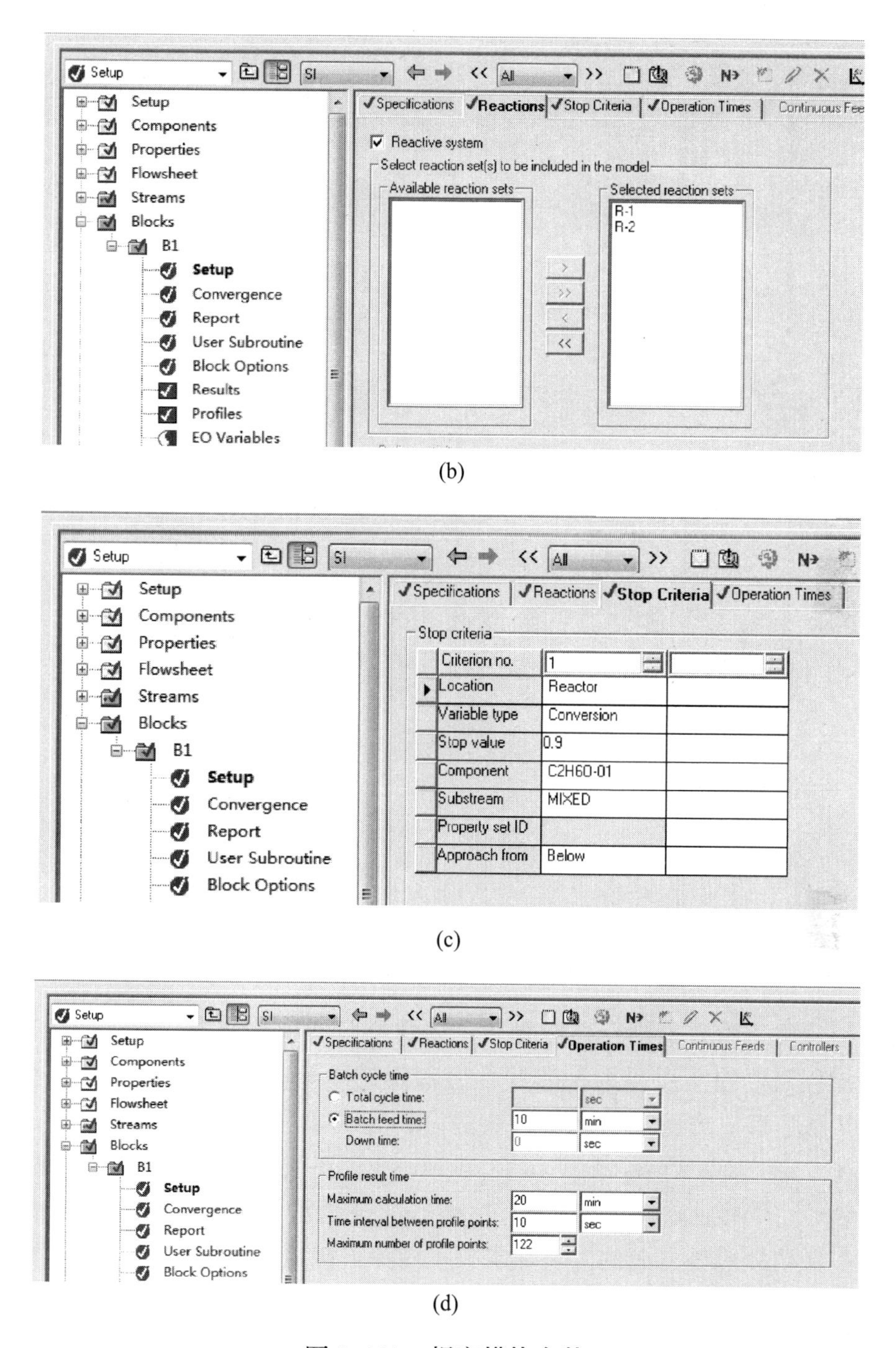

(b)

(c)

(d)

图 5.151 规定模块参数

输入完成进行计算，在 Blocks/B1/Results/Summary 页面［见图 5.152（a）］，可查看间歇反应时间等计算结果。在 Blocks/B1/Profiles/Composition 页面［见图 5.152（b）］，可查看反应过程中各组分的动态变化。

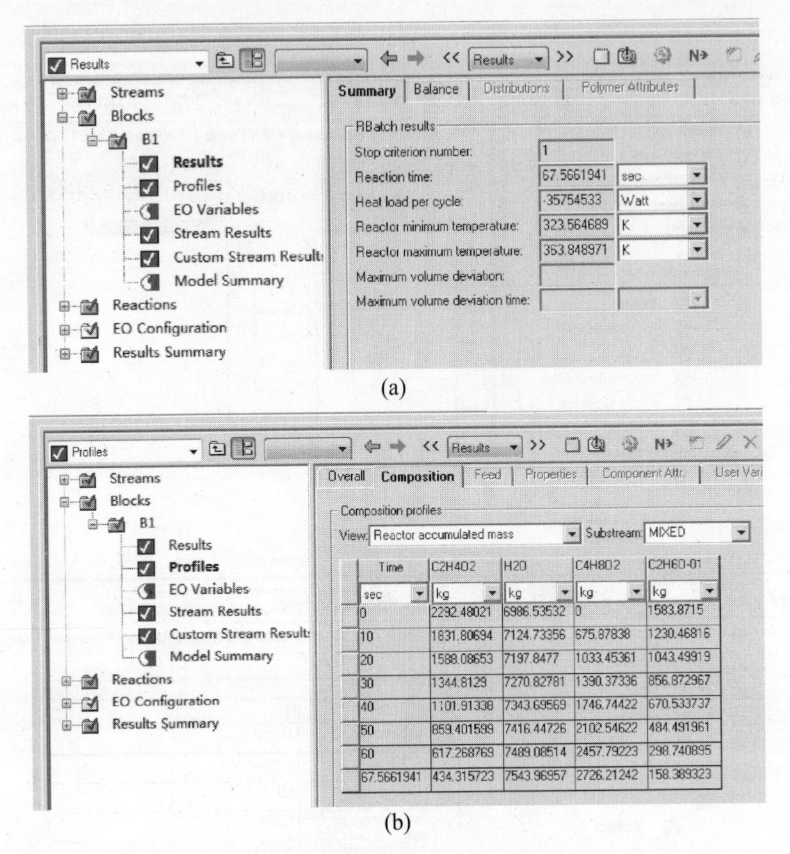

图 5.152 查看结果

5.10 工艺流程模拟

化工过程往往由多个单元操作组成，模块越多模拟越复杂，常常会出现循环物流。工艺流程模拟的实质是大型非线性方程组的求解，这需要首先选择求解策略，如序贯模块法、联立方程法、联立模块法等；其次要选择数值计算方法，如韦格斯坦法(WEGSTEIN)、直接迭代法(DIRECT)、正割法(SECANT)、拟牛顿法(BROYDEN)、牛顿法(NEWTON)、序列二次规划法(SQP) 等。相关内容可参考系统工程、数值计算等方面的专著，本书不做深入探讨。

例 5.21 以苯为共沸剂，采用共沸精馏进行异丙醇脱水。已知原料流率100kmol/h，含异丙醇摩尔分数 0.6，压力 1.1atm，饱和液体进料。共沸精馏塔 38 块理论板，常压操作。液液分相器操作温度 30℃。汽提塔 10 块理论板，常压操作。要求产品中异丙醇的质量分数为 99.5%，求塔底产品流率及共沸剂补充流率。

启动 Aspen Plus，选择系统模板 (Template)，采用默认的 “General with Metric Units”。首先建立流程图，本例是共沸精馏过程，包括两个 RadFrac 模块，一个为 Decanter 模块，另一个为 Mixer 模块。为了计算容易收敛，在两个精馏塔的塔顶蒸汽进入倾析器之间，再增加两个 Heater 模块，有利于控制液液分相器的温度。点击模块库左侧 Material STREAMS 的下拉箭头，选择 Material 添加物流，连接各个模块，如图 5.153 所示。

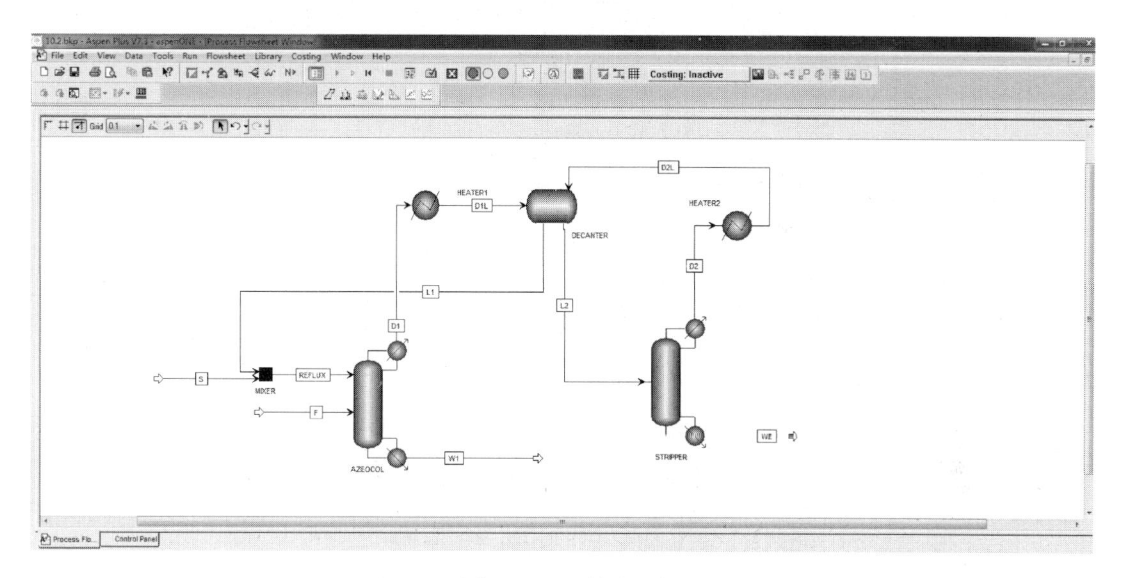

图 5.153　流程图

进入 Components/Specification/Selection 页面（见图 5.154），输入组分苯、异丙醇和水。进入 Properties/Specifications/ Global 页面，输入物性方法，本例 Process type 选择 COMMON，Base method 选择物性方法 UNIQUAC，如图 5.155 所示。

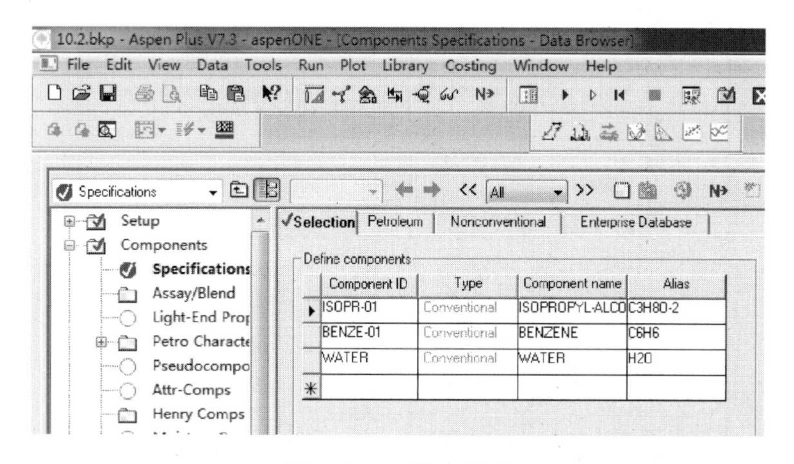

图 5.154　输入组分

点击 Streams，在 Streams/F/Input/Specifications 页面［见图 5.156（a）］，输入原料流股条件，质量流率 100kmol/h，含异丙醇摩尔分数 0.6，压力 1.1atm，饱和液体进料。对于未知条件的进料［见图 5.156（b）］和循环物流［见图 5.156（c）］，需要设初值。合理的初值，有利于加快计算收敛和结果的可信度。

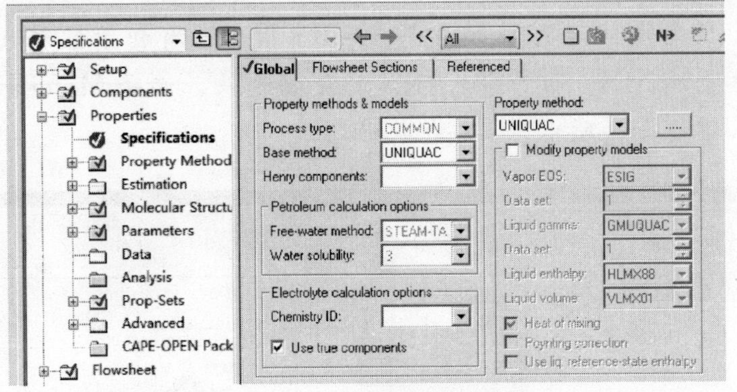

图 5.155 规定物性方法

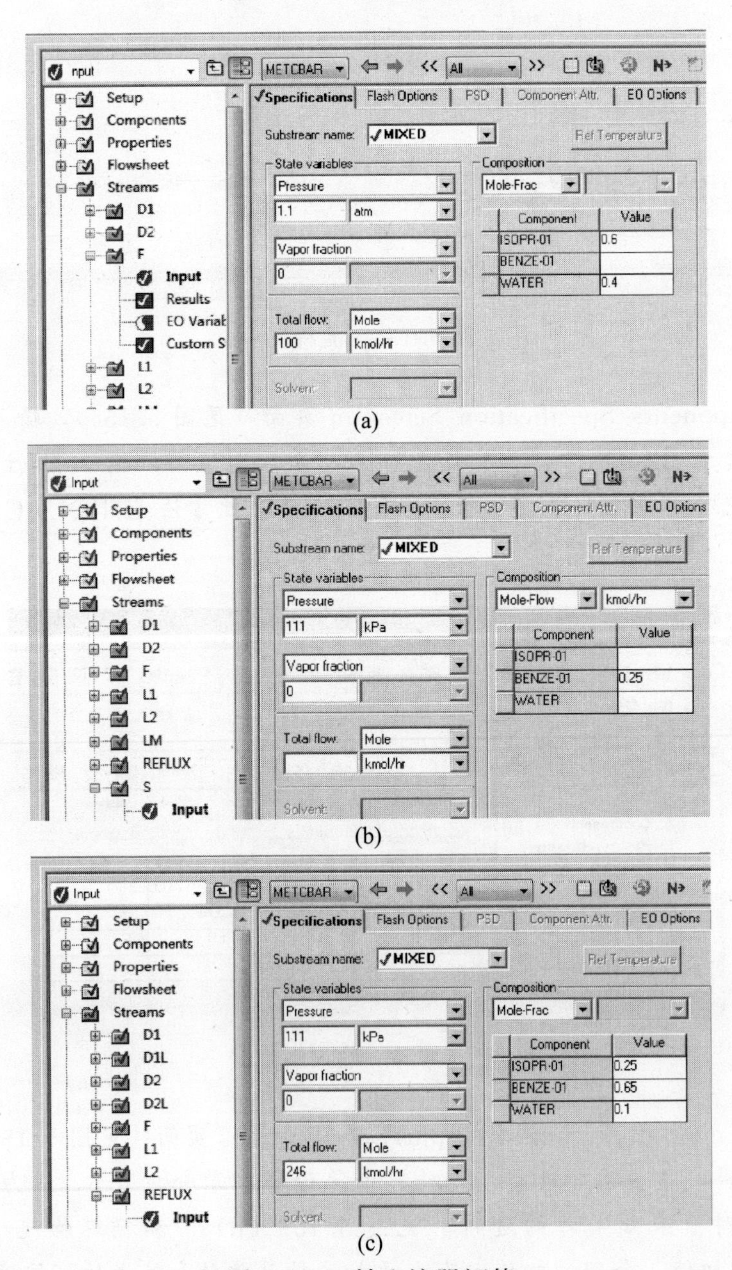

图 5.156 输入流股初值

进入 Blocks/AZEOCOL/Setup/Configuration 页面［见图 5.157（a）］，输入共沸塔参数，计算类型选择平衡级模型（Equilibrium），塔板数输入 38，冷凝器选择无（None），再沸器选择釜式（Kettle），塔底采出量初值 55.5kmol/h。在 Streams 页面［见图 5.157（b）］，规定进料位置和出料位置。在 Pressure 页面［见图 5.157（c）］，规定塔的操作压力和塔板压降。

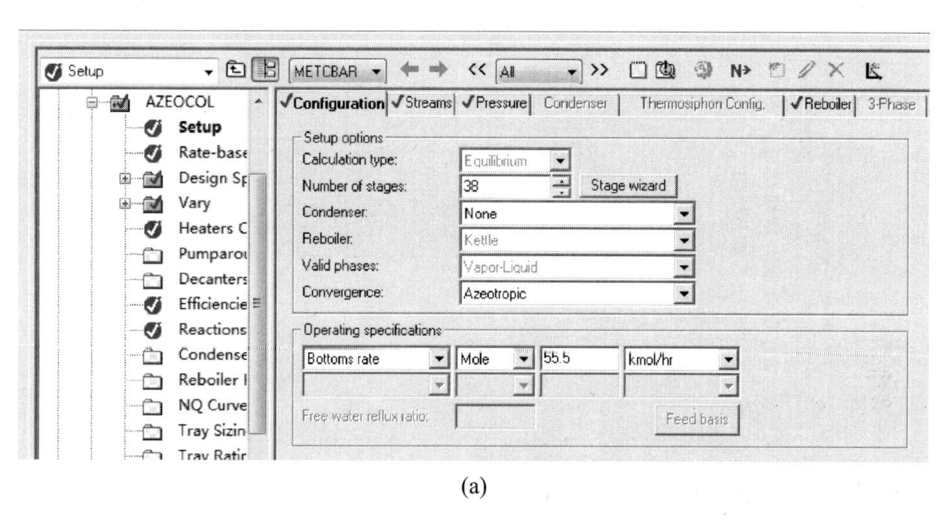

(a)

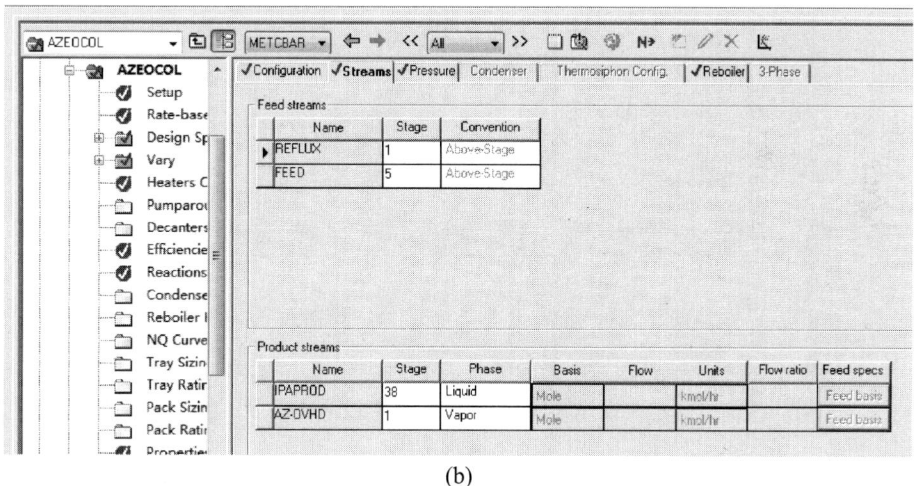

(b)

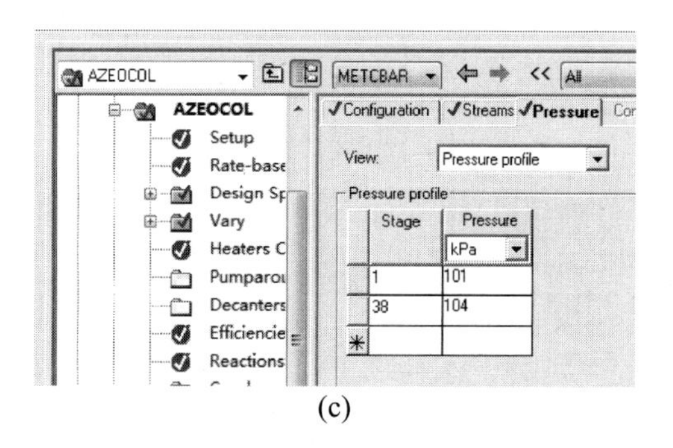

(c)

图 5.157　输入共沸塔参数

进入 Blocks/AZEOCOL/Design Specs，新建设计规定。在 Specifications 页面［见图 5.158（a）］，点击 Type 的下拉菜单，选择质量纯度（Mass purity），目标（Targer）输入 0.995。在 Components 页面［见图 5.158（b）］，组分选择异丙苯。在 Feed/Product Streams 页面［见图 5.158（c）］，产物物流选择塔釜流股 W1。在 Blocks/AZEOCOL/Vary/1/Specifications 页面（见图 5.159），规定操作变量，本例为塔釜产品流率（Bottoms rate），变化范围为 10～70kmol/h。

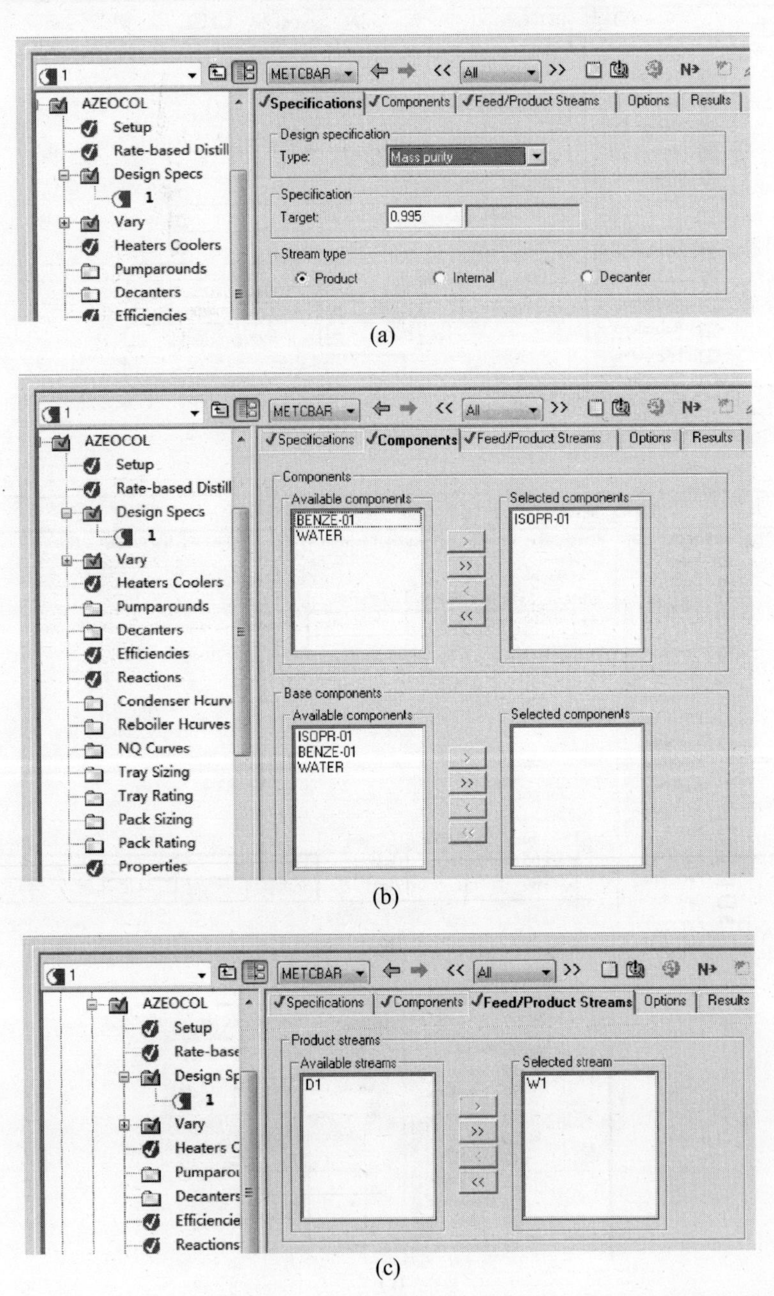

(a)

(b)

(c)

图 5.158　设置塔设计规定

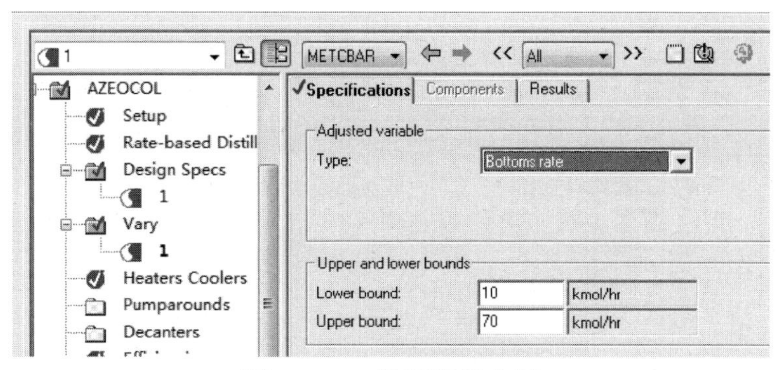

图 5.159　设置操纵变量

进入 Blocks/DECANTER/Input/Specifications 页面（见图 5.160），设置液液分相器参数，压降为 0，温度为 30℃。

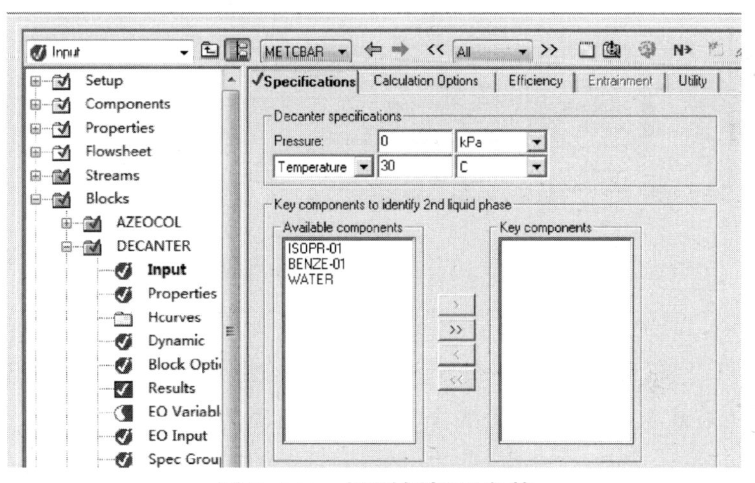

图 5.160　设置倾析器参数

进入 Blocks/STRIPPER/Setup/Configuration 页面［见图 5.161（a）］，输入汽提塔参数，塔板数输入 10，冷凝器选择无（None），再沸器选择釜式（Kettle），回流比 0.8。在 Streams 页面［见图 5.161（b）］，规定进料位置和出料位置。在 Pressure 页面［见图 5.161（c）］，规定塔的操作压力和塔板压降。

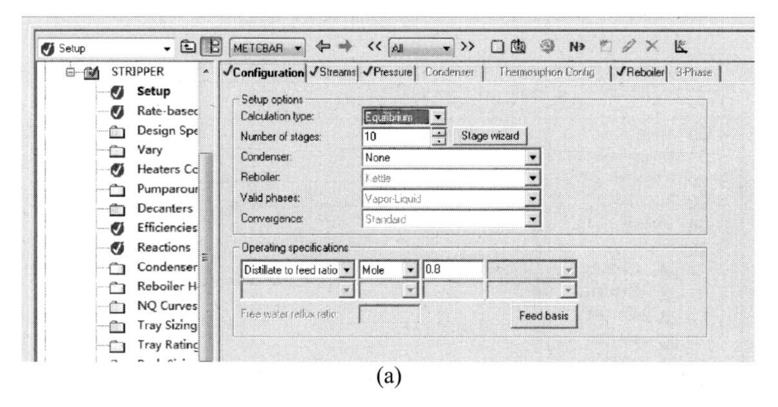

(a)

图 5.161

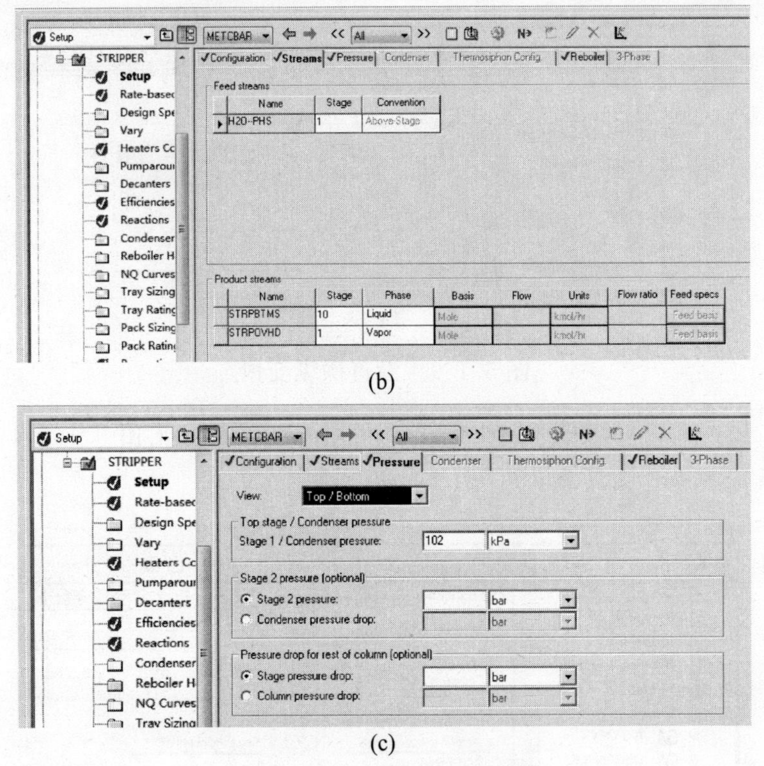

(b)

(c)

图 5.161　设置汽提塔参数

进入 Blocks/HEATER1/Input/Specifications 页面（见图 5.162），设置加热器参数，温度 30℃，压降 0。另一个加热器相同。进入 Blocks/MIXER/Input/Flash Options 页面（见图 5.163），设置混合器参数，压降为 0。

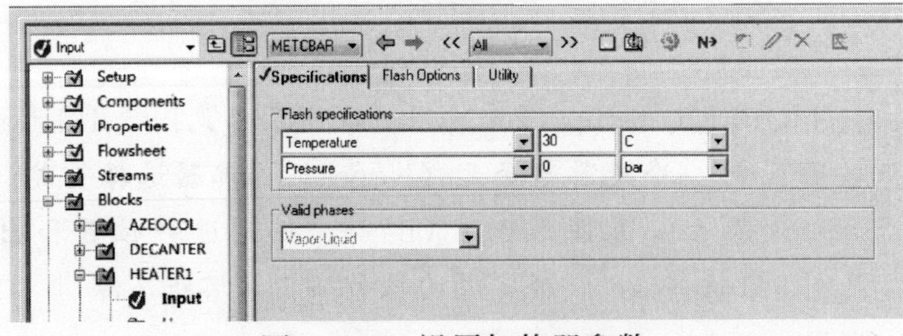

图 5.162　设置加热器参数

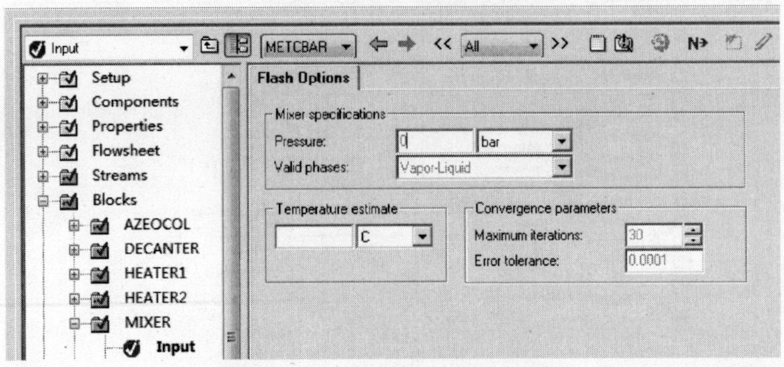

图 5.163　设置混合器参数

本例含有循环物流，大部分的共沸剂可循环使用。需要补充的共沸剂等于两个精馏塔塔釜采出的共沸剂损失之后，这可通过Aspen Plus的计算器（Calculator）功能计算。点击Flowsheeting Options/Calculator，创建一个计算文件，命名“MAKEUP”。然后在MAKEUP/Input/Define页面定义变量，定义变量FMAKEUP为补充共沸剂苯的流率［见图5.164（a）］，定义变量FLOSS1为共沸精馏塔塔釜损失的苯的流率［见图5.164（b）］，定义变量FLOSS2为汽提塔塔釜损失的苯的流率［见图5.164（c）］，所有的变量列表如图5.164（d）所示。

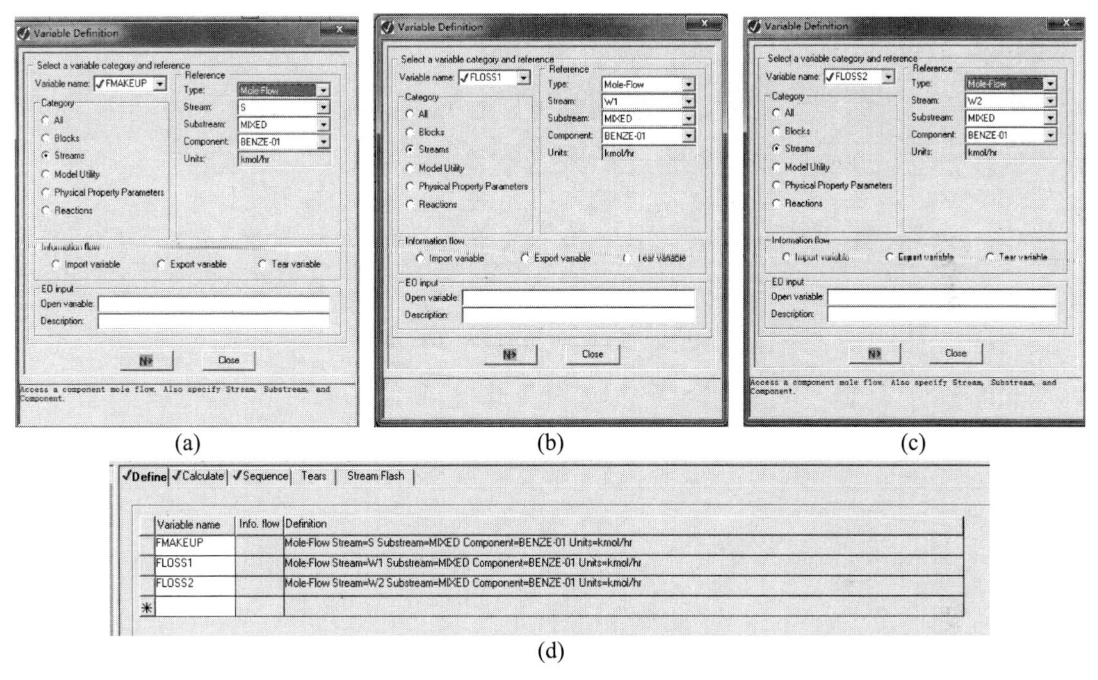

图5.164　定义计算器变量

在Calculate页面（见图5.165），定义变量之间的关系，补充的苯等于两塔塔釜损失之和。在Sequence页面（见图5.166），规定计算顺序在混合器计算之前。

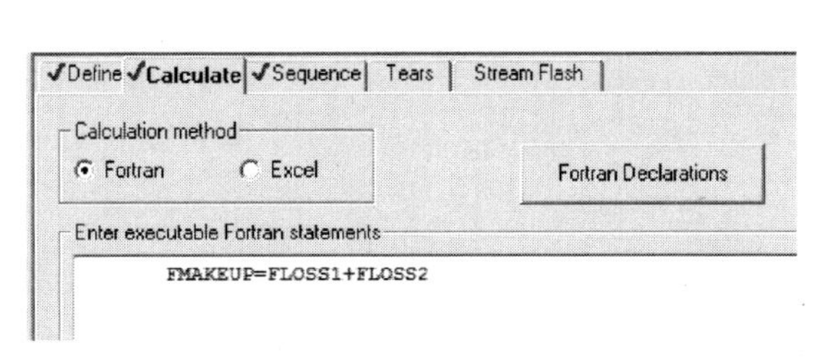

图5.165　定义变量之间的关系

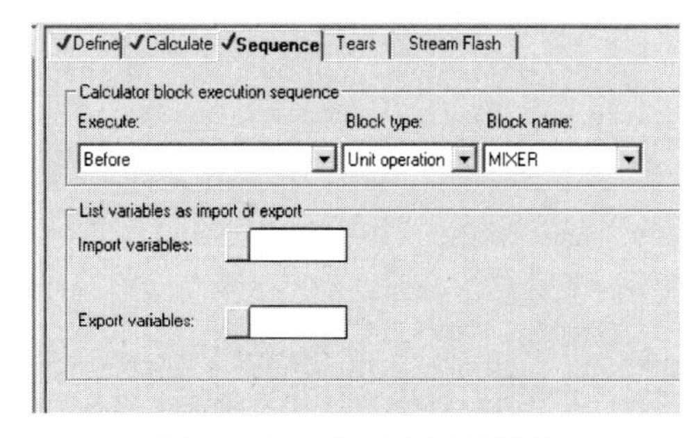

图5.166　定义运算顺序

输入完成进行计算后，在Blocks/AZEOCOL/Results/Split Fraction页面［见图5.167（a）］，可查看共沸精馏塔的分离效果。在Results Summary/Streams/Material页面［见图5.167（b）］可查看各个流股的计算结果。

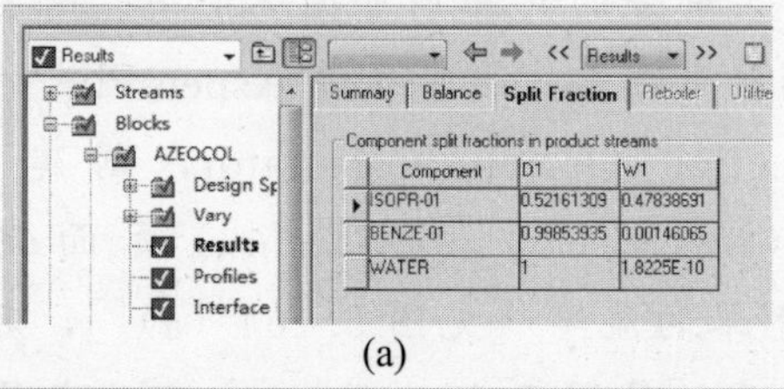

Component	D1	W1
ISOPR-01	0.52161309	0.47838691
BENZE-01	0.99853935	0.00146065
WATER	1	1.8225E-10

(a)

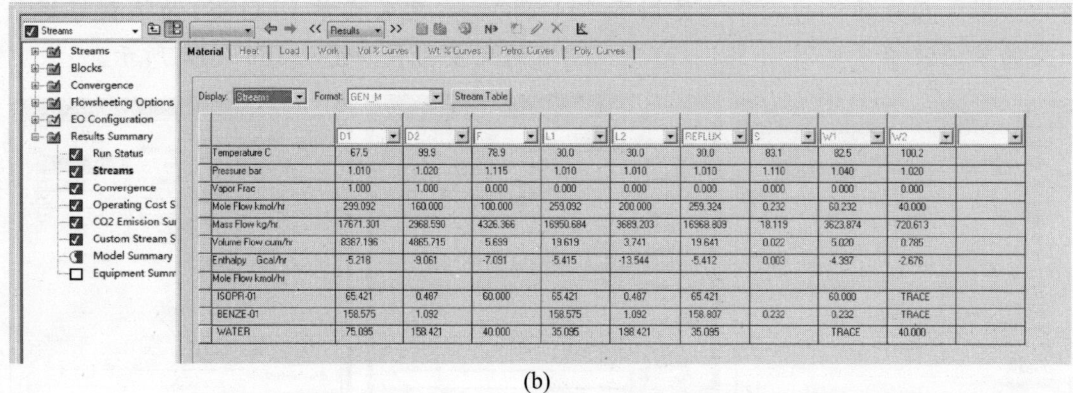

	D1	D2	F	L1	L2	REFLUX	S	W1	W2
Temperature C	67.5	99.9	78.9	30.0	30.0	30.0	83.1	82.5	100.2
Pressure bar	1.010	1.020	1.115	1.010	1.010	1.010	1.110	1.040	1.020
Vapor Frac	1.000	1.000	0.000	0.000	0.000	0.000	0.000	0.000	0.000
Mole Flow kmol/hr	299.092	160.000	100.000	259.092	200.000	259.324	0.232	60.232	40.000
Mass Flow kg/hr	17671.301	2968.590	4326.366	16950.684	3689.203	16968.809	18.119	3623.874	720.613
Volume Flow cum/hr	8387.196	4865.715	5.699	19.619	3.741	19.641	0.022	5.020	0.785
Enthalpy Gcal/hr	-5.218	-9.061	-7.091	-5.415	-13.544	-5.412	0.003	-4.397	-2.676
Mole Flow kmol/hr									
ISOPR-01	65.421	0.487	60.000	65.421	0.487	65.421		60.000	TRACE
BENZE-01	158.575	1.092		158.575	1.092	158.807	0.232	0.232	TRACE
WATER	75.095	158.421	40.000	35.095	198.421	35.095		TRACE	40.000

(b)

图 5.167　查看计算结果

其他化工模拟软件简介

Chapter 06

6.1 ChemCAD

ChemCAD由Chemstations公司推出，它主要用于化工生产方面的工艺开发、优化设计和技术改造。ChemCAD的应用范围包含了化学工业细分出来的多个方面，如炼油、石化、气体、气电共生、工业安全、特化、制药、生化、污染防治、清洁生产等。它可以对这些领域中的工艺过程进行计算机模拟并为实际生产提供参考和指导。

ChemCAD内置了功能强大的标准物性数据库，它以AIChE的DIPPR数据库为基础，加上电解质共约2000多种纯物质，并允许用户添加多达2000个组分到数据库中，可以定义烃类虚拟组分用于炼油计算，也可以通过中立文件嵌入物性数据，从5.3版开始还提供了200多种原油的评价数据库，是工程技术人员用来对连续操作单元进行物料平衡和能量平衡核算的有力工具。ChemCAD将稳态模拟、动态模拟、间歇操作、安全设计、管网分析等计算功能，与换热器设计、塔器设计、容器设计等多项装置的设计功能，完全集成于单一的软件接口，相互支持、灵活运用，使工艺设计、计算分析更加精确完善，完全不存在数据传递或软件接口出错的问题，极大地提高了工程仿真的计算效率。

ChemCAD具有容易使用、高度集成、界面友好等特点。ChemCAD安装运行时不需要进行特别的配置，计算机的初学者也可独立完成整个系统的安装。ChemCAD根据Microsoft Window设计标准采用了Microsoft工具包及Window Help系统，使得ChemCAD对用户来说，外观及感觉和用户熟悉的其他Window程序十分相似。通过Window交互操作功能可使ChemCAD和其他应用程序交互作用。使用者可以迅速而容易地在ChemCAD和其他应用程序之间传送模拟数据，这些新的功能可以把过程模拟的效益大大扩展到工程工作的其他阶段中去。

6.2 PRO/Ⅱ

PRO/Ⅱ是一个历史最久的、通用性的化工稳态流程模拟软件，最早起源于1967年SimSci公司开发的世界上第一个蒸馏模拟器SP05，1973年SimSci推出基于流程图的模拟器，1979年又推出基于PC机的流程模拟软件Process(即PRO/Ⅱ的前身)，很快成为该领域的国际标准，自此，PRO/Ⅱ获得了长足的发展，客户遍布世界各地。

PRO/Ⅱ可广泛应用于各种化学化工过程的严格的质量和能量平衡计算，从油气分离到反应精馏，PRO/Ⅱ提供了最全面、最有效、最易于使用的解决方案。

PRO/Ⅱ拥有完善的物性数据库、强大的热力学物性计算系统，以及40多种单元操作模块。它可以用于流程的稳态模拟、物性计算、设备设计、费用估算/经济评价、环保评测以及其他计算。现已可以模拟整个生产厂从包括管道、阀门到复杂的反应与分离过程在内的几乎所有的装置和流程，广泛用于油气加工、炼油、化学、化工、聚合物、精细化工/制药等行业。

PRO/Ⅱ可广泛应用于工厂设计、工艺方案比较、老装置改造、装置标定、开车指导、可行性研究、脱瓶颈分析、工程技术人员和操作人员的培训等领域。PRO/Ⅱ的推广使用，可达到优化生产装置、降低生产成本和操作费用、节能降耗等目的，能产生巨大的经济效益。

该软件的开发思路就是针对炼油化工行业，所以PRO/Ⅱ流程模拟程序广泛地应用于化学过程的严格的质量和能量平衡。从油/气分离到反应精馏，PRO/Ⅱ提供了最广泛、最容易使用的有效模拟工具。产品的PROVISION图形用户界面(GUI)，提供了一个完全交互的、基于Windows的环境，无论是对于建立简单的，还是复杂的模型，它都是理想的环境。在实用性上，PRO/Ⅱ要比其他同类软件更具优势，PRO/Ⅱ有标准的ODBC通道，可同换热器计算软件或其他大型计算软件相连，另外还可与WORD、EXCEL、数据库相连，计算结果可在多种方式下输出。

6.3 ECSS

ECSS化工之星是国产化工模拟软件的代表，由青岛化工学院(今青岛科技大学)开发，1987年推出第一版，2001年成立青岛伊科思技术工程有限公司，2002年推出了V4.1版，并逐步开发了一系列相关软件。ECSS是综合应用化学工程、应用化学、计算数学、系统工程和计算机科学等理论，结合大量工程实践经验开发而成的计算机软件系统。适用于天然气加工、石油炼制、石油化工、化学工业、轻工等过程工业的以下应用：新过程的设计；过程筛选；过程改造(扩产、节能、节水、降污等)；发现过程瓶颈及去瓶颈分析；过程最优化；过程环境影响评价；化工设备设计及核算等。在国内石化行业扩产和节能改造等方面有广泛的应用。

6.4 Hyperchem

Hyperchem是基于分子力学和量子力学原理构建的可视化化学计算软件，它可将分子以三维图形的方式直观地显示在电脑屏幕上，从而可以方便地输入分子结构信息，而且计算过程和计算结果也可以直观地显示在屏幕上，如有必要，也可将计算结果输入到文件中，从而使计算结果更加一目了然。利用Hyperchem提供的计算方法进行一系列化学计算，从而获得所需的信息，在化学化工研究着也有着较广泛的应用。

Hyperchem进行计算所使用的方法包括各种量子力学方法(从头计算法、密度泛函法及各种半经验的量子力学方法)和分子力学方法(根据力场模型的不同，又可分为若干种)，可进行单点(Single Point)、构型优化(Geometry Optimization)、分子动力学(Molecular Dynamics)、核磁共振(NMR)、电子光谱(Electronic Spectrum)、振动光谱(Vibrational Spectrum)、过渡态(Transition State)等计算。软件中利用CI(Configuration Interaction，组态相互作用)，选择各种半经验方法(EHMO法除外)或从头计算法进行单点计算，可获得分子的紫外-可见吸收光谱，其中ZINDO/S方法是专门为计算紫外-可见吸收光谱设计的。软件还可以计算同位素的相对稳定性、生成热、活化能、原子电荷及前线轨道等性质，也可以对分子的能量间隔、电离势、电子亲和力、偶极矩、电子能级、MP2电子相关能、CI激发态能量、过渡态结构和能量、非键相互作用能、对结构特性的碰撞影响及团簇的稳定性进行计算等。

参考文献

[1] 徐光宪，黎乐民，王德民. 量子化学. 第 2 版. 北京：科学出版社，2007.

[2] 林梦海. 量子化学简明教程. 北京：化学工业出版社，2005.

[3] 陈念陔，高坡，乐征宇. 量子化学理论基础. 哈尔滨：哈尔滨工业大学出版社，2002.

[4] 赵成大. 量子化学中的场论方法. 长春：东北师范大学出版社，2015.

[5] 陈志行. 有机分子轨道理论. 济南：山东科学技术出版社，1991.

[6] wolf H. Molecular Physics and Elements of Quantum Chemistry. 北京：世界图书出版社，1999.

[7] Gaussian09 User's Reference. Gaussian，Inc. 2009.

[8] 郭勇译. James B，Foresman，Aeleen Frisch. Exploring Chemistry with Electronic Structure Method. Gaussian，Inc，2002.

[9] 刘江燕，武书彬. 化学图文设计与分子模拟计算. 广州：华南理工大学出版社，2009.

[10] 屈一新. 化工过程数值模拟及软件. 第 2 版. 北京：化学工业出版社，2010.

[11] 包宗宏，武文良. 化工计算与软件应用. 北京：化学工业出版社，2013.

[12] 杨友麟，项曙光. 化工过程模拟与优化. 北京：化学工业出版社，2006.

[13] 徐宝云，王文瑞. 计算机建模与仿真技术. 北京：化学工业出版社，2009.

[14] Aspen Plus version 7.3，Help.

[15] 孙兰义. 化工流程模拟实训—Aspen Plus 教程. 北京：化学工业出版社，2012.

[16] 熊杰明，杨素和. Aspen Plus 实例教程. 北京：化学工业出版社，2013.

[17] 王君. 化工流程模拟. 北京：化学工业出版社，2016.